“十四五”职业教育国家规划教材

Fundamentals of Information Technology and
Applications of Artificial Intelligence

信息技术基础
与人工智能应用

微课版

史小英 ◎ 主编

骆磊 郑阳平 姚锋刚 ◎ 副主编

人民邮电出版社

北 京

图书在版编目（CIP）数据

信息技术基础与人工智能应用：微课版 / 史小英主编. -- 北京 : 人民邮电出版社, 2025. --（工业和信息化精品系列教材）. -- ISBN 978-7-115-67345-9

Ⅰ. TP3；TP18

中国国家版本馆 CIP 数据核字第 2025QK4486 号

内 容 提 要

本书全面、系统地介绍了信息技术与人工智能的基础知识和相关操作。全书共 7 个模块，内容包括认识信息与信息技术、文档处理与智能办公、表格处理与智能数据分析、演示文稿制作与智能演示优化、人工智能基础、AIGC 应用、信息素养与社会责任。

本书以《高等职业教育专科信息技术课程标准（2021 年版）》为参考，采用"模块化、任务式"的方式组织教学内容，旨在提高学生的信息技术操作与人工智能应用能力，培养学生的信息素养。全书各任务的内容按照"任务洞察→知识赋能→任务实现→动手演练→能力拓展"的结构进行讲解，各模块末尾均安排了课后练习，方便学生巩固所学知识。

本书适合作为高校信息技术和人工智能通识等相关课程的教材，也适合作为计算机培训机构培训用书，或各行业人员学习了解信息技术和人工智能的参考书。

◆ 主　　编　史小英
　　副 主 编　骆　磊　郑阳平　姚锋刚
　　责任编辑　王淑月
　　责任印制　王　郁　焦志炜
◆ 人民邮电出版社出版发行　　北京市丰台区成寿寺路 11 号
　　邮编　100164　电子邮件　315@ptpress.com.cn
　　网址　https://www.ptpress.com.cn
　　三河市兴达印务有限公司印刷
◆ 开本：787×1092　1/16
　　印张：16　　　　　　　　　　　2025 年 8 月第 1 版
　　字数：480 千字　　　　　　　　2025 年 8 月河北第 1 次印刷

定价：59.80 元

读者服务热线：(010)81055256　印装质量热线：(010)81055316
反盗版热线：(010)81055315

前言

党的二十大报告提出："必须坚持科技是第一生产力、人才是第一资源、创新是第一动力，深入实施科教兴国战略、人才强国战略、创新驱动发展战略，开辟发展新领域新赛道，不断塑造发展新动能新优势。"随着科学技术的飞速发展，信息技术和人工智能技术正不断应用于人们工作、生活的方方面面，能够使用计算机进行高效信息处理已成为对每位大学生的基本要求。为了响应党的二十大号召，本书用通俗易懂的语言，通过日常生活中的真实案例介绍信息技术与人工智能技术的基础知识和基本操作，以提升学生的信息素养，帮助其形成创造性思维，为国家培养更多高素质人才。

本书综合考虑了目前信息技术基础教育的实际情况和人工智能的发展状况，按照《高等职业教育专科信息技术课程标准（2021 年版）》的要求，采用"模块化、任务式"的讲解方式带领学生学习相关知识，激发学生对信息技术和人工智能技术的兴趣。

本书内容

本书紧跟当下的主流技术，将教学内容分为 7 个模块进行讲解。模块一详细介绍信息与信息技术、信息检索、信息安全、新一代信息技术、计算机与计算机网络等内容；模块二至模块四借助 Word 2021、Excel 2021、PowerPoint 2021 与人工智能大模型对文档处理、表格处理、演示文稿制作的相关知识进行讲解，帮助学生提高学习效率；模块五至模块六系统介绍人工智能基础和 AIGC 应用的相关内容，助力学生了解新技术、应用新工具；模块七则通过详细介绍信息素养、信息技术发展史、信息伦理与职业行为自律等内容，培养学生的信息素养与社会责任。

本书特色

本书在知识讲解、体例设计及配套资源方面具有以下特色。

（1）对标课程标准，能让学生学以致用，全面提升信息素养。本书按照《高等职业教育专科信息技术课程标准（2021 年版）》的要求，贯彻党的二十大精神，落实立德树人根本任务，运用理论与实践一体化的教学模式，提升学生利用信息技术与人工智能技术解决问题的综合能力，帮助学生成为德智体美劳全面发展的高素质技术技能人才。

（2）任务驱动，目标明确。本书将知识点模块化，在各模块下均安排了多个任务，每个任务采用"任务洞察→知识赋能→任务实现→动手演练→能力拓展"的形式组织内容，让学生可以在情景式教学环境下，明确学习目标，更好地将知识融入实际操作和应用中。

（3）讲解深入浅出，实用性强。本书在注重系统性和科学性的基础上，突出实用性和可操作性，对重点概念和操作技能进行详细讲解，语言流畅，符合计算机基础教学的标准，满足社会对人才培养的要求。

（4）随文设计"提示"栏目，提供更多解决方案。本书在讲解过程中，通过"提示"栏目为学生提供更多解决问题的方法和更为全面的知识，引导学生尝试运用更好、更快的方法去完成当前工作任务及类似工作任务；并适时地对学生进行正确的思想引导，帮助学生树立正确的价值观。

（5）配套微课视频和素材文件。本书所有操作内容均已录制成视频，读者扫描书中二维码即可观看，同时，本书还提供相关操作的素材与效果文件，帮助学生更好地学习。

本书由西安航空职业技术学院史小英任主编，由河北石油职业技术大学骆磊、郑阳平和西安航空职业技术学院姚锋刚任副主编。其中，史小英编写模块七，骆磊编写模块四、模块五，郑阳平编写模块一、模块六，姚锋刚编写模块二、模块三。感谢北京四合天地科技有限公司为本书提供部分案例。

由于编者水平有限，书中难免存在不妥之处，欢迎广大读者批评指正。

编者

2025 年 4 月

目录

模块三
表格处理与智能数据分析 ··· 72

模块四

演示文稿制作与智能演示优化 ········ 125

模块五

人工智能基础 ·············· 195

模块六

AIGC 应用 ·············· 218

模块七

信息素养与社会责任 ······· 237

模块一
认识信息与信息技术

01

党的二十大报告强调，推动战略性新兴产业融合集群发展，构建新一代信息技术、人工智能、生物技术、新能源、新材料、高端装备、绿色环保等一批新的增长引擎。这为我国新一代信息技术产业的发展指明了方向，为我国加快推进制造强国、质量强国、航天强国、交通强国、网络强国、数字中国建设提供了坚实有力的支撑，新一代信息技术正逐渐成为推动我国经济高质量发展的新动能。本模块将从信息与信息技术的基本概念出发，结合一些典型应用案例，介绍信息技术的发展与应用、信息检索、新一代信息技术及计算和计算机网络等知识。

课堂学习目标

- **知识目标：**了解信息技术的概念、发展和应用，了解信息检索和信息安全的基本内容，了解新一代信息技术的相关知识，了解计算机与计算机网络的组成情况。

- **技能目标：**能够在互联网中检索需要的内容，能够根据需要选配合适的计算机。

- **素质目标：**积极探索信息技术的应用，用技术驱动创新。

任务 1.1　信息与信息技术概述

任务洞察

信息技术的蓬勃兴起，迅速而深刻地改变着人们的生活，也引起了人类社会的变革，人类因此迈入"信息社会"新时代。本任务主要围绕信息与信息技术的概念，以及信息技术的发展与应用等内容，介绍信息技术给个人生活与社会发展带来的影响。

知识赋能

（一）信息与信息技术的概念

信息是用文字、数字、符号、语言、图像等介质表示的事件、事物、现象等对象的内容、数量或特征。信息能够向人们（或系统）提供关于现实世界的新事实和新知识，作为生产、建设、经营、管理、分析和决策的依据。对于信息的概念，人们从不同的角度做出了多种描述，例如，《牛津词典》中对信息的概述为"谈论的事情、新闻和知识"；《韦氏词典》则认为，"信息，就是在观察或研究过程中获得的数据、新闻和知识"；《广辞苑》中对信息的描述为"所观察事物的知识"；《辞海》中对信息的界定更为具体，认为，"信息是通信系统传输和处理的对象，泛指消息和信号的具体内容和意义，通常需通过处理和分析来提取"。

信息技术是在信息科学的基本原理和方法的指导下扩展人类信息功能的技术，它主要运用计算机科学和通信技术来设计、开发、安装和应用信息系统及应用软件。一般来说，信息技术包括计算机与智能技术、通信技术、控制技术和传感技术等，但因使用的目的、范围、层次不同，人们对信息技术的表述也有所差别，本书将信息技术的概念归纳如下：信息技术是基于计算机和微电子技术，且与信息的收集、存储、组织、加工处理、传递、利用和服务过程相关的各种技术的总称。

（二）信息技术的发展与应用

信息技术的发展与人类社会的进步密切相关，与此同时，不断发展的信息技术也深刻改变着现代社会的运行方式。

1. 信息技术的发展

信息技术的发展历程可以分为以下几个阶段，每个阶段都标志着人类处理和传递信息方式的重大进步。

- 手工记录阶段：在人类文明早期，人们通过结绳记事、在甲骨或竹简上刻字等方式记录信息。这些方法虽然简单，但帮助人类保存了早期的知识和经验，为文化传承奠定了基础。然而，此时的信息传播范围有限，主要依赖口耳相传或实物传递。

- 造纸术和印刷术阶段：随着造纸术和印刷术的发明，书籍得以批量生产，知识不再局限于少数人手中。这一变革大幅提升了信息的传播效率，推动了教育的普及和科学文化的发展。

- 电信技术发展阶段：19世纪，电报、电话和无线电的诞生让信息传递突破了距离限制。人们首次能够将文字或声音快速转化为电信号，实现远距离即时通信。这改变了社会联系的方式，为全球化奠定了基础。

- 计算机与数字化发展阶段：20世纪中期，电子计算机的出现使信息处理进入数字化时代。计算机通过二进制代码存储和计算数据，处理速度远超人力，广泛应用于科研、商业等领域。从此，信息管理更加高效，复杂问题得以通过算法解决。

- 互联网与全球网络化发展阶段：20世纪末，分散的计算机网络连接成全球网络，构成互联网。电子邮件、网页浏览等功能让信息共享突破地域限制，人们可以随时随地获取资源、交流协作。世界逐渐变为"地球村"，社会运作方式发生深刻变革。

- 智能技术发展阶段：21世纪以来，大数据、云计算、人工智能和物联网等技术深度融合。信息不仅能够被存储和传输，还能够通过被智能分析来辅助决策。例如，语音助手、智能家居让生活更便捷，大数据助力科学预测。信息技术渗透到每个角落，推动社会向智能化迈进。

2. 信息技术的应用

信息技术的应用始终以解决实际问题、改善人类生活为目标。它不仅是工具，更成为推动社会进步、连接人与世界的核心力量。它的应用已经渗透到现代社会的各个领域，下面仅挑选其中几个常见的领域加以简单说明。

- 教育领域：信息技术打破了传统课堂的时空限制，在线学习平台、数字图书馆和教学软件等让师生能够随时随地获取海量资源。例如，远程课程让偏远地区的学生也能接受优质教育，互动课件让抽象知识更直观易懂，促进了教育公平与个性化学习。

- 医疗领域：医院可以通过电子病历、远程会诊和智能检测设备等提升诊疗效率。例如，信息技术可以帮助医生辅助分析医学影像，快速识别病灶；具备先进信息技术的设备能够实时监测心率、血糖等生命体征数据，帮助人们预防疾病。

- 工业领域：工厂可以利用物联网、机器人等信息技术优化生产流程，监控设备运行状态，提前预警故障，大幅提升生产的质量与效率。例如，工业机器人可以替代人力完成高精度任务，无论从效率还是安全性来说，都比人工操作更可靠。

- 生活领域：信息技术的应用覆盖了人们的衣食住行。例如，智能手机能够实现移动支付，导航软件能够规划最佳出行路线，外卖平台能够将美食送到千家万户，等等，这些应用让人们的生活变得更加舒适和高效。
- 环境保护领域：信息技术可以帮助人们更好地守护自然。例如，卫星遥感监测技术可以实时监测森林和海洋的污染情况，气象模型技术可以预测自然灾害。

任务实现——体验信息技术带来的变化

信息技术的应用给我们的生活带来了重大的变化。例如，以前学习时遇到不懂的知识，我们会询问家长和老师，现在我们可以利用互联网快速获取到相关内容。互联网可以极大地丰富我们的知识面，开阔我们的眼界，提高我们的知识储备。又如，以前我们买火车票需要去火车站排队购买，遇到人多时，就要花费更多的时间和精力，而现在，我们只需要通过手机上专门的购票软件（App）就能快速购买。

请大家根据自己利用信息技术的真实经历，描述信息技术为我们的生活带来的变化，并将内容填写到表 1-1 中。

表 1-1　信息技术带来的变化

行为	以前的方式	现在的方式
通信交流	面对面交流	远程语音或视频通话
购物		
保存资料		
召开会议		
摄影与摄像		
听歌		

动手演练——展望未来社会

数字化转型通常是指企业通过利用现代信息技术和通信手段，以全方位提升企业生产、服务和管理效率的一种转型方式。例如，国家电网有限公司研发的双臂自主、单臂人机协同、单臂辅助自主等人工智能配网带电作业机器人，不仅可以有效防范作业中的人身安全风险，还能有力保障电网的安全稳定运行；又如，中国南方航空集团有限公司研发的南航资源人员监控调度平台，依托北斗卫星导航系统，应用卫星定位、物联网、大数据等技术，实现了车辆的全面数字化管理，有效降低了车辆运行管理风险，提升了车辆安全管理水平。

请大家列举其他典型的数字化转型案例，对数字化转型后的信息型社会进行畅想和展望，并将相关内容填写到下方的横线上。

_____

_____

_____

能力拓展

时代的发展要求我们需要加快数字化发展，建设数字中国。《中华人民共和国国民经济和社会发展第十四个五年规划和 2035 年远景目标纲要》（以下简称《纲要》）提出，迎接数字时代，激活数据要素潜能，推进网络强国建设，加快建设数字经济、数字社会、数字政府，以数字化转型整体驱动生产方式、生活方式和治理方式变革。数字经济对于扩展新的经济发展空间、推动传统产业转型升级、促进经济可持续发展、提升社会管理和服务水平等具有极为重要的战略意义。《纲要》指出，建设数字中国应该从以下几个方面着手。

- 打造数字经济新优势：加强关键数字技术创新应用，加快推动数字产业化和推进产业数字化转型。
- 加快数字社会建设步伐：提供智慧便捷的公共服务，建设智慧城市和数字乡村，构筑美好数字生活新图景。
- 提高数字政府建设水平：加强公共数据开放共享，推动政务信息化共建共用，提高数字化政务服务效能。
- 营造良好数字生态：建立健全数字要素市场规则，营造规范有序的政策环境，加强网络安全保护，推动构建网络空间命运共同体。

任务 1.2　了解信息检索与信息安全

任务洞察

当今社会是一个高度信息化的社会，学会信息检索是保证各项活动顺利开展的重要前提。在检索各种信息的过程中，应注意甄别信息的真实性、正确性和安全性，确保获取到对自己有用的信息。本任务将学习信息检索与信息安全的基础知识，并尝试利用百度搜索引擎完成信息检索任务。

知识赋能

（一）信息检索的概念与分类

"信息检索"一词出现于 20 世纪 50 年代，它是指将信息按照一定的方式组织和存储起来，并根据用户的需要找出相关信息的过程。在互联网中，用户经常会通过搜索引擎搜索各种信息，像这种从一定的信息集合中找出所需要的信息的过程，就是狭义的信息检索，也就是人们常说的信息查询。广义的信息检索则包括信息存储和信息获取两个过程。其中，信息存储是指通过对大量无序信息进行选择、收集、著录、标引，组建成各种信息检索工具或系统，使无序信息转换为有序信息集合的过程；信息获取则是根据用户特定的需求，运用已组织好的信息检索工具或系统将特定的信息查找出来的过程。

信息检索可以按照检索对象、检索手段、检索途径的不同进行分类，如图 1-1 所示。

（1）按检索对象划分

根据检索对象的不同，信息检索可以分为以下 3 种类型。

- 文献检索（Document Retrieval）。文献检索以特定的文献为检索对象，包括全文、文摘、题录等。文献检索是一种相关性检索，它不会直接给出用户所提出问题的答案，只会提供相关的文献以供参考。
- 数据检索（Data Retrieval）。数据检索以特定的数据为检索对象，包括统计数

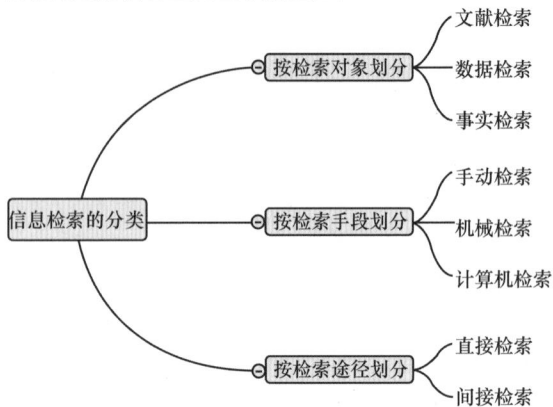

图 1-1　信息检索的分类

字、工程数据、图表、计算公式等。数据检索是一种确定性检索，它能够返回确切的数据，直接回答用户提出的问题。

- 事实检索（Fact Retrieval）。事实检索以特定的事实为检索对象，如有关某一事件的发生时间与地点、人物和过程等。事实检索也是一种确定性检索，一般能够直接提供给用户所需的且确定的事实。

（2）按检索手段划分

根据检索手段的不同，信息检索可以分为以下3种类型。

- 手动检索。手动检索是一种传统的检索方法，它是指利用工具书，包括图书、期刊、目录卡片等进行信息检索。手动检索不需要特殊的设备，用户根据要检索的对象，利用相关的检索工具就可以进行检索。手动检索的缺点是既费时又费力，尤其是在进行专题检索时，用户要翻阅大量工具书和使用大量检索工具进行反复查询。此外，手动检索很容易造成误检和漏检。
- 机械检索。机械检索是指利用计算机检索信息的过程，其优点是速度快，但由于数据库的时间覆盖范围和结构化数据的局限性，这种检索方式对历史信息的检索能力弱于手动检索。
- 计算机检索。计算机检索是指在计算机或者计算机检索网络终端上，使用特定的检索策略、检索指令、检索词，从计算机检索系统的数据库中检索出所需信息后，再由终端设备显示、下载和打印相应信息的过程。计算机检索具有检索方便快捷、获取信息类型多、检索范围广泛等特点。

（3）按检索途径划分

根据检索途径的不同，信息检索可以分为以下2种类型。

- 直接检索。直接检索是指用户通过直接阅读文献资料获得所需信息的过程。
- 间接检索。间接检索是指用户利用二次文献资料或借助检索工具查找所需信息的过程。

（二）信息检索的流程

信息检索是用户获取知识的一种快捷方式，一般来说，信息检索的流程包括分析问题、选择检索工具、确定检索词、构建检索提问式、调整检索策略和输出检索结果6个部分。

- 分析问题。分析要检索内容的特点和类型（如文献类型、出版类型等），以及所涉及的学科范围、主题要求等。
- 选择检索工具。综合考虑所需的信息类型、时间范围、检索经费等因素，选择合适的检索工具。正确选择检索工具是保证检索成功的基础。
- 确定检索词。检索词是计算机检索系统中进行信息匹配的基本单元。检索词会直接影响最终的检索结果。常用的确定检索词的方法有选用专业术语、选用同义词与相关词等。
- 构建检索提问式。检索提问式是在计算机信息检索系统中用来表达用户检索提问的逻辑表达式，由检索词和各种布尔逻辑运算符、截词符、位置算符组成。检索提问式将直接影响信息检索的查全率和查准率。

> **提示** 截词符是用于截断检索词的符号，它是一种预防漏检、提高查全率的检索符号。不同的检索系统使用的截词符有所不同，通常有"*""?""#""$"这几种截词符。位置算符是用来规定符号两边的词出现在文献中的位置的逻辑运算符，它主要用于表示词与词之间的相互关系和前后次序，常见的位置算符有W算符、N算符、S算符等。

- 调整检索策略。检索时，用户要及时分析检索结果，若发现检索结果与检索要求不一致，则要根据检索结果对检索提问式进行相应的修改和调整，直至得到满意的检索结果为止。
- 输出检索结果。根据检索系统提供的检索结果输出格式，用户可以选择需要的记录及相应的字段，将检索结果存储到磁盘中或直接打印输出。至此，整个检索过程完成。

（三）使用搜索引擎完成信息检索

搜索引擎是信息检索技术的实际应用。通过搜索引擎，用户可以从海量信息中获取有用的信息。目前，国内的搜索引擎主要有百度、360 搜索、搜狗搜索等，国外的搜索引擎主要有 Bing 等。

- 百度：百度的服务器分布在全国各地，用户使用百度进行信息检索时，百度能直接从最近的服务器上把搜索信息返回给用户，使用户获得良好的检索体验。百度每天可处理来自 100 多个国家多达数亿次的搜索请求，每天都有数以万计用户将其设为首页，用户可通过百度搜索到世界各地的新兴、全面的信息。
- 360 搜索：360 搜索属于全文搜索引擎，是目前广泛应用的主流搜索引擎之一，包含新闻、影视等搜索类别，旨在为用户提供安全、真实的搜索服务。360 搜索已建立由数百名工程师组成的核心搜索技术团队，拥有上万台服务器与庞大的蜘蛛爬虫系统，并且每日抓取的网页数量高达数十亿，收录的优质网页达数百亿个，其网页搜索速度和质量都处于行业领先地位。
- 搜狗搜索：搜狗搜索是国内领先的中文搜索引擎之一，致力于互联网中中文信息的深度挖掘，以帮助我国上亿互联网用户更加快速地获取信息。在搜狗搜索中，图片搜索具有独特的组图浏览功能，新闻搜索具有能够及时反映互联网热点事件的"看热闹"功能，地图搜索具有全国无缝漫游的功能。这些功能极大地满足了用户的日常需求，使用户可以更加便利地畅游在互联网中。
- Bing：Bing（必应）是微软公司推出的搜索引擎，它集成了搜索首页图片设计、崭新的搜索结果导航模式、创新的分类搜索和相关搜索用户体验模式、视频搜索结果无须单击便可直接预览播放、图片搜索结果无须翻页等功能。

（四）信息安全的核心

信息安全主要是指保护信息免遭破坏、篡改、泄露。其中，破坏涉及的是信息的可用性，篡改涉及的是信息的完整性，泄露涉及的是信息的机密性。因此，信息安全的核心就是要保证信息的可用性、完整性和机密性。

- 信息的可用性：当一个合法用户需要得到系统或网络服务，系统和网络却不能提供正常的服务时，信息便不具备可用性，这与文件或资料被锁在保险柜里，而开关和密码系统混乱导致用户无法取出资料一样。也就是说，如果信息可用，则代表攻击者无法占用所有的资源，无法阻碍合法用户的正常操作；如果信息不可用，则对合法用户来说，信息已经被破坏，信息安全问题也会随之出现。
- 信息的完整性：信息的完整性是信息未经授权不能进行改变的特征，即只有得到允许的用户才能修改信息，并且能够判断出信息是否已被修改。存储器中的信息或经网络传输后的信息必须与其最后一次修改或传输前的内容相同，这样做的目的是保证信息系统中的数据处于完整和未受损的状态，使信息不会在存储和传输的过程中被有意或无意的事件所改变、破坏和丢失。
- 信息的机密性：系统无法确认是否有未经授权的用户截取网络中的信息，因此需要使用一种手段对信息进行保密处理。加密就是用来实现这一目标的手段之一，加密后的信息能够在传输、使用和转换过程中避免被第三方非法获取。

（五）信息安全面临的威胁

随着信息技术的飞速发展，信息技术为我们带来更多便利的同时，也使得我们的信息堡垒变得更加脆弱。就目前来看，信息安全面临的威胁主要有以下 5 点。

- 黑客恶意攻击。黑客是一群专门攻击网络和个人计算机的用户，他们随着计算机和网络的发展而成长，一般精通各种编程语言和各类操作系统，具有熟练的计算机技术。就目前信息技术的发展趋势来看，黑客多采用病毒对网络和个人计算机进行破坏。这些病毒的攻击方式多种多样，对没有网络安全防护设备（如防火墙）的网站和系统具有强大的破坏力，这给信息安全防护带来了严峻的挑战。

- 网络自身及其管理有所欠缺。互联网的共享性和开放性使网络信息的安全管理存在不足，在安全防范、服务质量和带宽等方面存在滞后性与不适应性。许多企业、机构及用户对其网站或系统疏于这方面的管理，没有制订严格的管理制度。而实际上，网络系统的严格管理是使企业、组织及相关部门和用户的信息免受攻击的重要措施。

- 因软件设计的漏洞或"后门"而产生的问题。随着软件系统规模的不断增大，新的软件产品被开发出来，其系统中的安全漏洞或"后门"也不可避免地存在。无论是操作系统，还是各种应用软件，大多被发现过存在安全隐患。不法分子往往会利用这些漏洞，将病毒、木马等恶意程序传输到用户的计算机中，从而造成相应的损失。

> **提示** "后门"即后门程序，一般是指那些绕过安全性控制而获取对程序或系统访问权的程序。开发软件时，程序员为了方便以后修改错误，往往会在软件内创建后门程序，一旦这种后门程序被不法分子获取，或是在软件发布之前没有被删除，就有可能成为安全隐患，容易被黑客当作漏洞进行攻击。

- 非法网站设置的陷阱。互联网中有些非法网站会故意设置一些盗取他人信息的恶意程序，并可能隐藏在用户下载的信息中，只要用户下载网站资源，其计算机就会被控制或感染病毒，严重时计算机中的信息就被盗取。这类网站往往会将内容"乔装"成人们感兴趣的形式，让人们主动进入网站查询信息或下载资料，从而将病毒、木马等恶意程序传输到用户计算机中，以完成各种别有用心的操作。

- 用户不良行为引起的安全问题。用户误操作导致信息丢失、损坏，没有备份重要信息，在网络中滥用各种非法资源等，都可能对信息安全造成威胁。因此我们应该严格遵守操作规定和管理制度，不给信息安全带来各种隐患。

任务实现——利用百度搜索引擎检索信息

搜索引擎的基本用法是直接在搜索框中输入搜索关键词进行信息检索，如果需要精细检索，则可以进行搜索设置来实现。下面介绍在搜狗浏览器中使用百度搜索引擎搜索最近一年内发布的包含"教育"关键词的 PDF 文档的操作方法，具体操作步骤如下。

（1）启动搜狗浏览器，在地址栏中输入百度的网址后，按"Enter"键进入百度首页，在中间的搜索框中输入要查询的关键词"教育"，按"Enter"键或单击 百度一下 按钮。

（2）打开搜索结果页面，单击搜索框下方的 ▽ 搜索工具 按钮，如图1-2所示。

微课

利用百度搜索引擎检索信息

图1-2　单击"搜索工具"按钮

（3）打开搜索工具，单击 站点内检索 ∨ 按钮，在打开的搜索文本框中输入百度的网址，即选择检索数据库，单击 确认 按钮，返回百度网站中的搜索结果页面，如图1-3所示。

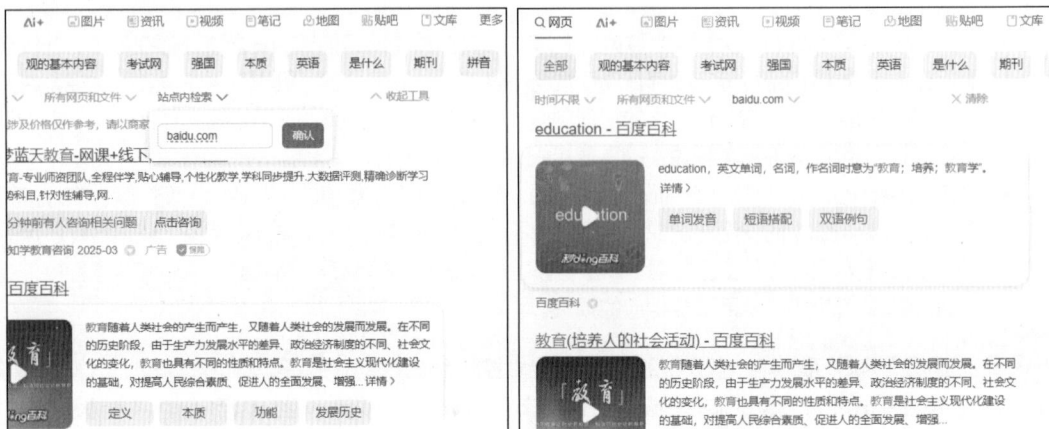

图1-3　选择检索数据库

（4）在搜索工具中单击 所有网页和文件 ∨ 按钮，在弹出的下拉列表中选择"PDF(.pdf)"选项，搜索结果页面中将只显示搜索到的 PDF 文件，如图1-4所示。

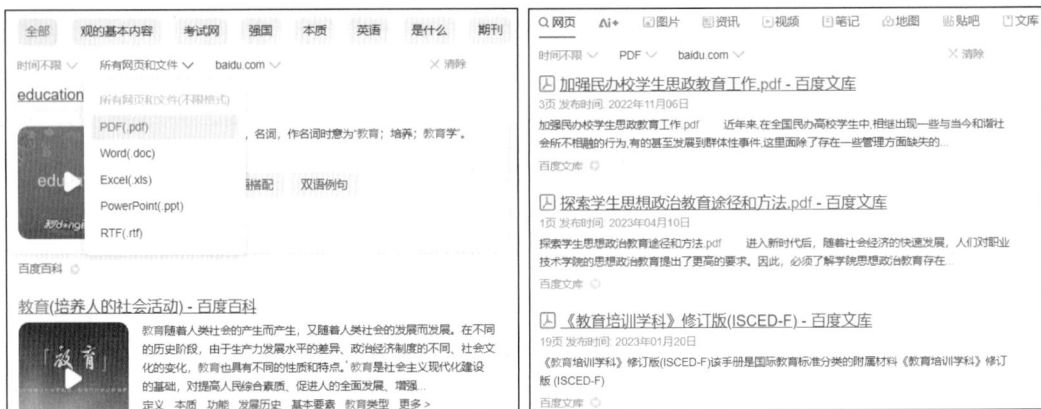

图1-4　选择检索文件的类型

（5）在搜索工具中单击 时间不限 ∨ 按钮，在弹出的下拉列表中选择"一年内"选项。最终搜索结果为百度网站中最近一年内发布的包含"教育"关键词的所有 PDF 文档，如图1-5所示。

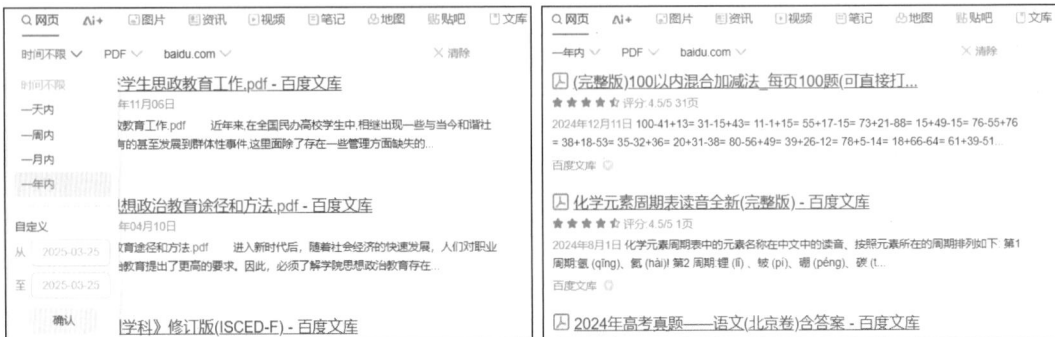

图1-5　选择检索时间

动手演练——在互联网中检索学术信息

互联网中有很多用于检索学术信息的网站，在其中可以检索各种学术论文。在国内，这类网站主要有百度学术、万方数据知识服务平台等，在国外，有谷歌学术、CiteSeer 等。请尝试在百度学术中检索有关"边缘技术"的学术信息，效果如图 1-6 所示。

图1-6　检索学术信息

能力拓展

在信息检索时可以适当使用截词检索来提高效率。截词检索是指在检索词的合适位置进行截断，然后使用截词符进行处理，这样既可节省输入的字符数目，又可达到较高的查全率。截词检索的方式有多种，包括有限截词、无限截词和中间截词。有限截词主要用于检索词的单、复数，动词的词尾变化等；无限截词是指截去某个词的尾部，使词的前半部分一致；中间截词仅适用于有限截词，主要用于检索英、美拼写不同的单词和单、复数拼写不同的单词。

例如，使用中间截词检索方式和无限截词检索方式在百度学术中检索不同的单词"colour"与"color"在网页中的记录情况，其具体操作如下。

（1）打开百度学术首页，在中间的搜索框中输入"colo?r"文本后，单击 百度一下 按钮得到查询结果，在网页中可以查看使用中间截词检索方式得到的查询结果，如图 1-7 所示。

（2）删除搜索框中的文本内容，重新输入"color?"文本，单击 百度一下 按钮，在网页中可以查看使用无限截词检索方式得到的查询结果，如图 1-8 所示。

图1-7　中间截词的查询结果

图1-8　无限截词的查询结果

任务1.3　初识新一代信息技术

任务洞察

新一代信息技术是对传统计算机、集成电路与无线通信的升级，它既是信息技术的纵向升级，又是信息技术之间及其相关产业的横向融合。新一代信息技术让多个领域受益，如信息技术领域、新能源领域、新材料领域等。本任务将通过学习大数据、物联网、云计算和区块链等新一代信息技术，来分析这些技术的典型应用场景。

知识赋能

（一）大数据

数据是指存储在某种介质上的包含信息的物理符号。在电子网络时代，人们生产数据的能力不断提高，数据量飞速增加，大数据应运而生。大数据是指无法在一定时间范围内用常规软件或工具进行捕捉、管理、处理的数据集合。而要想从这些数据集合中获取有用的信息，就需要对大数据进行分析。这不仅需要采用集群的方法以获得强大的数据分析能力，还需要对面向大数据的新数据分析算法进行深入研究。

大数据具有数据体量巨大、数据类型多样、处理速度快、价值密度低等特点。在以云计算为代表的技术创新背景下，收集和处理数据变得更加简便，中华人民共和国国务院在 2015 年印发的《促进大数据发展行动纲要》中系统地部署了大数据发展工作。通过各行各业的不断创新，大数据也将创造更多的价值。下面对大数据的典型应用进行介绍。

1. 高能物理

高能物理是一门与大数据联系十分紧密的学科。高能物理中的数据量十分庞大，且没有关联性，要想从海量数据中提取有用的信息，可使用并行计算技术对各个数据文件进行较为独立的分析和处理。

2. 推荐系统

推荐系统可以通过电子商务网站向用户提供商品信息和建议，如商品推荐、新闻推荐等。而推荐过程的实现需要依赖大数据技术，用户在访问网站时，网站会记录和分析用户的行为并建立模型，将该模型与数据库中的产品进行匹配后，才能完成推荐过程。为了实现这个推荐过程，系统需要存储海量的用户访问数据，并基于对大量数据的分析为用户推荐与其行为相符的内容。

3. 搜索引擎系统

搜索引擎系统是常见的大数据系统，为了有效完成对互联网中数量巨大的信息的收集、分类和处理工作，搜索引擎系统大多基于集群架构。搜索引擎的发展为大数据的研究积累了宝贵的经验。

（二）物联网

物联网指将所有能行使其独立功能的物品，通过射频识别（Radio Frequency Identification，RFID）技术和信息传感设备与互联网连接起来并进行信息交换，以实现智能化识别和管理的技术。物联网被称为继计算机、互联网之后世界信息产业发展的"第三次浪潮"。物联网具有全面感知、可靠传递、智能处理等特点。

近年来，物联网应用已经逐步增多，很多行业的发展离不开物联网应用。下面将对物联网的应用领域进行简单介绍，包括智慧物流、智能交通、智能医疗、智慧零售等，如图 1-9 所示。

1. 智慧物流

智慧物流以物联网、人工智能、大数据等信息技术为支撑，在物流的运输、仓储、配送等各个环节实现系统感知、全面分析和处理等功能。物联网在该领域的应用主要体现在仓储、运输监测和快递终端方面，即物联网技术能够实现对货物及运输车辆的监测，包括对货物及运输车辆位置、状态速度及温度或湿度等的监测。

2. 智能交通

智能交通是物联网的一种重要体现形式，它利用信息技术将人、车和路紧密结合起来，可改善交通运输环境、保障交通安全并提高资源利用率。物联网技术在智能交通领域的应用包括智能公交车、智慧停车、共享单车、车联网、充电桩监测和智能红绿灯等。

图1-9 新一代信息技术的应用——物联网

3. 智能医疗

在智能医疗领域，新技术的应用必须以人为中心。而物联网技术是获取数据的主要技术，能有效地帮助医院实现对人和物的智能化管理。对人的智能化管理指的是通过传感器对人的生理状态（如心跳频率、血压高低等）进行监测，将获取的数据记录到电子健康文件中，方便个人或医生查阅；对物的智能化管理指的是通过 RFID 技术对医疗设备等物品进行监控与管理，实现物品可视化。

> **提示** RFID 技术是一种通信技术，它可通过无线电信号识别特定目标并读写相关数据，目前在许多方面已得到应用，且在仓库物资、物流信息追踪和医疗信息追踪等领域有较好的表现。

4. 智慧零售

行业内将零售按照距离分为远场零售、中场零售、近场零售 3 种，三者分别以电商、超市和无人便利店、自动售货机为代表。物联网技术可以用于近场零售和中场零售，且主要应用于近场零售，即无人便利店和自动售货机。智慧零售通过对传统的售货机和便利店进行数字化升级和改造，打造出无人零售模式。它还可充分运用门店内的客流和活动信息并对其进行数据分析，为用户提供更好的服务。

（三）云计算

云计算是国家战略性产业，是基于互联网服务的增加、使用和交付模式。云计算通常涉及通过互联网来提供动态、易扩展且经常是虚拟化的资源，是传统计算机和网络技术融合发展的产物。

云计算技术是硬件技术和网络技术发展到一定阶段出现的新的技术模型，是对实现云计算模式所需的所有技术的总称。分布式计算技术、虚拟化技术、网络技术、服务器技术、数据中心技术等都属于云计算技术的范畴。云计算技术的出现意味着计算能力也可作为一种通过互联网进行流通的商品。

云计算技术作为一项应用范围广、对产业影响深远的技术，正逐步向信息产业等渗透，相关产业的结构模式、技术模式和产品销售模式等都将随着云计算技术的发展发生深刻的改变。

1. 云计算的特点

与传统的资源提供方式相比，云计算主要具有以下特点。

- 超大规模：“云”具有超大的规模，谷歌云计算已经拥有 100 多万台云服务器，亚马逊、微软公司等均拥有几十万台云服务器。“云”能赋予用户前所未有的计算能力。
- 高可扩展性：云计算是一项将资源从低效率的分散使用到高效率的集中化使用的技术。分散在不同计算机上的资源的利用率非常低，通常会造成资源的极大浪费；而将资源集中起来后，资源的利用率会大大提升。而资源的集中化不断加强与资源需求的不断增加，也对资源池的可扩展性提出了更高要求。因此云计算系统必须具备优秀的资源扩展能力，才能方便新资源的加入。
- 按需服务：对用户而言，云计算系统最大的好处是可以满足自身对资源不断变化的需求，云计算系统可以按需向用户提供资源，用户只需为自己实际消费的资源进行付费，而不必购买和维护大量固定的硬件资源。这不仅为用户节约了成本，还促使应用软件的开发者创造出更多有趣和实用的应用。同时，按需服务让用户在服务选择上具有更大的空间，用户可以通过缴纳不同的费用来获取不同层次的服务。
- 虚拟化：云计算技术利用软件来实现对硬件资源的虚拟化管理、调度及应用，能够支持用户在任意位置使用各种终端获取应用服务。通过“云”这个庞大的资源池，用户可以方便地使用网络资源、计算资源、硬件资源、存储资源等，大大降低了维护成本，提高了资源的利用率。

2. 云计算的应用

随着云计算技术产品、解决方案的不断成熟，云计算技术的应用领域也在不断扩大，衍生出了云安全、云存储、云游戏等各种功能。云计算对医药与医疗领域、制造领域、金融与能源领域、电子政务领域、教育科研领域的影响巨大，在电子邮箱、数据存储、虚拟办公等方面提供了诸多便利。

- 云安全是云计算技术的重要分支，在反病毒领域得到了广泛应用。云安全技术可以通过大量网状的客户端对网络中软件的异常行为进行监测，获取互联网中木马和恶意程序的最新信息，自动分析和处理信息，并将解决方案发送到每一个客户端。
- 云存储是一项网络存储技术，可将资源存储到“云”上供用户存取。云存储通过集群应用、网络技术或分布式文件系统等功能和技术将网络中大量不同类型的存储设备集合起来协同工作，共同对外提供数据存储和业务访问服务。通过云存储，用户可以在任何时间、任何地点，将任何可联网的装置连接到“云”上并存取数据。

> **提示**　云盘也是一种以云计算为基础的网络存储技术，目前，各大互联网企业已推出自己的云盘，如百度网盘等。

- 云游戏是一项以云计算技术为基础的在线游戏技术，云游戏模式中的所有游戏都在云服务器端运行，并通过网络将渲染后的游戏画面压缩传送给用户。云游戏技术主要包括云端完成游戏运行与画面渲染的云计算技术，以及玩家终端与云端间的流媒体传输技术。

（四）区块链

区块链（Blockchain）是分布式数据存储、加密算法、点对点传输、共识机制等计算机技术的全新应用方式，它具有数据块链式、难以篡改、可溯源等特点。区块链本质上是一个去中心化的数据库，它不再依靠中央处理节点，实现了数据的分布式存储、记录与更新，具有较高的安全性。

区块链作为一种底层协议，可以有效解决信任问题，实现价值的自由传递，在存证防伪、数据服务等领域具有广阔应用前景。

- 存证防伪：区块链可以通过哈希时间戳证明某个文件或者数字内容在特定时间的存在，其公开、难以篡改、可溯源等特点为司法鉴证、产权保护等提供了解决方案。
- 数据服务：互联网、人工智能、物联网等正不断产生海量数据，现有的数据存储方案将面临巨大挑战，基于区块链技术的边缘存储数据服务有望成为解决数据存储问题的新方案。此外，区块链中数据的难以篡改和可溯源的特点保证了数据的真实性及有效性，这将成为大数据、人工智能等数据应用的基础。

任务实现——分析新一代信息技术的典型应用场景

大数据、物联网、云计算、区块链等新一代信息技术正在经济社会的各领域中快速渗透与应用，成为驱动行业技术创新和产业变革的重要力量。例如，图1-10所示的航拍无人机便利用物联网、大数据等技术使其定位更加准确、图像分析结果更加精准。航拍无人机可以弥补卫星和载人航空遥感技术的不足，催生了更加多元化的应用场景，如航空拍照、地质测量、高压输电线路巡视、油田管路检查、高速公路管理、森林防火巡查、毒气勘查等。

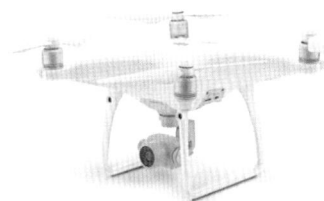
图1-10 航拍无人机

除此之外，请读者思考还有哪些新一代信息技术的典型应用场景，将其填入表1-2中，并分析该典型应用场景中应用了哪些新一代信息技术。

表1-2 新一代信息技术的典型应用场景分析

典型应用场景	相关技术	解决的问题
智慧城市管理	大数据	整合交通流量、环境监测等数据，优化城市资源分配，缓解交通拥堵和污染问题
弹性使用计算资源与云服务	云计算	提供按需付费的云服务器租赁，支持企业快速扩展IT资源

动手演练——探索雄安新区

雄安新区为河北省管辖的国家级新区，是继深圳经济特区和上海浦东新区之后又一具有全国意义的新区。请访问中国雄安官网，单击首页底部"雄安未来之城场景汇"超链接，通过了解相应的信息，从新一代信息技术的角度出发，写出在下面横线中探索雄安新区后体验到的这些新技术的具体应用情况。

_____

_____

能力拓展

工业互联网是全球工业系统与高级计算、分析、传感技术，以及互联网的高度融合。其核心是通过工业互联网平台把工厂、生产线、设备、供应商、客户及产品紧密地连接在一起；结合软件和大数据分析，帮助制造业实现跨地区、跨厂区、跨系统、跨设备的互联互通，从而提高生产效率，推动整个制造服务体系智能化。

工业互联网的核心三要素是人、机器和数据分析软件。工业互联网将带有内置感应器的机器和复杂的软件与其他机器、人员连接起来。例如，将飞机发动机连接到工业互联网中，当机器感应到满足触发条件和接收到通信信号时，就能从通信信号中提取数据并进行分析，该机器从而成为有理解能力的工具，能更有效地发挥出其潜能。

2024 年，2024 全球工业互联网大会上发布中国工业互联网发展的最新成果，结果显示，中国"5G+工业互联网"项目数已超过 1.4 万个，工业互联网全面融入 49 个国民经济大类，实现工业大类全覆盖。2025 年，《政府工作报告》显示，2025 年扩大 5G 规模化应用，加快工业互联网创新发展，优化全国算力资源布局，打造具有国际竞争力的数字产业集群。这些结果和数据充分说明，工业物联网对支撑制造强国和网络强国建设，提升产业链现代化水平，推动经济高质量发展和构建新发展格局，都具有重要意义。

任务 1.4　了解计算机与计算机网络

任务洞察

计算机和计算机网络在信息技术中扮演着至关重要的角色。计算机作为信息技术的核心设备，能够高效地存储、处理和检索数据，而计算机网络则通过将多台计算机连接起来，实现了资源共享、信息传递和协同工作，极大地扩展了计算机的应用范围。本任务将重点了解计算机的基本组件和计算机网络的构成情况，并根据具体需求配置合适的计算机。

知识赋能

（一）计算机的基本组件

计算机主要由硬件和软件构成，其中软件指操作系统和各种具体的应用软件，如 Windows 11 便是操作系统，Office 2021 则是办公应用软件。计算机硬件主要包括主板、CPU、内存、硬盘、显卡、电源、机箱、显示器、鼠标和键盘、音箱和耳机等对象。

- 主板：主板是计算机的核心部件，相当于整个计算机系统的"神经中枢"，它连接并控制 CPU、内存、硬盘、显卡等其他硬件设备，提供数据传输通道和接口支持。主板的性能直接影响计算机的整体运行速度和稳定性。主板外观如图 1-11 所示。
- CPU：CPU 全称为 Central Processing Unit，中文名称是中央处理器。CPU 是计算机的"大脑"，负责执行指令和处理数据，它由运算器和控制器组成，能够进行逻辑运算、控制操作及协调其他硬件设备等工作。CPU 的性能决定了计算机的运行速度和效率。CPU 外观如图 1-12 所示。

图 1-11　主板

图 1-12　CPU

- 内存：内存是计算机的临时存储器，用于存放正在运行的程序和数据。它的特点是断电后数据会丢失。内存容量越大，计算机能够同时运行的应用程序越多，计算机性能越强。内存外观如图 1-13 所示。

- 硬盘：硬盘是计算机的主要存储设备，用于长期保存数据和程序。硬盘可分为固态盘（Solid State Disk，SSD）和硬盘驱动器（Hard Disk Drive，HDD）。SSD 速度快但价格较高，HDD 容量大但速度较慢。硬盘的读写速度和容量直接影响计算机的存取效率，图 1-14 所示为 SSD。

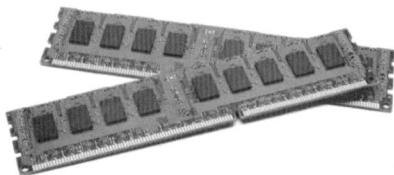

图1-13　内存

图1-14　SSD

- 显卡：显卡是处理图像和输出视频的专用硬件设备。根据性能不同，显卡分为集成显卡和独立显卡。集成显卡适用于日常办公，而独立显卡则适合游戏运行和专业图形处理。显卡的性能决定了显示器输出图像的质量和流畅度。显卡外观如图 1-15 所示。

- 电源：电源负责为计算机的各个硬件设备提供稳定的电力支持。电源的功率大小决定了计算机可以支持的硬件配置范围，同时影响计算机系统的稳定性。电源外观如图 1-16 所示。

图1-15　显卡

图1-16　电源

- 机箱：机箱是容纳计算机内部硬件的外壳，起到保护硬件和散热的作用。机箱的设计通常会影响散热效果和内部空间布局，进而影响计算机的运行效果。机箱外观如图 1-17 所示。

- 显示器：显示器是计算机的主要输出设备，用于显示图像和文字信息。现代显示器多采用液晶（Liquid Crystal Display，LCD），具有更高的分辨率和更细腻的色彩表现力，是用户与计算机交互的重要界面。显示器的性能决定了输出画面的质量。显示器外观如图 1-18 所示。

图1-17　机箱

图1-18　显示器

- 鼠标和键盘：鼠标和键盘是输入设备，用于向计算机输入指令和数据。鼠标通过移动光标进行操作，键盘则通过按键输入文本和命令。它们的性能直接影响用户的操作体验。鼠标和键盘外观如图 1-19 所示。

图1-19　鼠标（左）和键盘（右）

- 音箱和耳机：音箱和耳机是计算机的音频输出设备，用于播放声音或音乐。音箱和耳机的性能决定了音质的好坏。音箱和耳机外观如图 1-20 所示。

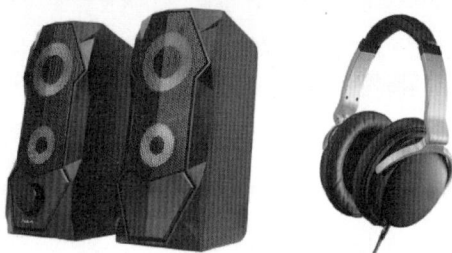

图1-20　音箱（左）和耳机（右）

（二）计算机网络的概念与构成

在计算机网络发展的不同阶段，人们对计算机网络的理解和侧重点不同。针对不同的阶段，人们对计算机网络提出了不同的定义。就目前计算机网络的发展现状来看，从资源共享的观点出发，通常将计算机网络定义为以能够相互共享资源的方式连接起来的独立计算机系统的集合。也就是说，将相互独立的计算机系统以通信线路相连接，按照全系统统一的网络协议进行数据通信，从而实现网络资源共享。

计算机网络同样由硬件和软件两大部分组成，其中，软件部分主要包括通信软件、网络协议软件和网络操作系统，常用的网络操作系统有 Netware 系统、Windows NT 系统、Unix 系统和 Linux 系统等。这里重点介绍计算机网络的硬件部分。

1. 传输介质

传输介质是网络中信息传递的媒介，传输介质的性能对传输速率、通信距离、网络节点数目和传输的可靠性有很大的影响。网络中常见的传输介质包括双绞线、同轴电缆和光导纤维等有线传输介质，另外还包括微波和红外线等无线传输介质。

- 双绞线：双绞线是由两条相互绝缘的导线按照一定的规格互相缠绕（一般以顺时针缠绕）在一起而制成的一种通用配线，属于信息通信网络传输介质。其一般由两根绝缘铜导线相互缠绕而成，实际使用时，由多对双绞线一起包在一个绝缘电缆套管中。典型的电缆套管中一般包含四对双绞线，如图 1-21 所示，此外，也可将更多对双绞线放在一个电缆套管里，称为双绞线电缆。
- 同轴电缆：同轴电缆由一组共轴心的电缆构成，它是计算机网络中常见的传输介质之一，具有误码率低、性价比较高的特点，在早期的局域网中应用广泛。其具体的结构由内到外是中心铜线、绝缘层、网状屏蔽层和塑料封套，如图 1-22 所示。应用于计算机网络的同轴电缆主要有两种，即粗缆和细缆。同轴电缆可以组成宽带系统，主要有双缆系统和单缆系统两种类型。同轴电缆网络一般可分为主干网、次主干网和线缆 3 类。

- 光导纤维：光导纤维简称光纤，是一种性能非常优秀的网络传输介质，具有频带宽、损耗低、重量轻、抗干扰能力强、保真度高、工作性能可靠、成本较低的优点，是目前网络传输介质中发展最为迅速的传输介质之一。光纤的外观如图 1-23 所示。

图 1-21　包含四对双绞线的电缆套管　　　图 1-22　同轴电缆　　　图 1-23　光导纤维

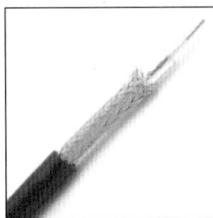

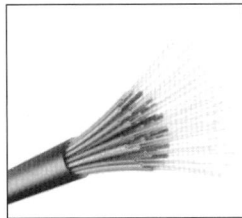

- 无线传输介质：无线传输利用可以在空气中传播的微波、红外线等无线介质进行传输，无线局域网就是由无线传输介质进行信息传输的局域网。利用无线传输介质，可以有效扩展通信空间，摆脱有线介质的束缚。常用的无线通信方法有无线电波、微波、蓝牙和红外线，紫外线和更高的波段目前还不能用于通信。

2. 网卡

网卡又称网络适配器、网络卡或者网络接口卡，是以太网的必备设备。网卡通常工作在开放式系统互连（Open System Interconnection，OSI）模型的物理层和数据链路层，在功能上相当于广域网的通信控制处理机，通过它可以将工作站或服务器连接到网络，实现网络资源共享。

网络有多种类型，如以太网、令牌环和无线网络等，现在使用最多的仍然是以太网。不同的网络必须采用与之相适应的网卡，网卡的种类有很多，根据不同的标准，网卡有不同的分类方式，最常用的分类方式是将网卡分为有线和无线两种。有线网卡是指必须将网络连接线连接到网卡中，才能访问网络的网卡，主要包括协议控制信息（Protocol Control Information，PCI）网卡（图 1-24）、集成网卡和通用串行总线（Universal Serial Bus，USB）网卡 3 种类型。无线网卡是在无线局域网的无线网络信号覆盖下通过无线连接方式进行网络连接而使用的无线终端设备，主要包括 PCI 网卡、USB 网卡、PCMCIA网卡（图 1-25）和 MINI-PCI 网卡 4 种类型。

图 1-24　PCI 网卡　　　　　　　　图 1-25　PCMCIA 网卡

3. 路由器

路由器是一种连接多个网络或网段的网络设备，它能对不同网络或网段之间的数据信息进行"翻译"，使不同网段和网络之间能够相互"读懂"对方的数据，从而构成一个更大的网络。路由器的主要工作就是为经过路由器的每个数据帧寻找一条最佳传输路径，并将该数据有效地传送到目的站点。路由器是网络与外界的通信出口，也是联系内部子网的桥梁。在网络组建的过程中，路由器的选择是极为重要的，需要考虑安全性能、处理器、控制软件、容量、网络扩展能力、支持的网络协议和带线拔插等因素。图 1-26 所示为无线路由器的外观。

4. 交换机

交换机是一种用于电信号转发的网络设备，其外观如图 1-27 所示，它可以为接入交换机的任意两个网络节点提供独享的电信号通路。交换机的主要功能包括物理地址识别、数据帧转发、错误检测、广播域控制及流量控制等。常见的交换机是以太网交换机，除此之外，还有电话语音交换机、光纤交换机等。目前，有些交换机还具备了新的功能，如对虚拟局域网（Virtual Local Area Network，VLAN）的支持、对链路汇聚的支持，有些还具备路由器和防火墙的功能。

图1-26　无线路由器　　　　图1-27　交换机

任务实现——为三维动画设计师配置计算机

本任务需要用户为某位三维动画设计师配置一台计算机，使得他的设计工作得以顺利开展。为了更好地完成配置任务，请将计算机的主要硬件的配置需求填入表 1-3 中。

表1-3　计算机硬件配置需求统计表

硬件	配置需求
主板	确保主板兼容性并提供良好的扩展能力，以适应未来升级需求
CPU	能够快速处理复杂的模型和渲染任务，考虑选择多核处理器以提高效率
内存	
硬盘	
显卡	
电源	
机箱	
显示器	
鼠标和键盘	
音箱和耳机	

动手演练——为自己配置一台合适的计算机

请通过互联网查看不同硬件的型号和价格，为自己配置一台用于学习或工作的计算机，将各硬件的型号和价格填入表 1-4 中。

表1-4　各硬件的型号和价格

硬件	型号	价格/元	硬件	型号	价格/元
主板			机箱		
CPU			显示器		

续表

硬件	型号	价格/元	硬件	型号	价格/元
内存			鼠标		
硬盘			键盘		
显卡			音箱（耳机）		
电源			合计/元		

能力拓展

在选择计算机的各种硬件时，一方面需要关注性价比，另一方面应该根据自己的需求进行合理选择。在选择时应注意以下几点。

- 确定是选择品牌机还是组装机：品牌机是由知名厂商生产的整机，其优点在于稳定性较高，因为所有配件经过严格测试且计算机兼容性良好，同时厂商会提供完善的售后服务。品牌机适合对性能要求不高且不太熟悉计算机配置的用户。组装机则是由用户自行选择硬件并组合而成的计算机，其优点是性价比高、配置灵活且升级方便。对于追求高性能、需要运行大型设计软件的用户或游戏玩家来说，组装机是更好的选择。但组装机的缺点在于其兼容性需要用户自行测试，且售后服务相对不足。

- 明确用途和预算：在选购计算机前，我们还需要明确用途。例如，用于日常办公和上网，则适合选择中低端配置的品牌机；用于游戏或设计，则需要高配置的组装机。明确用途后，接着就需要根据预算来确定购买价位。品牌机价格较高，但包含组装成本、品牌价值及售后服务费用；组装机价格与选取的各硬件设备的价格有关，且需要用户自行承担兼容性和售后风险。

- 硬件搭配要均衡、合理：CPU、主板、显卡、内存等硬件设备的合理搭配决定了计算机整体的性能。装机选配的关键在于兼容性和均衡性。例如，CPU 配置较高，但内存配置较低，这样就无法充分发挥 CPU 的效率。因此，在选择硬件时要特别注意各个配件之间的兼容性和均衡性，这样才能真正让各个硬件充分协作，调动出计算机的最佳功效。

- 不要过于追新：信息技术发展速度很快，产品更新换代的速度也较快，CPU、主板、显卡等硬件的生产厂家不断采取换接口或平台等方式，让用户不断地对计算机进行升级换代。因此，我们在配置计算机时要量力而行，不要过于追新、追求高性能。一味追新，不但可能浪费计算机的潜在能力，而且会增加购买成本。

- 注意方便换修和升级：我们在组装计算机时，应尽量选择平台新、可持续时间久的配件，这样方便今后换修和升级。组装机在使用一段时间后，配件即使不出现硬件故障也可能需要升级换代，如果装机选配时只图便宜，选配已经淘汰的平台，那么一旦需要换修和升级，就会面临换修、升级困难的问题。例如，如果主板配置过低，那么，当需要升级其他硬件时，由于主板平台无法兼容，则需要一并更换主板，这样实际上会投入更多的成本。

课后练习

一、填空题

1. 信息是用文字、数字、符号、语言、图像等介质表示的_____、_____、_____等对象的内容、数量或特征。

2. 信息技术是基于_____和_____，且与信息的收集、存储、组织、加工处理、传递、利用和服务过程相关的各种技术的总称。

3. 广义的信息检索包括_____和_____两个过程。

4. 信息检索的划分标准有多种，通常会按_____、_____和_____3种方式来划分。

5. 信息安全的核心就是要保证信息的_____、_____和_____。

6. 物联网被称为继计算机、互联网之后世界信息产业发展的第三次浪潮，它具有_____、_____和_____等特点。

7. _____通过集群应用、网络技术或分布式文件系统等功能将网络中大量不同类型的存储设备集合起来协同工作，共同对外提供数据存储和业务访问服务。

8. CPU负责执行指令和处理数据，它由_____和_____组成。

9. _____是一种用于电信号转发的网络设备，它可以为接入交换机的任意两个网络节点提供独享的电信号通路。

二、选择题

1. （　　）使世界逐渐变为了"地球村"。
   A. 电信技术发展阶段　　　　　　　　　B. 计算机与数字化发展阶段
   C. 互联网与全球网络化发展阶段　　　　D. 智能技术发展阶段

2. 下列信息检索分类中，不属于按检索对象划分的是（　　）。
   A. 文献检索　　　　B. 手动检索　　　　C. 数据检索　　　　D. 事实检索

3. （　　）指人们在计算机或者计算机检索网络终端上，使用特定的检索策略、检索指令、检索词，从计算机检索系统的数据库中检索出所需信息后，再由终端设备显示、下载和打印相关信息的过程。
   A. 机械检索　　　　B. 计算机检索　　　　C. 直接检索　　　　D. 数据检索

4. 下列不属于云计算特点的是（　　）。
   A. 高可扩展性　　　　B. 按需服务　　　　C. 高可靠性　　　　D. 非网络化

5. 下列不属于区块链特点的是（　　）。
   A. 高可靠性　　　　B. 价值密度低　　　　C. 难以篡改　　　　D. 数据块链式

6. 以下硬件中，被称为计算机"神经中枢"的是（　　）。
   A. 主板　　　　B. CPU　　　　C. 内存　　　　D. 硬盘

7. 下列传输介质中，抗干扰能力强、保真度高的是（　　）。
   A. 双绞线　　　　B. 同轴电缆　　　　C. 光纤　　　　D. 无线传输介质

三、操作题

1. 在百度学术平台中，检索并了解关于"鸿蒙操作系统"的信息。

2. 利用百度搜索引擎搜索近一个月内关于"人工智能"的演示文稿课件。

模块二
文档处理与智能办公

02

文档处理是我们在生活、学习和以后的工作中都会接触到的常见操作。例如，在生活中，我们可以利用文档制订生活计划；在学习中，我们可以利用文档完成阶段性总结；在毕业时，我们可以利用文档创建个人简历；在工作后，我们可以利用文档来处理工作中的各项事宜。本模块以 Windows 11 操作系统为平台，以 Word 2021 为工具，精选中国传统美食故事、茶叶公司招聘启事、白鹤滩水电站、论非物质文化遗产的传承、特色农产品推广宣传等案例，介绍使用 Word 处理文档的各种操作。

课堂学习目标

- **知识目标:** 掌握 Word 的各种基本操作，如文档操作、文本格式设置和段落格式设置、各种对象的插入与编辑、页面设置、长文档的编辑等。

- **技能目标:** 能够利用 Word 制作和编辑各种类型的文档。

- **素质目标:** 养成独立思考与自主学习的良好习惯，重视创新意识与创新素养的培养，有效地提升个人的办公能力。

任务 2.1 编辑"中国传统美食故事"文档

任务洞察

中国传统美食故事不仅展示了各种美食的具体内容，更是中华民族悠久文化的重要载体。从屈原粽到东坡肉，从涮羊肉到螺蛳粉，每一道美食都承载着中华民族的文化基因，讲述着中国故事。在全球化时代，让中国传统美食故事继续焕发光彩，不仅是对文化根脉的守护，更是对传承人类文明多样性的贡献。下面将使用 Word 2021 编辑"中国传统美食故事"文档，带领读者在学会文本编辑的基本操作的同时，了解精彩纷呈的美食故事。

知识赋能

（一）熟悉 Word 2021 的操作界面

Word 2021 是 Office 2021 办公软件中专门用于处理文档的一个组件。在 Windows 11 中安装 Office 2021，完成后单击"开始"按钮 ▦，在弹出的"开始"菜单的"推荐的项目"栏中选择"Word"选项（若没有该选项，可单击"开始"菜单中的 更多 ＞ 按钮，在显示的界面中进行选择；或直接在"开始"菜单上方的搜索框中输入"Word"，然后在显示的列表中选择与 Word 相关的选项）可以启动 Word 2021 并打开开始界面，选择"空白文档"选项后会新建一个空白文档并进入 Word 2021 的操作界面，如图 2-1 所示。

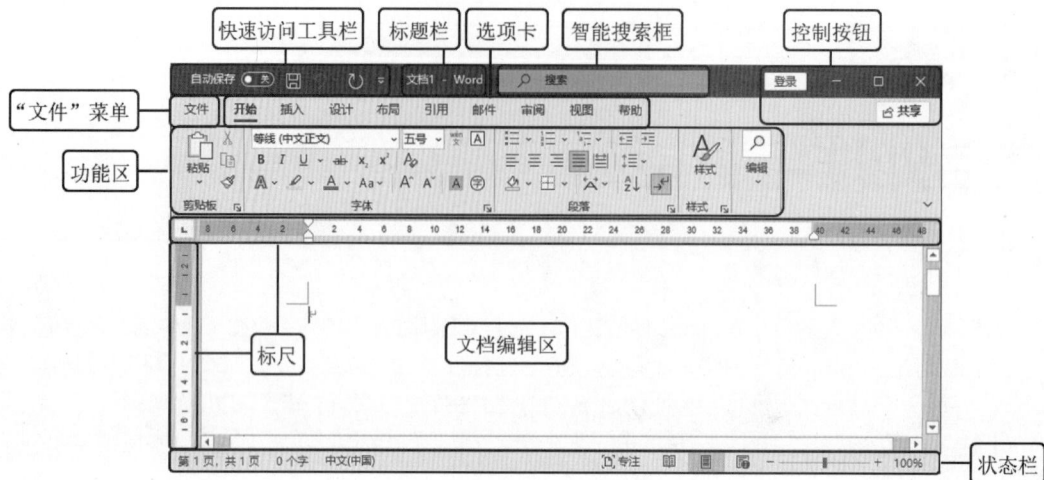

图 2-1　Word 2021 的操作界面

1. 标题栏

标题栏显示的是文档的名称和当前操作界面所属的程序，新建空白文档时默认名称为"文档1-Word"。其中，"文档 1"是空白文档的系统暂定名，"Word"是所属程序的名称。

2. 快速访问工具栏

快速访问工具栏最左侧的是 [自动保存 关] 按钮，默认为关闭状态，单击可开启并自动将文档保存到云端。右侧依次为"保存"按钮、"撤销键入"按钮、"重复键入"按钮等。单击该工具栏右侧的"自定义快速访问工具栏"按钮，可在弹出的下拉列表中选择需要显示在该工具栏中的按钮。

3. 控制按钮

控制按钮位于操作界面的右上方，包括 [登录] 按钮（用于登录 Office 账户）、"最小化"按钮、"最大化"按钮、"关闭"按钮和 [共享] 按钮。其中，单击"最大化"按钮后，该按钮将变为"还原"按钮，单击该按钮可将操作界面还原到最大化之前的大小，若将鼠标指针移至该按钮上，则可在弹出的下拉列表中快速选择预设的某种界面大小。

4. "文件"菜单

"文件"菜单为用户提供了"开始""新建""打开""信息""保存""另存为""打印""共享""导出""关闭"等命令，通过该菜单，用户可以查看当前文档的相关信息，以及进行新建、打开、保存、另存为、打印、共享、导出和关闭文档等操作。

5. 选项卡、功能区

Word 2021 提供了"开始""插入""设计""布局""引用""邮件""审阅""视图""帮助"等选项卡，用户可根据需要选择选项卡中的各项功能来完成文档操作。

需要注意的是，功能区与选项卡是对应的关系，单击某个选项卡可展开相应的功能区。功能区中有许多自适应窗口大小的组，每个组中又包含不同的按钮或下拉列表等设置参数。有的组右下角还会显示"对话框启动器"按钮，单击该按钮可打开相应的对话框或任务窗格，以进行详细设置。

> **提示**　在 Office 2021 办公软件中，功能区按钮的样式会随操作界面的缩放变化而进行自适应调整，读者在进行相关操作时，根据操作需求选择对应的功能按钮即可。

6. 智能搜索框

智能搜索框位于标题栏右侧，通过智能搜索框，用户可轻松找到相关操作或操作说明。例如，需要在文档中插入目录时，可单击智能搜索框以定位文本插入点，然后输入"目录"，此时会显示一些关于目录的选项，根据提示进行相关操作即可。

7. 文档编辑区

文档编辑区是输入与编辑文本的区域，对文本进行的各种操作及对应结果都会显示在该区域中。新建一个空白文档后，文档编辑区的左上方将显示一个闪烁的光标，该光标又称文本插入点，文本插入点所在位置便是文本的起始输入位置。

8. 标尺

标尺主要用于定位文档内容，位于文档编辑区上方的标尺称为水平标尺，位于文档编辑区左侧的标尺称为垂直标尺。拖曳水平标尺中的"缩进"滑块 可快速调整段落的缩进距离。在"视图"/"显示"组中选中"标尺"复选框可以在操作界面中显示出该对象。

9. 状态栏

状态栏位于操作界面的底端，主要用于显示当前文档的工作状态，包括当前页数、字数等。状态栏右侧是切换视图模式的按钮，以及调整页面显示比例的按钮与滑块等。

（二）文档的新建、打开、保存与复制

Word 文档的基本操作包括新建、打开、保存与复制等，掌握这些基本操作是利用 Word 编辑和制作文档的前提条件。

1. 新建文档

除了前面介绍的在启动 Word 2021 时新建空白文档，还可以在使用 Word 时新建空白文档，常用方法如下。

- 通过"文件"菜单新建。选择"文件"/"新建"命令，可以在界面右侧选择"空白文档"选项；也可以在"搜索联机模板"文本框中搜索模板名称，以创建具备该模板格式的联机文档。新建文档的操作界面如图 2-2 所示。

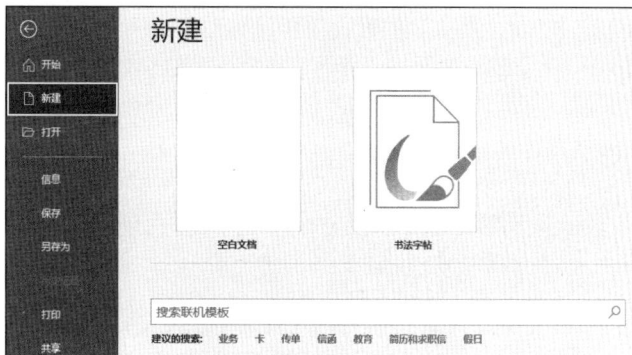

图 2-2　新建文档的操作界面

- 通过快速访问工具栏新建。单击快速访问工具栏右侧的"自定义快速访问工具栏"按钮，在弹出的下拉列表中选择"新建"选项，将"新建"按钮添加到该工具栏中，之后只需单击该按钮便可快速新建空白文档。
- 通过快捷键新建。在文档操作界面中按"Ctrl+N"组合键，也可快速新建空白文档。

2. 打开文档

对于已有的文档，在编辑之前需要先将其打开，此时便可选择以下任意一种方法打开文档。

- 双击文档打开。在计算机中打开文档所在的位置，找到并双击该文档，系统将启动 Word 并打开该文档。

- 通过快速访问工具栏打开。单击快速访问工具栏中的"打开"按钮 （若没有该按钮，则可先将其添加到快速访问工具栏中）。
- 通过"文件"菜单打开。选择"文件"/"打开"命令。
- 通过快捷键打开。在文档操作界面中按"Ctrl+O"组合键。

除了双击文档，其他方法都将打开"打开"界面，在该界面中选择"浏览"选项，将打开"打开"对话框，在该对话框左侧的导航窗格中找到保存文档的位置，在右侧的列表框中选择需要打开的文档，单击 打开(O) 按钮，如图2-3所示，即可打开文档。

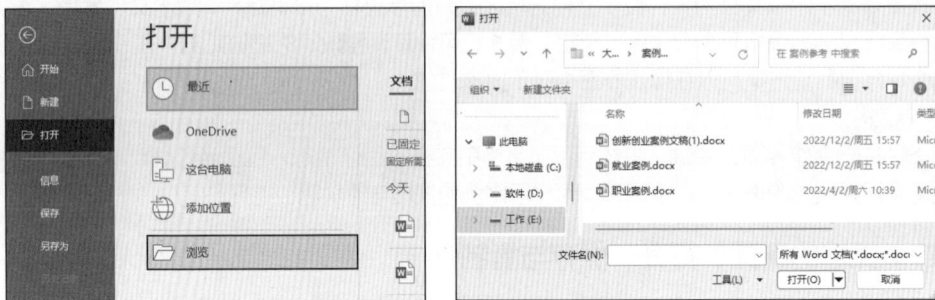

图2-3　打开文档时的界面与对话框

3. 保存文档

保存文档是指将 Word 文档保存到计算机中，以防止数据丢失，也便于日后对文档进行调整和编辑。保存文档的常用方法有以下3种。

- 通过快速访问工具栏保存。单击快速访问工具栏中的"保存"按钮 。
- 通过"文件"菜单保存。选择"文件"/"保存"命令。
- 通过快捷键保存。在文档操作界面中按"Ctrl+S"组合键。

首次保存文档时采用上述任意一种方法都将打开"另存为"界面，在该界面中选择"浏览"选项，将打开"另存为"对话框，在该对话框左侧的导航窗格中选择文档保存的位置，在"文件名"文本框中输入文档的名称，单击 保存(S) 按钮，如图2-4所示，即可保存文档。

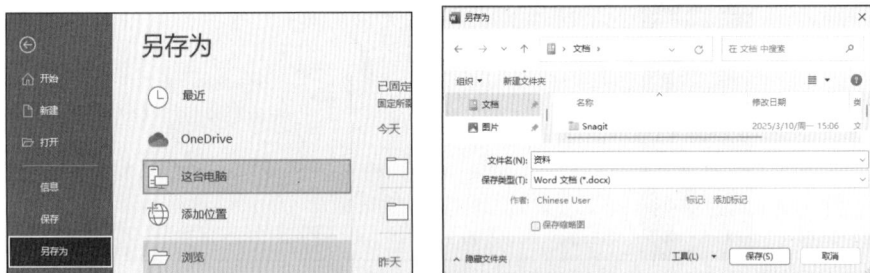

图2-4　保存文档时的界面与对话框

4. 复制文档

复制文档也可以看作另存文档，即将已保存在计算机中的文档通过复制的方式另存于计算机中的其他位置（或以不同的名称保存在相同的位置），其方法如下：先选择"文件"/"另存为"命令，再按照保存文档的方法进行操作。

> **提示**　复制文档也可以直接在文件夹中实现，即先在文件夹中选择对应的文档，按"Ctrl+C"组合键复制，再选择目标文件夹，按"Ctrl+V"组合键粘贴。

（三）文本的选择、移动、复制与删除

编辑文档离不开对文本的操作，除了定位文本插入点并输入文本外，在处理文档时，我们还经常需要对文本进行选择、移动、复制与删除等操作。

1. 选择文本

选择文本的方法较多，这里将其归纳为以下 8 种，在实际操作时，读者可根据需要灵活运用。

- 选择任意文本。在需要选择文本的起始位置按住鼠标左键并进行拖曳，当目标文本呈灰底显示时表示其处于选中状态，释放鼠标左键即可完成对文本的选择。
- 选择任意词组。在段落中的某个位置双击，可选择离双击处最近的词组。
- 选择整句文本。按住"Ctrl"键，在段落中单击，可选择单击处的整句文本。
- 选择一行文本。将鼠标指针移至某行文本的左侧，当其变为形状时，单击可选择鼠标指针对应的整行文本。
- 选择多行文本。将鼠标指针移至某行文本的左侧，当其变为形状时，按住鼠标左键，垂直向上或向下拖曳可选择多行文本。
- 选择不连续的文本。选择部分文本后，按住"Ctrl"键，再选择剩余部分的文本即可选择不连续的文本。
- 选择整个段落。在段落中单击 3 次；或将鼠标指针移至文本左侧，当其变为形状时，双击可选择鼠标指针对应的整个段落。
- 选择所有文本。按"Ctrl+A"组合键可选择文档中的所有文本。

2. 移动文本

若要在文档中调整已有文本的位置，则可通过移动文本操作来快速实现。移动文本的方法主要有以下 4 种。

- 通过功能按钮移动。选择文本，在"开始"/"剪贴板"组中单击"剪切"按钮，将文本插入点定位至目标位置后，在该组中单击"粘贴"按钮。
- 通过快捷菜单移动。选择文本，单击鼠标右键，在弹出的快捷菜单中选择"剪切"命令；将文本插入点定位至目标位置后，再次单击鼠标右键，在弹出的快捷菜单中选择"粘贴选项"/"保留源格式"命令。
- 通过快捷键移动。选择文本，按"Ctrl+X"组合键剪切文本，将文本插入点定位至目标位置，按"Ctrl+V"组合键粘贴文本。
- 通过拖曳鼠标移动。选择文本，在其上按住鼠标左键，将其拖曳至目标位置后释放鼠标左键。

> **提示** 移动文本操作可以灵活地组合使用，例如，可以先利用快捷菜单剪切文本，再利用快捷键粘贴文本。如何更高效地完成移动文本的操作，应视个人的操作习惯而定。

3. 复制文本

若要在文档中输入已有的某些文本，特别是某些较长的相同文本，则可直接对已有文本进行复制操作。复制文本的方法主要有以下 4 种。

- 通过功能按钮复制。选择文本，在"开始"/"剪贴板"组中单击"复制"按钮，将文本插入点定位至目标位置后，在该组中单击"粘贴"按钮。
- 通过快捷菜单复制。选择文本，单击鼠标右键，在弹出的快捷菜单中选择"复制"命令；将文本插入点定位至目标位置后，再次单击鼠标右键，在弹出的快捷菜单中选择"粘贴选项"/"保留源格式"命令。

- 通过快捷键复制。选择文本，按"Ctrl+C"组合键复制文本，将文本插入点定位至目标位置，按"Ctrl+V"组合键粘贴文本。
- 通过拖曳鼠标复制。选择文本，按住"Ctrl"键的同时在其上按住鼠标左键，将其拖曳至目标位置。

4．删除文本

将文本插入点定位至目标位置，按"Backspace"键可删除文本插入点左侧的一个字符，按"Delete"键可删除文本插入点右侧的一个字符。另外，也可先选择需要删除的文本，按"Backspace"键或"Delete"键将其删除。

（四）文本的查找和替换

"查找和替换"功能可以快速修改文档中的大量相同错误。例如，文档中出现了22处"川弓"，经检查发现应修改为"川穹"，此时利用"查找和替换"功能就可以轻松修正错误。其方法如下：在"开始"/"编辑"组中"编辑"按钮 🔍，在下拉列表中选择"替换"选项，打开"查找和替换"对话框，在"替换"选项卡的"查找内容"下拉列表框中输入"川弓"，在"替换为"下拉列表框中输入"川穹"，单击 全部替换(A) 按钮。替换完成后，在打开的提示对话框中将显示替换的次数，接着依次单击 确定 按钮和 关闭 按钮即可。查找和替换文本的操作界面如图2-5所示。

图2-5　查找和替换文本的操作界面

任务实现

本任务编辑的"中国传统美食故事"文档的参考效果如图2-6所示，涉及文档的新建与保存，以及文本的输入、编辑、复制、移动、查找、替换等多种基本操作。

图2-6　"中国传统美食故事"文档的参考效果

（一）新建并保存文档

新建与保存文档是文档处理的基础操作。下面启动 Word 2021，新建空白文档并将其以"中国传统美食故事"命名保存在桌面上，其具体操作如下。

（1）启动 Word 2021，选择"文件"/"新建"命令，打开"新建"界面，选择"空白文档"选项，如图 2-7 所示。

（2）按"Ctrl+S"组合键，打开"另存为"界面，在其中选择"浏览"选项，打开"另存为"对话框，在左侧的导航窗格中选择"桌面"选项，在"文件名"文本框中输入"中国传统美食故事.docx"（输入时只需修改中文部分，".docx"这个扩展名可默认不变），单击 保存(S) 按钮完成保存文档操作，如图 2-8 所示。

微课
新建并保存文档

图 2-7 新建空白文档

图 2-8 保存文档

（二）输入与编辑文本

新建文档后，用户需要在其中输入所需的内容，同时还需要对错误的内容进行修改。下面便在"中国传统美食故事.docx"文档中输入与编辑文本，其具体操作如下。

（1）在当前文本插入点的位置输入"中国传统美食故事"作为文档标题，按"Enter"键换行。操作效果如图 2-9 所示。

（2）继续在文本插入点处输入正文内容，输入一段正文后，继续按"Enter"键换行。操作效果如图 2-10 所示。

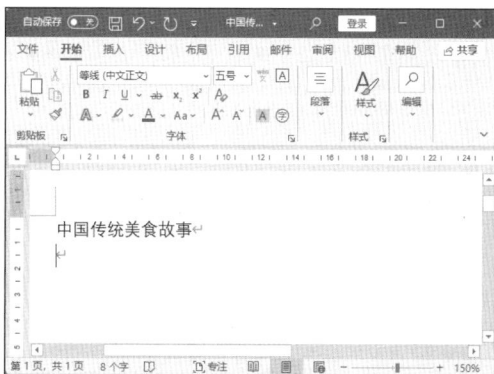

微课
输入与编辑文本

图 2-9 输入标题

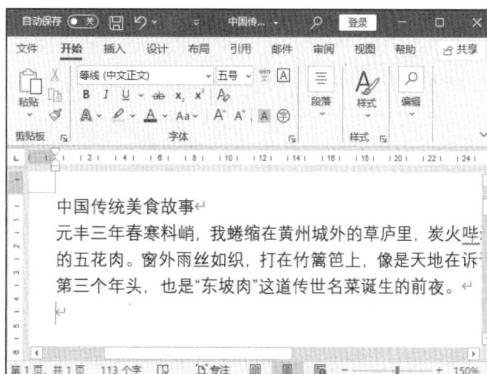

图 2-10 输入正文

（3）按照相同方法继续输入文档的其他内容。本书提供了已经输入完成的"中国传统美食故事.docx"文档（配套资源：素材\模块二\中国传统美食故事.docx），用户可直接打开使用。需要注意的是，如果是手动输入的内容，则还需完成第（4）～（6）步操作。如果是直接打开的素材文档，可直接跳转至第（7）步操作。

（4）在标题段落处单击鼠标定位文本插入点，按"Ctrl+E"组合键使标题居中。操作效果如图2-11所示。

（5）拖曳鼠标选择除标题以外的正文内容，拖曳水平标尺上的"首行缩进"滑块▽，使每段正文的开头空出两个汉字的距离。操作效果如图2-12所示。

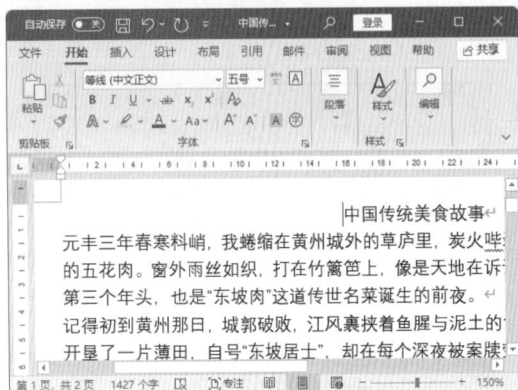

图2-11　调整标题位置

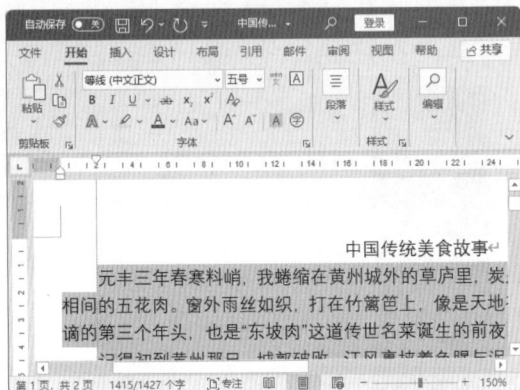

图2-12　调整正文首行缩进距离

（6）按"Ctrl+A"组合键选择所有内容，单击两次"开始"/"字体"组中的"增大字号"按钮A⁺，适当增大所输入文本的字号。操作效果如图2-13所示。

（7）接下来对文档内容进行修改和编辑。检查输入的所有内容，找到正文第2段最后一行的错误文本"展"，拖曳鼠标将其选中，输入正确文本"辗"，所选的文本内容便会被输入的新内容替换。操作效果如图2-14所示。

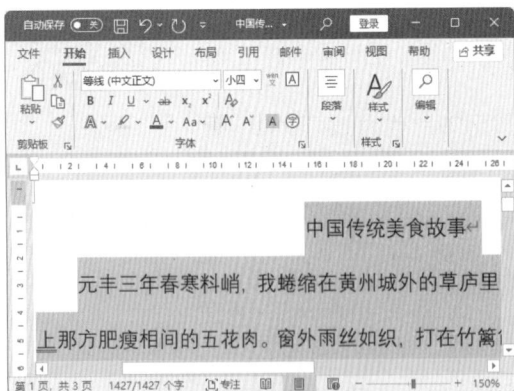

图2-13　调整文本字号大小

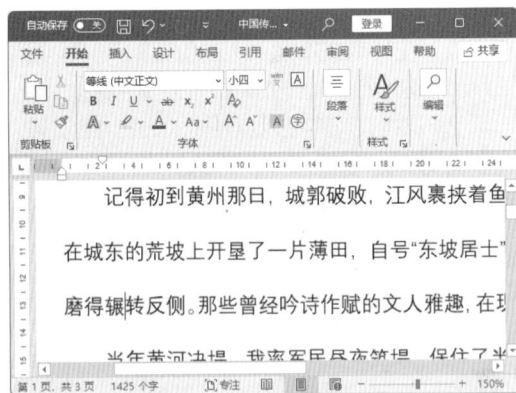

图2-14　修改错误文本

> **提示**　在输入与编辑文档的过程中，按"Ctrl+Z"组合键或单击快速访问工具栏中的"撤销键入"按钮↶可撤销最近的操作；按"Ctrl+Y"组合键或单击快速访问工具栏中的"恢复键入"按钮↷，可恢复撤销的操作。

（三）复制和移动文本

在编辑 Word 文档时，可以通过复制或移动等方式提高文档的编辑效率。下面在"中国传统美食故事.docx"文档中复制和移动文本，其具体操作如下。

（1）选择正文第 3 段第 2 行中的"猪肉"文本，按"Ctrl+C"组合键将其复制到剪贴板中。

（2）在第 4 段第 1 行的"闯进"文本左侧单击以定位文本插入点，按"Ctrl+V"组合键粘贴文本内容。操作效果如图 2-15 所示。

图 2-15　复制并粘贴文本

（3）拖曳鼠标选择第 4 段的所有文本内容，将其拖曳至正文第 3 段的段首处，释放鼠标左键完成文本的移动。操作效果如图 2-16 所示。

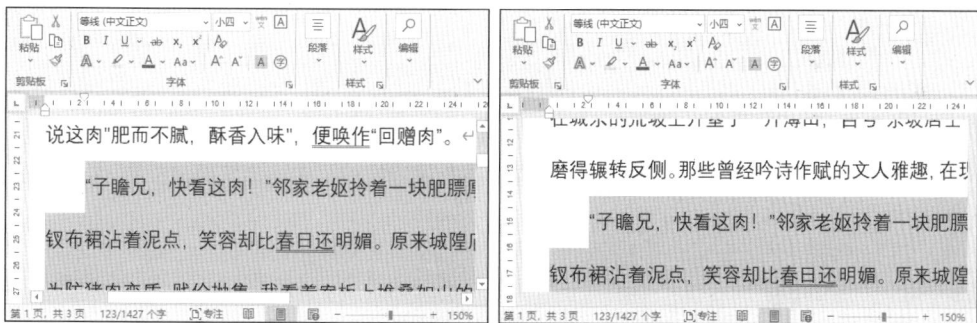

图 2-16　移动文本

（四）查找和替换文本

Word 的"查找和替换"功能可以帮助用户在一组数据中快速找到目标内容，或者把目标内容替换为新内容。下面利用"查找和替换"功能将"中国传统美食故事.docx"文档中的所有"我"替换为"苏轼"，快速修正错误，其具体操作如下。

（1）在标题文本左侧单击以定位文本插入点，在"开始"/"编辑"组中单击"编辑"按钮 ○，在打开的下拉列表中选择"替换"选项。

（2）打开"查找和替换"对话框，在"替换"选项卡的"查找内容"下拉列表框中输入"我"，在"替换为"下拉列表框中输入"苏轼"，如图 2-17 所示，单击 全部替换(A) 按钮。

（3）打开提示对话框，单击 确定 按钮，如图 2-18 所示，完成全部替换操作，然后关闭"查找和替换"对话框，按"Ctrl+S"组合键保存设置。

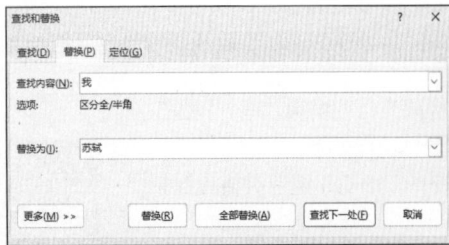

图 2-17　输入查找和替换的内容

图 2-18　完成全部替换操作

（五）使用文心一言对文档进行润色

如果需要对文档内容进行适当修饰调整，可以借助人工智能工具的润色功能快速完成修改。下面使用文心一言的"润色"功能对"中国传统美食故事.docx"文档的内容进行适当润色，其具体操作如下。

（1）访问并登录文心一言，单击页面左上方的"创意写作"按钮 ✎ ，并选择"润色"选项，如图 2-19 所示。

（2）在页面右下角的文本框中单击"上传文档"按钮 ⬆ ，如图 2-20 所示。

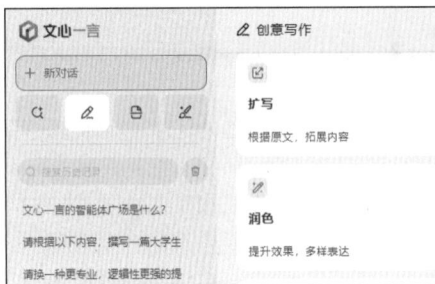

微课

使用文心一言对
文档进行润色

图 2-19　选择"润色"选项

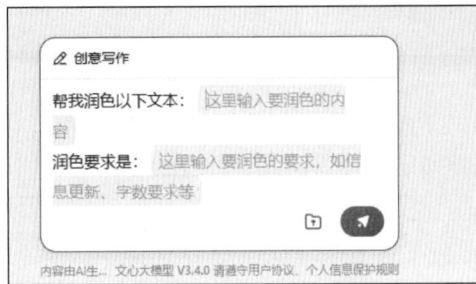

图 2-20　单击"上传文档"按钮

（3）打开"打开"对话框，找到并双击前面设置并保存好的"中国传统美食故事.docx"文档，如图 2-21 所示。

（4）文档上传完成后，在文本框中按照模板输入相应的润色对象与润色要求，如图 2-22 所示，然后单击"提交"按钮 ➤ 。

图 2-21　选择文档

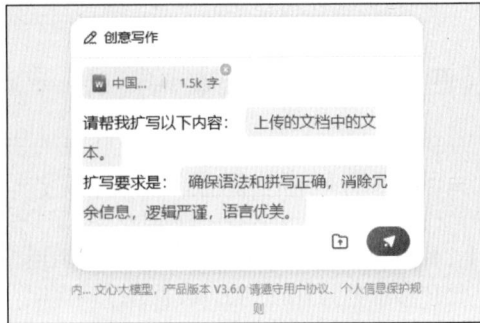

图 2-22　输入润色对象与润色要求

（5）文心一言将根据用户需求返回处理结果，若觉得已达到自己预期的效果，可拖曳鼠标选择除标题外的文本内容，在其上单击鼠标右键，在弹出的快捷菜单中选择"复制"命令，如图 2-23 所示。

（6）打开"中国传统美食故事.docx"文档，选择所有正文，按"Ctrl+V"组合键粘贴文本，再次保存文档。设置效果如图 2-24 所示（配套资源：效果\模块二\中国传统美食故事.docx）。

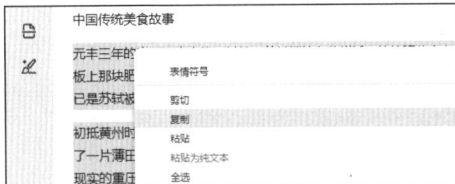

图 2-23　选择"复制"命令

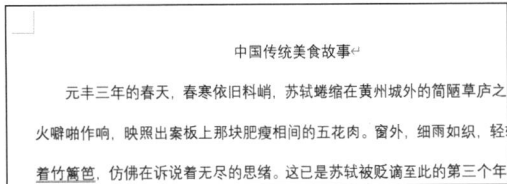

图 2-24　粘贴文本并保存文档

动手演练——编辑"苏州园林"文档

打开"苏州园林.docx"文档（配套资源：素材\模块二\苏州园林.docx），修改其中的错别字，通过移动文本段落的方式调整文档的逻辑顺序，然后将所有的"卓政园"修改为"拙政园"。编辑后的文档参考效果（部分）如图 2-25 所示（配套资源：效果\模块二\苏州园林.docx）。如果对文档内容有进一步的修改或优化需求，可借助文心一言的"润色"功能对文档进行智能修改。

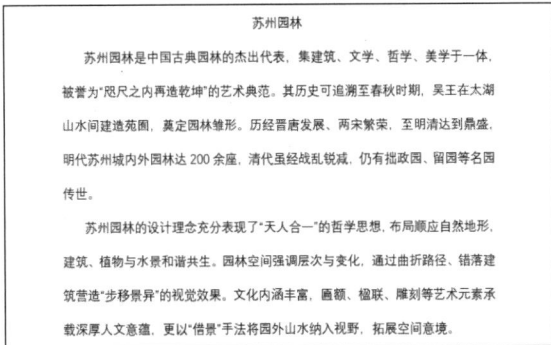

图 2-25　"苏州园林.docx"文档的参考效果（部分）

能力拓展

打开"查找和替换"对话框，单击下方的 更多(M) >> 按钮，将展开该对话框的隐藏区域，以实现更多的文档编辑操作，同时 更多(M) >> 按钮变为 << 更少(L) 按钮，如图 2-26 所示。下面介绍该区域中常用选项的作用。

- "搜索"下拉列表。此下拉列表用于控制查找和替换的方向，包括"向下""向上""全部"3 个选项，默认为"全部"选项。
- "区分大小写"复选框。此复选框用于区分字母的大小写形式，启用该功能后，若查找"App"，则无法查找到"app"。
- "全字匹配"复选框。此复选框对中文无效，只对英文或数字有效。选中该复选框后，只有所有内容都匹配时才能实现查找和替换功能。例如，全字匹配查找"app"时，文中即便存在"apple"，也不会被视为符合条件的查找对象。

图 2-26　更多的文档编辑操作

- "使用通配符"复选框。通配符是一种用于模糊搜索的符号，例如，查找"暴?雨"，"暴风雨""暴丰雨""暴大雨"等都符合查找条件，若取消选中该复选框，则只有"暴?雨"才是符合条件的查找对象。

- "同音(英文)"复选框。此复选框只对英文有效。例如，搜索"see"时，由于"sea""see"同音，所以"sea"也会被视为符合条件的查找对象。

- "查找单词的所有形式(英文)"复选框。此复选框只对英文有效。例如，查找"make"时，该单词的过去式"made"也会被视为符合条件的查找对象。

- "区分前缀"复选框。只有当查找对象前面没有内容时，该对象才符合查找条件。例如，在区分前缀的状态下查找"花"时，"桃花"一词无法被查找到，因为该词的"花"文本前面有前缀"桃"。

- "区分后缀"复选框。此复选框与"区分前缀"复选框的作用相反，只有当查找对象后面没有内容时，该对象才符合查找条件。

- "区分全/半角"复选框。此复选框用于区分全角字符（占一个字符位置，如中文等）和半角字符（占半个字符位置，如英文符号、数字等）。例如，在区分全/半角状态下查询"，"时，只有在英文状态下输入的半角符号"，"才能被查找到，而在中文状态下输入的全角符号"，"将无法被查找到。

- "忽略标点符号"复选框。此复选框用于忽略标点符号的存在，例如，查找"工作计划"时，"工作，计划"也是符合查找条件的对象。

- "忽略空格"复选框。此复选框用于忽略空格的存在，例如，查找"工作计划"时，"工作 计划"也是符合查找条件的对象。

- 格式(O)▼ 按钮。单击该按钮后，可在弹出的下拉列表中指定文本或段落等对象的格式，以查找指定格式或将其替换为指定格式。

- 特殊格式(E)▼ 按钮。单击该按钮后，可在弹出的下拉列表中查找和替换各种具有特殊格式的对象，如段落标记、制表符等。

任务 2.2　编辑"茶叶公司招聘启事"文档

任务洞察

　　招聘启事是用人单位面向社会公开招聘时使用的文档，优秀的招聘启事不仅能提升用人单位的形象，还能提高招聘的效果。本任务将对"茶叶公司招聘启事"文档进行设置，以提高其可读性和美观性，其中主要涉及设置字体格式、段落格式，设置项目符号和编号，设置边框和底纹，以及预览并设置打印效果等操作。

知识赋能

（一）字体格式和段落格式的设置

　　设置字体格式和段落格式可以通过浮动工具栏、"开始"选项卡中的"字体"组和"段落"组，以及"字体"对话框和"段落"对话框来完成。选择相应的文本或段落后，周围将会自动出现浮动工具栏，使用该工具栏可以对选中的内容进行简单格式设置；用户也可以使用"字体"组或"段落"组中的相应按钮或选项快速设置字体或段落格式。若需要对字体格式和段落格式进行更加细致的设置，则可在"字体"组和"段落"组中单击右下角的"对话框启动器"按钮 ，在打开的对话框中进行详细设置。

（二）编号的使用

当用户需要为多个段落编号时，可以使用 Word 的编号功能对这些段落进行自动编号。其方法如下：选择段落，在"开始"/"段落"组中单击"编号"按钮 ≔ 右侧的下拉按钮 ∨，在弹出的下拉列表中选择需要的编号样式。若在该段落中按"Enter"键，则新的段落会根据上一个段落编号的序号自动编号。

（三）项目符号的使用

如果多个段落之间是并列关系，则可以为其添加项目符号，以增强内容的层次性。其方法如下：在"开始"/"段落"组中单击"项目符号"按钮 ≔ 右侧的下拉按钮 ∨，在弹出的下拉列表中选择需要的项目符号。

任务实现

本任务编辑的"茶叶公司招聘启事"文档的参考效果（部分）如图 2-27 所示，通过设置文本格式和段落格式、添加编号和项目符号等操作，文档效果得到了明显提升。

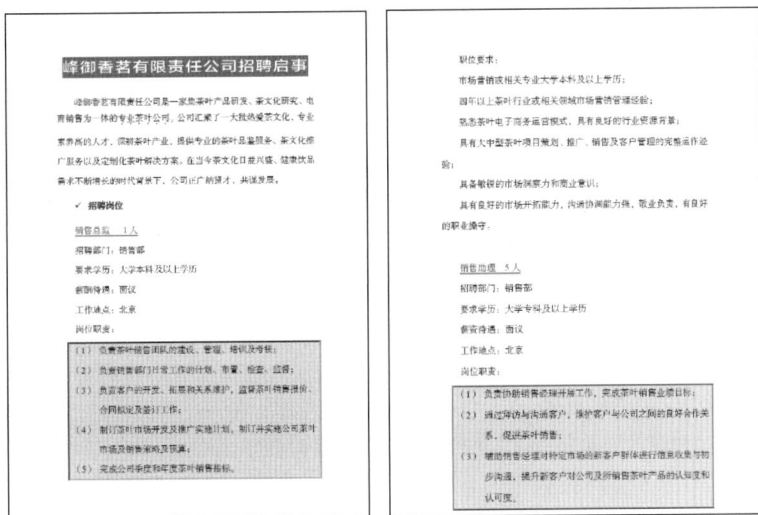

图 2-27 "茶叶公司招聘启事"文档的参考效果（部分）

（一）借助 DeepSeek 编辑招聘启事

如果在撰写招聘启事时没有思路，可以借助人工智能工具寻找灵感。下面借助 DeepSeek 了解招聘启事的内容并编辑招聘启事，其具体操作如下。

（1）访问并登录 DeepSeek，单击 深度思考 (R1) 按钮和 联网搜索 按钮，使其呈蓝色显示，表示启用深度思考和联网搜索功能，然后在文本框中输入需求，如图 2-28 所示，完成后单击"提交"按钮 ↑。

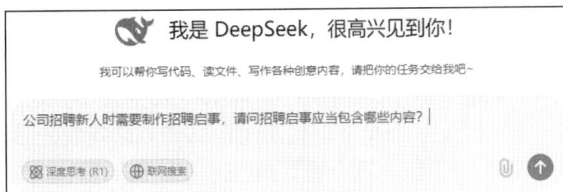

微课

借助 DeepSeek
编辑招聘启事

图 2-28 输入需求

（2）DeepSeek 将开始进行智能推理，然后将结果返回到页面中，结果如图 2-29 所示。

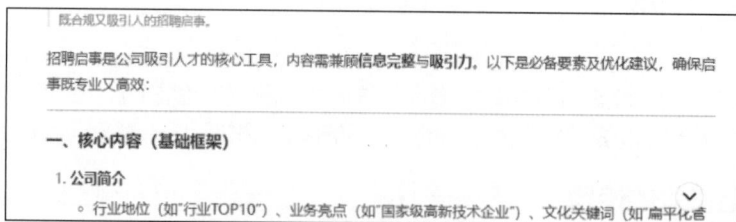

图 2-29　智能推理结果（参考）

（3）结合 DeepSeek 返回的结果和实际情况，制作出招聘启事的基本内容，如图 2-30 所示（配套资源：素材\模块二\茶叶公司招聘启事.docx）。

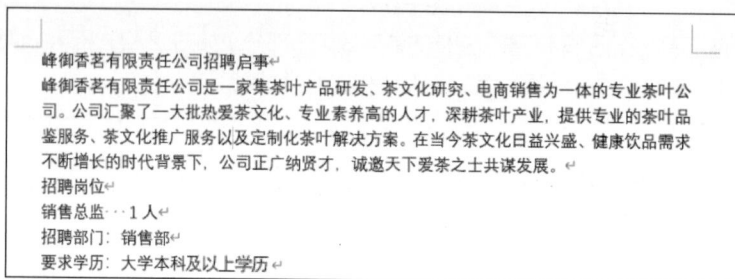

图 2-30　招聘启事的基本内容

（二）设置字体格式

设置文本的字体格式包括更改字体的样式、字号和颜色等，以此来增强文档的可读性和美观性，其具体操作如下。

（1）打开"茶叶公司招聘启事.docx"文档，选择标题文本，在浮动工具栏的"字体"下拉列表中选择"方正兰亭中黑简体"选项，为标题文本设置字体样式，如图 2-31 所示。

（2）在浮动工具栏的"字号"下拉列表中选择"二号"选项，如图 2-32 所示。

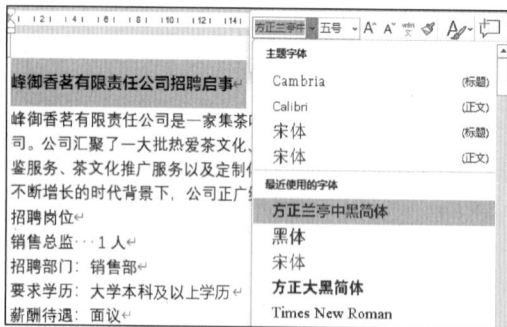

图 2-31　设置标题文本的字体样式

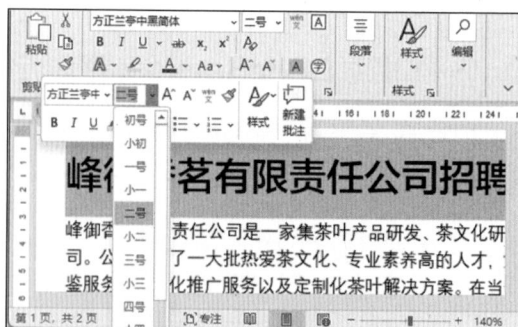

图 2-32　设置标题文本的字号

（3）选择除标题文本外的其余文本，在"开始"/"字体"组中的"字体"下拉列表中选择"方正书宋简体"选项，在"字号"下拉列表中选择"四号"选项。设置效果如图 2-33 所示。

（4）选择"招聘岗位"文本，按住"Ctrl"键，再选择"应聘方式"文本，在"开始"/"字体"组中单击"加粗"按钮 B，如图 2-34 所示。

图 2-33　设置其他文本的字体样式和字号的效果

图 2-34　加粗文本

（5）同时选择"销售总监　1 人"文本和"销售助理　5 人"文本，在"开始"/"字体"组中单击"下画线"按钮 U 右侧的下拉按钮 ˅，在弹出的下拉列表中选择"粗线"选项，如图 2-35 所示，为文本添加下画线。

（6）保持文本处于选择状态，在"开始"/"字体"组中单击"字体颜色"按钮 A 右侧的下拉按钮 ˅，在弹出的下拉列表中选择"深红"选项，如图 2-36 所示。

图 2-35　添加下画线

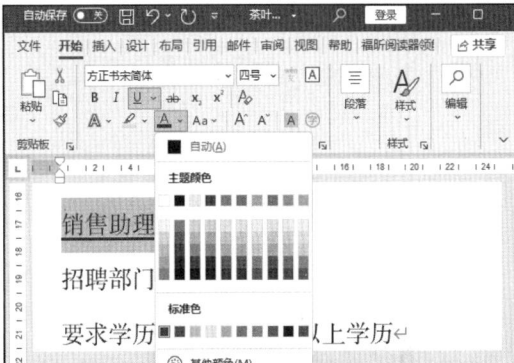

图 2-36　设置文本颜色

（7）选择标题文本，在"开始"/"字体"组中单击右下角的"对话框启动器"按钮 ，打开"字体"对话框，选择"高级"选项卡，在"字符间距"选项组的"缩放"下拉列表框中输入"120%"，在"间距"下拉列表中选择"加宽"选项，如图 2-37 所示，单击 确定 按钮。

（8）选择"专业茶叶公司"文本，再次打开"字体"对话框，在"字体"选项卡的"所有文字"选项组的"着重号"下拉列表中选择"."选项，如图 2-38 所示，单击 确定 按钮。

图 2-37　设置字符缩放和间距

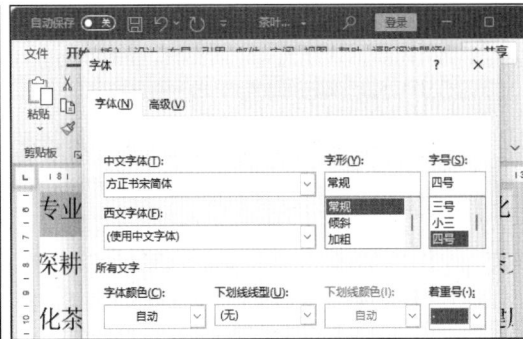

图 2-38　添加着重号

（三）设置段落格式

段落是文本、图形和其他对象的集合，文档中的回车符"↵"是段落结束的标记。设置段落格式主要包括设置段落的对齐方式、缩进、段落间距和行间距等，目的是使文档结构更清晰，层次更分明。下面对"茶叶公司招聘启事.docx"文档中的段落格式进行设置，其具体操作如下。

（1）选择标题段落（包括其后的回车符"↵"），在"开始"/"段落"组中单击"居中"按钮，设置段落居中对齐，如图2-39所示。

（2）选择最后3个段落，在"开始"/"段落"组中单击"右对齐"按钮，设置段落右对齐。

（3）选择除标题段落和最后3个段落外的其他段落，在"开始"/"段落"组中单击右下角的"对话框启动器"按钮，打开"段落"对话框，在"缩进和间距"选项卡的"缩进"选项组的"特殊"下拉列表中选择"首行"选项，如图2-40所示，单击 确定 按钮。

（4）选择标题段落，再次打开"段落"对话框，在"间距"选项组的"段后"数值框中输入"1行"，如图2-41所示，单击 确定 按钮。

图2-39 设置段落居中对齐

图2-40 设置段落缩进

（5）同时选择"招聘岗位"段落和"应聘方式"段落，再次打开"段落"对话框，在"间距"选项组的"行距"下拉列表中选择"多倍行距"选项，右侧的"设置值"采用默认设置，如图2-42所示，单击 确定 按钮。

图2-41 设置段落间距

图2-42 设置行距

（四）设置项目符号和编号

使用"项目符号"功能可为具备并列关系的段落添加如"●""★""◆"等样式的项目符号，而使用"编号"功能则可为具备先后顺序关系的段落添加如"1.2.3."或"A.B.C."等样式的编号，从而进一步丰富文档的结构层次，提高文档的可读性。下面为该招聘启事中的部分内容添加项目符号和编号，其具体操作如下。

（1）同时选择"招聘岗位"段落和"应聘方式"段落，在"开始"/"段落"组中单击"项目符号"按钮右侧的下拉按钮，在弹出的下拉列表中选择✓选项，如图2-43所示。

（2）选择第一个"岗位职责："与"职位要求："段落之间的所有段落，在"开始"/"段落"组中单击"编号"按钮 右侧的下拉按钮，在弹出的下拉列表中选择"定义新编号格式"选项，如图2-44所示。

图2-43　添加项目符号

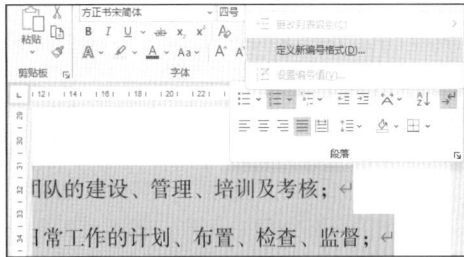

图2-44　选择"定义新编号格式"选项

（3）打开"定义新编号格式"对话框，在"编号格式"文本框中的编号"1."左侧输入"（"，在编号"1."右侧删除"."并输入"）"，如图2-45所示，单击 确定 按钮。

（4）在"开始"/"段落"组中单击右下角的"对话框启动器"按钮 ，打开"段落"对话框，在"缩进和间距"选项卡的"缩进"选项组的"左侧"数值框中输入"0.8厘米"，在"缩进值"数值框中输入"1.5厘米"，单击 确定 按钮。

（5）选择添加了编号样式的任意一个段落，在"开始"/"剪贴板"组中单击"格式刷"按钮 ，拖曳鼠标选择销售助理岗位下"岗位职责："和"职位要求："段落之间的所有段落，为所选段落应用相同的编号，效果如图2-46所示。

图2-45　设置编号格式

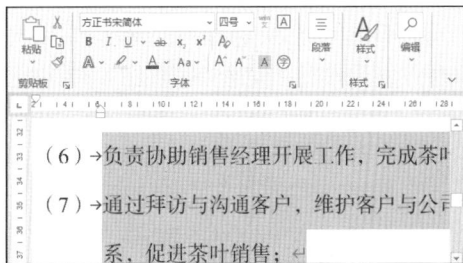

图2-46　应用相同编号的效果

提示　单击"格式刷"按钮 ，为目标文本或段落应用格式后，便会自动退出格式刷状态。如果需要为文档中的多个文本或段落应用相同的格式，则可以双击"格式刷"按钮 ，此时将一直处于格式刷状态，直到再次单击该按钮或按"Esc"键才能退出格式刷状态。

（6）在所选段落上单击鼠标右键，在弹出的快捷菜单中选择"重新开始于1"命令，调整编号内容，在"段落"对话框中重新设置缩进值，调整段落缩进，效果如图2-47所示。

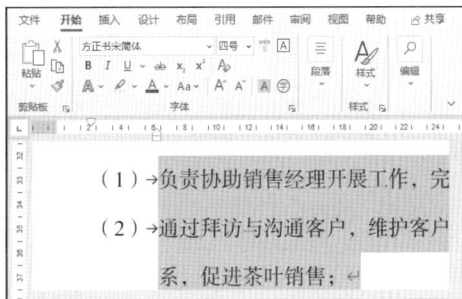

图2-47　调整段落的效果

（五）设置边框和底纹

适当为文档中的文本或段落添加边框和底纹，可以起到突出显示信息、强调内容的作用。下面介绍在文档中为文本和段落添加边框和底纹的方法，其具体操作如下。

（1）同时选择"邮寄方式"文本和"电子邮件方式"文本，在"开始"/"字体"组中分别单击"字符边框"按钮 A 和"字符底纹"按钮 A，为所选文本添加边框和底纹，效果如图 2-48 所示。

（2）选择标题，在"开始"/"字体"组中单击"字体颜色"按钮 A 右侧的下拉按钮 ∨，在弹出的下拉列表中选择"白色"选项，然后在"开始"/"段落"组中单击"底纹"按钮 ◇ 右侧的下拉按钮 ∨，在弹出的下拉列表中选择"深红"选项，如图 2-49 所示。

微课

设置边框和底纹

图 2-48　设置边框和底纹的效果

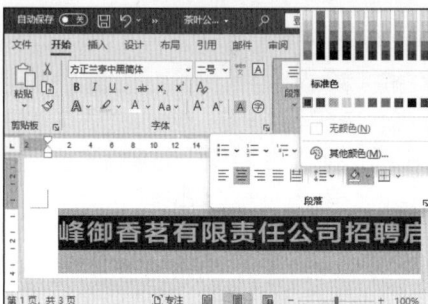

图 2-49　设置段落底纹

（3）选择销售总监岗位下"岗位职责："与"职位要求："段落之间的所有段落，在"开始"/"段落"组中单击"边框"按钮 田 右侧的下拉按钮 ∨，在弹出的下拉列表中选择"边框和底纹"选项，如图 2-50 所示。

（4）打开"边框和底纹"对话框，在"边框"选项卡的"设置"选项组中选择"方框"选项，在"样式"列表框中选择双线对应的选项，如图 2-51 所示。

图 2-50　选择"边框和底纹"选项

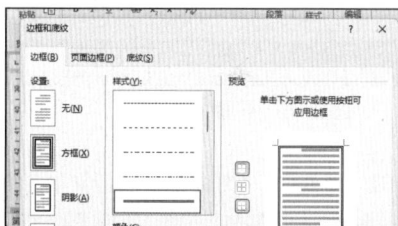

图 2-51　设置段落边框

（5）选择"底纹"选项卡，在"填充"选项组的下拉列表中选择"白色，背景 1，深色 15%"选项，如图 2-52 所示，单击 确定 按钮。

（6）按照相同方法为销售助理岗位下"岗位职责："与"职位要求："段落之间的所有段落设置相同的边框与底纹样式，如图 2-53 所示。

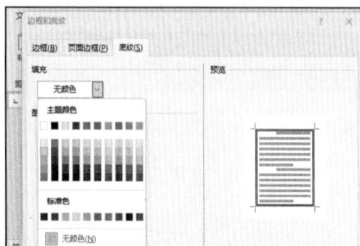

图 2-52　设置段落底纹

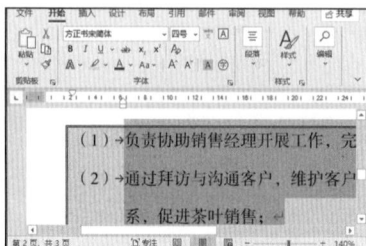

图 2-53　设置段落边框和底纹

> **提示** 在"边框和底纹"对话框的"应用于"下拉列表中可选择添加边框的对象，如段落或文本，选择不同对象添加的边框效果不同。另外，在该对话框中选择"页面边框"选项卡，可在其中为文档页面添加边框效果。

（六）预览并设置打印效果

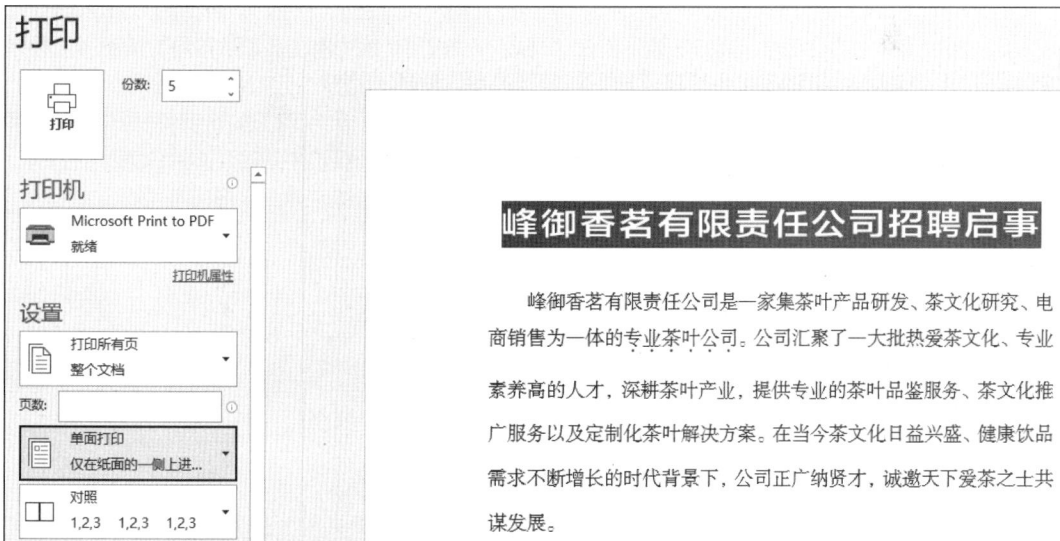

完成文档的编辑操作后，如果需要将其打印出来使用，则可以先预览打印效果，根据需要进行设置后再执行打印操作，其具体操作如下。

（1）选择"文件"/"打印"命令，打开"打印"界面，拖曳右侧预览界面右下角的显示比例滑块，将界面调整到 100% 的预览状态。

（2）单击预览区域，滚动鼠标滚轮或拖曳滚动条预览文档内容。确认无误后，在"设置"选项组中设置"打印所有页"和"单面打印"，在"打印机"下拉列表中选择已连接好的打印机，在"份数"数值框中输入打印份数"5"，如图 2-54 所示，单击"打印"按钮 开始打印（配套资源：效果\模块二\茶叶公司招聘启事.docx）。

微课

预览并设置
打印效果

图 2-54 设置并预览打印效果

> **提示** 要想实现打印操作，首先需要将打印机正确连接到计算机上。购买打印机后，可按照说明书将打印机与计算机正确相连，安装该设备的驱动程序，Word 将会自动识别该打印机，此时可以在"打印"界面的"打印机"下拉列表中选择已连接好的打印机。

动手演练——编辑"学习总结"文档

打开"学习总结.docx"文档（配套资源：素材\模块二\学习总结.docx），调整文档标题的字号，加粗显示标题并居中对齐标题段落。然后为正文设置合适的字号，将正文段落的首行缩进设置为"2字符"、段前间距设置为"0.5行"。最后为相应的段落添加内置的编号。编辑后的文档参考效果（部分）如图 2-55 所示（配套资源：效果\模块二\学习总结.docx）。

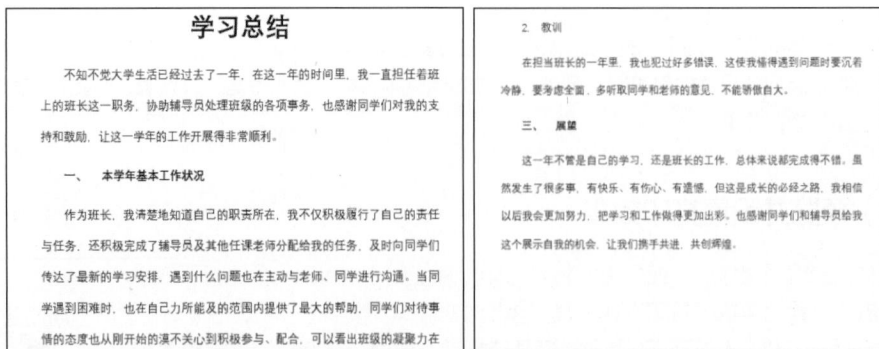

图 2-55 "学习总结.docx"文档的参考效果（部分）

能力拓展

（一）自定义项目符号

当 Word 提供的项目符号样式不能满足实际需要时，用户可以通过自定义项目符号的方式将其他符号甚至是图片定为项目符号。其方法如下：在"开始"/"段落"组中单击"项目符号"按钮 ⊟ 右侧的下拉按钮 ，在弹出的下拉列表中选择"定义新项目符号"选项，打开"定义新项目符号"对话框，如图 2-56 所示。在其中单击 符号(S)... 按钮，将打开"符号"对话框，从中可以选择各种符号作为项目符号；单击 图片(P)... 按钮，将打开"插入图片"对话框，从中可以选择计算机中的各种图片作为项目符号；单击 字体(F)... 按钮，将打开"字体"对话框，在其中可以设置项目符号的字体、字形和字号等。

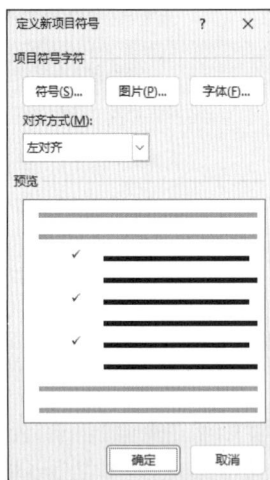

图 2-56 "定义新项目符号"对话框

（二）打印选项详解

选择"文件"/"打印"命令，进入"打印"界面后，可利用该界面中的各种打印选项进行打印设置和文档设置，如图 2-57 所示。各选项的作用和使用方法如下。

- "打印"按钮 🖶：单击该按钮可执行打印操作。
- "份数"数值框：设置打印份数。
- "打印机"下拉列表：选择执行打印操作的打印机。

- "设置"选项组：设置打印范围。例如，选择"自定义打印范围"选项，可在下方的"页数"文本框中指定打印页面对应的页码，如输入"2-3,5"即表示打印第2、3、5页。
- "单面打印"下拉列表：设置单面打印或双面打印。若选择"双面打印"选项，则打印完一面后，将自动打印另一面；有时，用户需要手动取出纸张，将其翻面并重新放入打印机，执行另一面打印任务。
- "对照"下拉列表：当打印多份文档时，在该下拉列表中可设置打印顺序，包括"对照"和"非对照"两种效果。
- "纵向"下拉列表：设置纸张方向为纵向或横向。
- "A4"下拉列表：设置纸张大小。
- "正常边距"下拉列表：设置文本内容与纸张四周的距离。
- "每版打印1页"下拉列表：设置每版打印的页面数量。

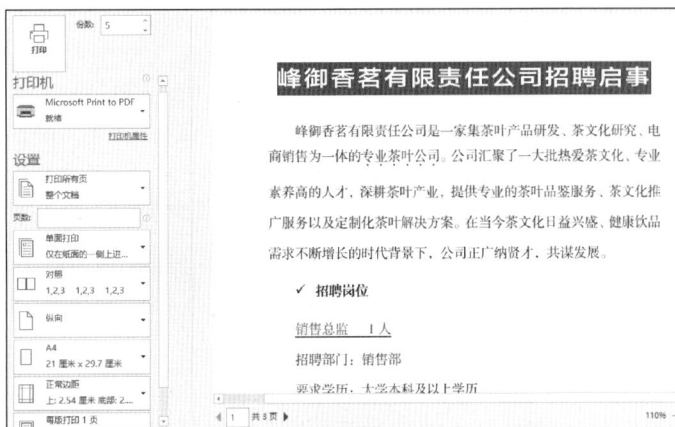

图2-57 "打印"界面

任务2.3 编辑"白鹤滩水电站"文档

任务洞察

"白鹤滩水电站"文档属于介绍类文档，为了更好地完成介绍任务，除了利用文字说明该文档的基本信息，还可以通过表格、图片、图形等对象提高文档的可读性和美观性。下面利用Word 2021在"白鹤滩水电站"文档中插入表格、文本框、图片、艺术字、SmartArt图形、封面等对象。

知识赋能

（一）图片和图形对象的插入

用户可以利用Word的"插入"选项卡在文档中插入各种对象，其中，在"页面"组中可以插入封面等，在"插图"组中可以插入图片、形状和SmartArt图形等，在"文本"组中可以插入文本框和艺术字等。各种对象的插入方法如下。

- 插入封面。在"插入"/"页面"组中单击 📄 封面 下拉按钮，在弹出的下拉列表中选择需要的封面样式。
- 插入图片。在"插入"/"插图"组中单击"图片"按钮 🖼️，在弹出的下拉列表中选择"此设备"选项，打开"插入图片"对话框，选择计算机中已有的某个图片文件。

- 插入形状。在"插入"/"插图"组中单击"形状"按钮 ⬭，在弹出的下拉列表中选择需要的形状，在文档编辑区中通过单击或拖曳鼠标进行插入。
- 插入 SmartArt 图形。在"插入"/"插图"组中单击"SmartArt"按钮 ⬚，打开"选择 SmartArt 图形"对话框，在其中选择需要的 SmartArt 图形后可将其直接插入文档编辑区中。
- 插入文本框。在"插入"/"文本"组中单击"文本框"按钮 Ⓐ，可以在弹出的下拉列表中选择已有的文本框样式直接插入；也可以选择"绘制横排文本框"或"绘制竖排文本框"选项，并在文档编辑区中通过单击或拖曳鼠标进行插入。
- 插入艺术字。在"插入"/"文本"组中单击"艺术字"下拉按钮 ⬔ ᵛ，在弹出的下拉列表中选择需要的艺术字样式。

（二）图片和图形对象的编辑

插入图片和图形对象后，还可以调整对象的大小、位置和旋转角度等，其方法分别如下。
- 调整大小。选择对象，拖曳边框上的控制点（白色小圆圈 ◯）可调整对象的大小。
- 调整位置。选择对象，在边框上按住鼠标左键不放并进行拖曳可移动对象。
- 调整角度。选择对象，拖曳边框上方的"旋转"按钮 ⟳ 可调整对象的角度。

> **提示** 除此之外，用户还可以对图片和图形对象进行剪切和复制等操作，其操作方法与剪切、复制文本或段落的操作方法相同。

（三）图片和图形对象的美化

选择插入的图片或图形对象后，Word 会显示相应的选项卡，如"图片格式"选项卡、"SmartArt 设计"选项卡等，利用其下方的功能区能够轻松地完成对所选对象的美化设置。

（四）表格的插入与编辑

可以借助表格清晰呈现出文字或数据等对象之间的相互关系，便于快速对比、分析和研究问题，提升信息传递的效率。在 Word 中可以轻松完成表格的插入与编辑操作。

1. 插入表格的方式

在 Word 中插入表格的方式主要有快速插入、精确插入和手动绘制。

（1）快速插入表格

将文本插入点定位至需要插入表格的位置，在"插入"/"表格"组中单击"表格"按钮 ▦，在弹出的下拉列表中将鼠标指针定位至"插入表格"选项组中的某个单元格上，此时边框呈橙色显示的单元格即为将要插入的表格，如图 2-58 所示，单击即可完成插入表格的操作。

（2）精确插入表格

精确插入表格适合在表格行列数较多或需要设置表格布局的情况下使用。其方法如下：在"插入"/"表格"组中单击"表格"按钮 ▦，在弹出的下拉列表中选择"插入表格"选项，打开"插入表格"对话框，在"表格尺寸"选项组中设置好所需列数和行数，在"'自动调整'操作"选项组中设置好表格布局的调整方式，如图 2-59 所示，单击 确定 按钮。

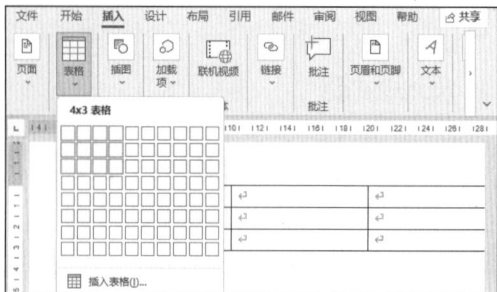

图 2-58　快速插入表格

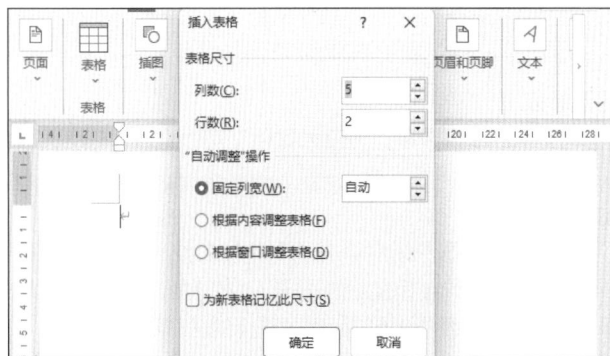

图2-59 精确插入表格

（3）手动绘制表格

如果想创建结构较复杂的表格，可通过手动绘制的方式实现。其方法如下：在"插入"/"表格"组中单击"表格"按钮▦，在弹出的下拉列表中选择"绘制表格"选项，进入绘制表格状态，此时鼠标指针变为∅形状。在需要插入表格的地方按住鼠标左键进行拖曳，释放鼠标左键后将绘制出表格的外边框；在外边框内按住鼠标左键进行拖曳，可在表格中绘制横线、竖线和斜线，从而将绘制的外边框分割成若干个单元格，最终形成各种样式的表格，如图2-60所示。表格绘制完成后，按"Esc"键可退出表格的绘制状态。

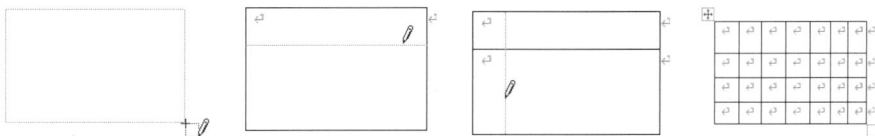

图2-60 手动绘制表格

2. 选择表格

选择表格是编辑表格的前提，在Word中有以下3种选择表格的情况。

（1）选择整行表格

选择整行表格的方法如下。

- 将鼠标指针移至表格左侧，当其变为∅形状时，单击可选择整行。如果按住鼠标左键向上或向下拖曳，则可选择多行表格。
- 在需要选择的行中单击任意一个单元格，在"布局"/"表"组中单击 ▷ 选择 ▾ 下拉按钮，在弹出的下拉列表中选择"选择行"选项。

（2）选择整列表格

选择整列表格的方法如下。

- 将鼠标指针移至表格上方，当其变为↓形状时，单击可选择整列。如果按住鼠标左键向左或向右拖曳，则可选择多列表格。
- 在需要选择的列中单击任意一个单元格，在"布局"/"表"组中单击 ▷ 选择 ▾ 下拉按钮，在弹出的下拉列表中选择"选择列"选项。

（3）选择整个表格

选择整个表格的方法如下。

- 将鼠标指针移至表格区域，单击表格左上角出现的"全选"按钮⊞，可选择整个表格。
- 将文本插入点定位至表格的第一个单元格中，按住鼠标左键拖曳至最后一个单元格，释放鼠标左键后可选择整个表格（选择整行、整列、多行或多列单元格也可通过此操作实现）。

- 在表格内单击任意一个单元格，在"布局"/"表"组中单击 ⬚ 选择 ˅ 下拉按钮，在弹出的下拉列表中选择"选择表格"选项。

3. 表格与文本的相互转换

为了进一步提高表格和文本的编辑效率，Word 提供了可以直接将表格转换为文本，或将文本转换为表格的功能。

（1）将表格转换为文本

选择整个表格，在"布局"/"数据"组中单击"转换为文本"按钮🔲，打开"表格转换成文本"对话框，在"文字分隔符"选项组中选择合适的文字分隔符，如选择"制表符"，单击 确定 按钮；返回文档后，表格已转换为文本，且文本之间的分隔符是刚才选择的分隔符，如图2-61所示。

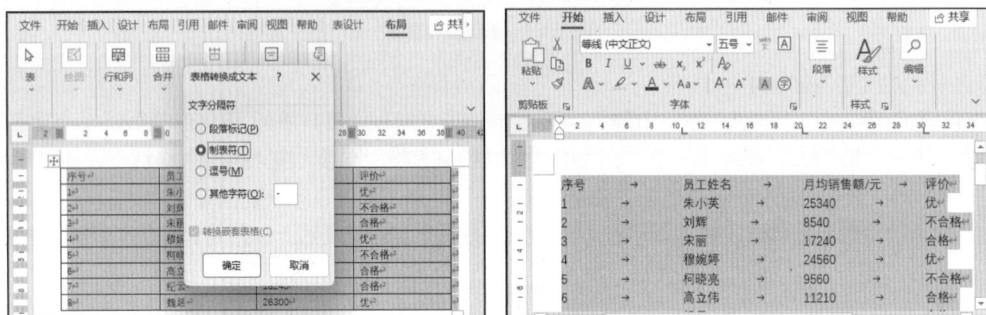

图2-61　将表格转换为文本

（2）将文本转换为表格

选择需要转换为表格的文本（各文本之间需要有统一的分隔符，如制表符、空格、逗号等），在"插入"/"表格"组中单击"表格"按钮▦，在弹出的下拉列表中选择"文本转换成表格"选项，打开"将文字转换成表格"对话框，直接单击 确定 按钮。

任务实现

本任务编辑的"白鹤滩水电站"文档的参考效果（部分）如图 2-62 所示。其中利用表格整理了数据，利用文本框添加了引言内容，利用图片表现了对未来的美好憧憬，利用艺术字设置了文档标题，利用 SmartArt 图形展示了白鹤滩水电站取得的成绩，并利用封面进一步丰富了文档的内容。

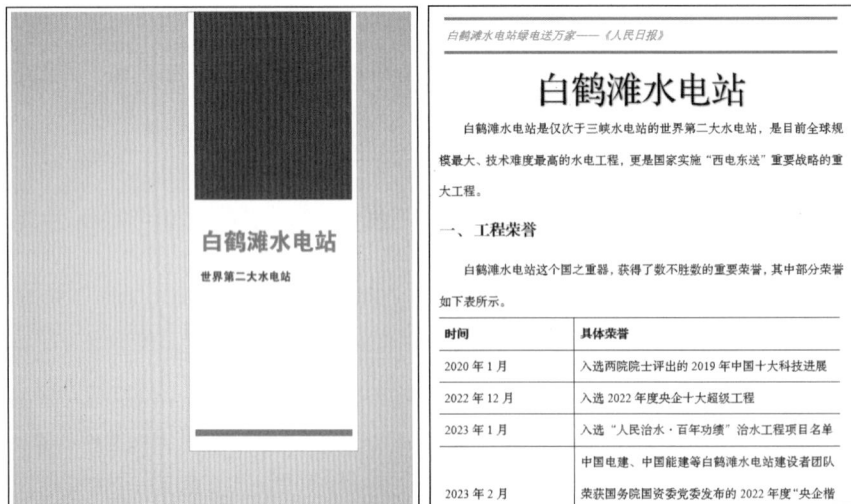

图2-62　"白鹤滩水电站"文档的参考效果（部分）

（一）创建并编辑表格

为了提高文档的可读性和美观性，可以使用表格来组织其中的部分数据。下面在"白鹤滩水电站.docx"文档中创建并编辑表格，以便让该工程所获得的荣誉能够更清晰地显示，其具体操作如下。

（1）打开"白鹤滩水电站.docx"文档（配套资源：素材\模块二\白鹤滩水电站.docx），拖曳鼠标选择"一、工程荣誉"段落下的时间和具体荣誉段落（包括时间和具体荣誉这个段落本身），在"插入"/"表格"组中单击"表格"按钮▦，在弹出的下拉列表中选择"文本转换成表格"选项，打开"将文字转换成表格"对话框，如图 2-63 所示，直接单击 确定 按钮。

（2）选择第一行单元格，在"开始"/"字体"组中将字体格式设置为"方正宋三简体，小四，加粗"，然后选择除第一行外的其他单元格，将字体格式设置为"方正宋三简体，小四"。设置效果如图 2-64 所示。

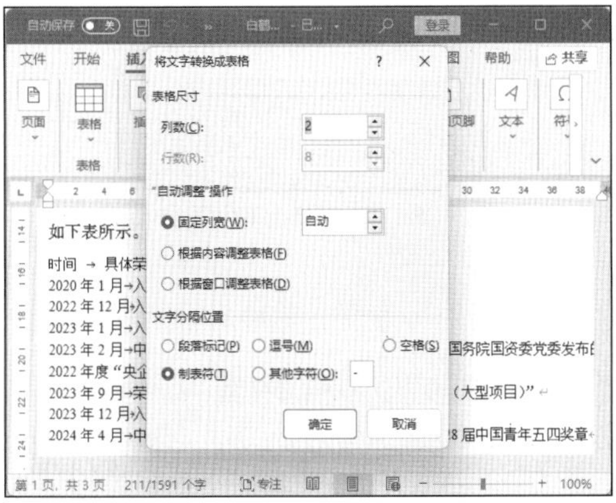

图 2-63　将文本转换为表格

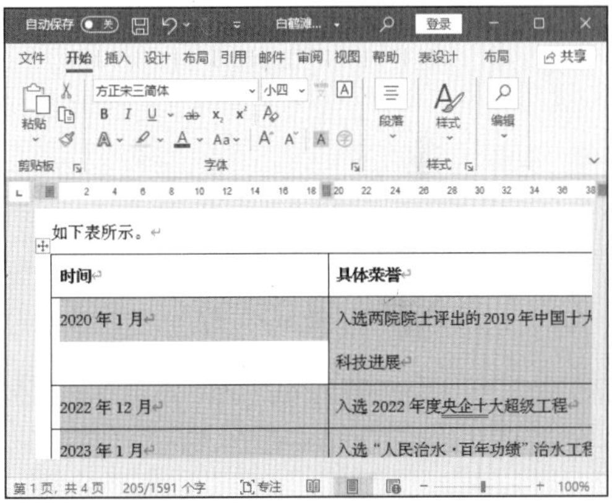

图 2-64　设置表格字体格式

（3）将鼠标指针移至"时间"表头所在列的右侧分隔线上，当其变为◂‖▸形状时，按住鼠标左键并向左拖曳以缩小该列的宽度，增加"具体荣誉"列的宽度。设置效果如图 2-65 所示。

（4）单击表格左上角的"全选"按钮⊞，在"开始"/"段落"组中单击"边框"按钮▦右侧的下拉按钮▾，在弹出的下拉列表中选择"边框和底纹"选项，如图 2-66 所示。

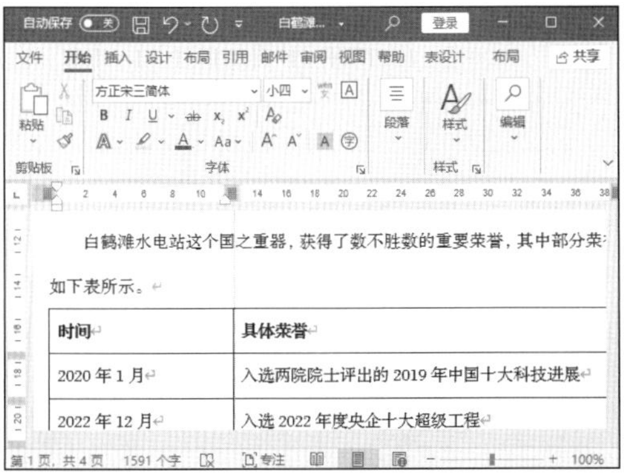

图 2-65　调整表格列宽

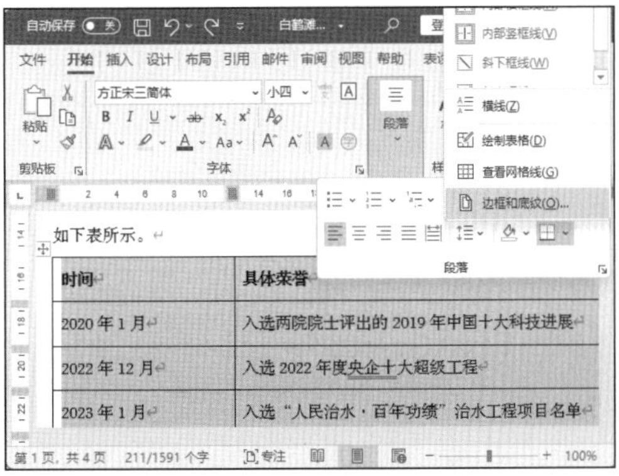

图 2-66　选择"边框和底纹"选项

（5）打开"边框和底纹"对话框，在"预览"区的表格示意图中单击表格的左右边框线，选择隐藏这两条边框线，如图 2-67 所示。

（6）在"宽度"下拉列表框中选择"1.0 磅"选项，在"预览"区的表格示意图中单击表格的上下边框线，隐藏后重新单击将它们再次显示出来，表示为这两条边框线单独应用"1.0 磅"的宽度效果，如图 2-68 所示，单击 确定 按钮完成表格的创建与编辑。

图 2-67　隐藏表格左右边框线　　　　　图 2-68　调整表格上下边框线的宽度

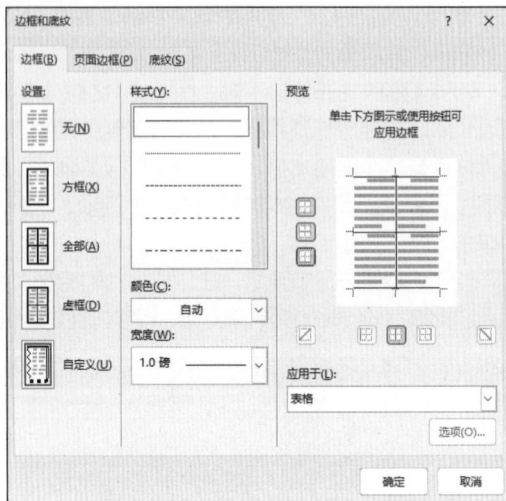

（二）插入并编辑文本框

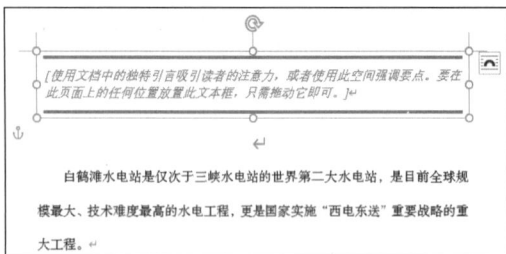

文本框是一种特殊的图形对象，它具有图形的属性，可以为其设置边框和填充颜色，调整其位置、大小和角度等，也可以在其中输入文本内容或插入图片等对象，从而制作出特殊的文档版式。下面在"白鹤滩水电站.docx"文档中插入并编辑文本框，其具体操作如下。

微课

插入并编辑
文本框

（1）打开"白鹤滩水电站.docx"文档（配套资源：素材\模块二\白鹤滩水电站.docx），在"插入"/"文本"组中单击"文本框"按钮 A，在弹出的下拉列表中选择"奥斯汀引言"选项。

（2）拖曳文本框左右两侧中间的控制点调整其宽度，使其与页面同宽。设置效果如图 2-69 所示。

（3）在文本框中输入需要的文本即可，如图 2-70 所示。

图 2-69　插入并调整文本框　　　　　图 2-70　在文本框中输入文本

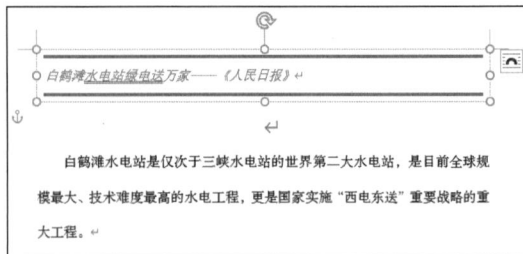

提示　若选择"绘制横排文本框"选项或"绘制竖排文本框"选项，则在文档中单击插入文本框后，文本框的宽度将会根据输入的文本内容自动进行调整。若要精确调整文本框的宽度和高度，则可选择文本框对象，在"形状格式"/"大小"组中进行设置。

（三）借助百度 AI 图片助手提升图片质量

如果需要在文档中插入图片以丰富文档内容，但又觉得图片清晰度欠佳，此时可以利用人工智能工具快速提升图片质量。下面便借助百度 AI 图片助手提升图片分辨率，智能优化图片，其具体操作如下。

（1）访问并登录百度 AI 图片助手，单击页面右侧的"变清晰"按钮 HD，如图 2-71 所示，单击 ⊕ 上传图片 按钮。

图 2-71 单击"变清晰"按钮

（2）打开"打开"对话框，选择"水电站.jpg"图片文件（配套资源：素材\模块二\水电站.jpg），如图 2-72 所示，单击 打开(O) 按钮。

（3）图片上传完成后，百度 AI 图片助手将自动开始处理图片，如图 2-73 所示。

图 2-72 选择图片

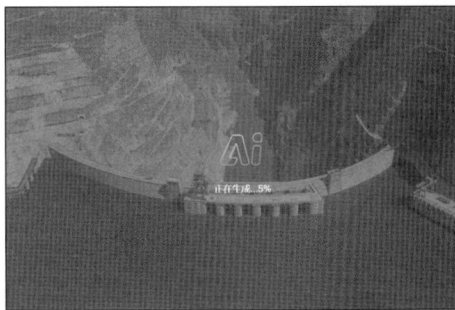

图 2-73 处理图片

（4）处理完成后，可单击下方的原图缩略图对比处理效果，确认无误后单击 ⬇ 下载 按钮，如图 2-74 所示。

（5）打开"新建下载任务"对话框，在"文件名"文本框中输入"水电站.jpg"，在"保存到"下拉列表框中设置图片的保存位置，如图 2-75 所示，单击 下载 按钮（配套资源：效果\模块二\水电站.jpg）。

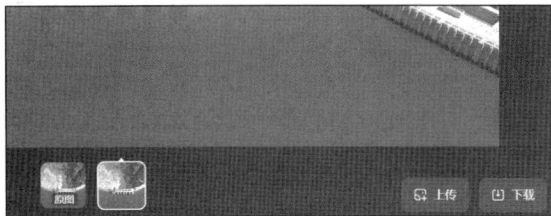

图 2-74 查看并下载图片

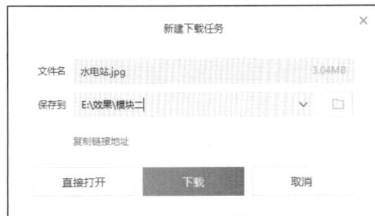

图 2-75 设置图片名称和保存位置

（四）插入并编辑图片

在 Word 中，用户可以根据需要插入图片，以丰富文档内容。下面在"白鹤滩水电站.docx"文档中插入并编辑图片，其具体操作如下。

微课

插入并编辑图片

（1）将文本插入点定位至文末的空行中，在"插入"/"插图"组中单击"图片"按钮，在弹出的下拉列表中选择"此设备"选项，打开"插入图片"对话框，选择"水电站.jpg"图片（配套资源：效果\模块二\水电站.jpg），如图 2-76 所示，单击 插入(S) 按钮。

（2）选择插入的图片及其后面的段落标记，在"开始"/"段落"组中单击右下角的"对话框启动器"按钮，打开"段落"对话框，在"缩进和间距"选项卡的"间距"选项组中设置"段前"和"段后"均为"0.5 行"，如图 2-77 所示，单击 确定 按钮。

图2-76 插入图片

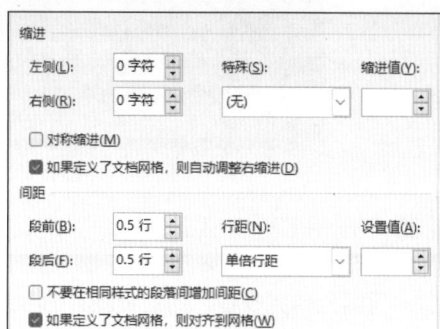

图2-77 设置段落间距

提示 若计算机中的图片无法满足用户的实际需求，则可以通过获取联机图片的方式寻找更多的图片资源，其方法如下：在"插入"/"插图"组中单击"图片"按钮，在弹出的下拉列表中选择"联机图片"选项，打开"联机图片"对话框，在"搜索 必应"文本框中输入图片关键字，按"Enter"键进行图片搜索。

（3）选择插入的图片，在"图片格式"/"图片样式"组的"图片样式"列表框中单击下拉按钮，在弹出的下拉列表中选择"简单框架，白色"选项，如图 2-78 所示。

（4）保持图片处于选择状态，在"图片格式"/"调整"组中单击 艺术效果 下拉按钮，在弹出的下拉列表中选择"混凝土"选项，如图 2-79 所示。然后拖曳图片右下角的白色控制点，适当缩小图片的尺寸，并将图片居中对齐。

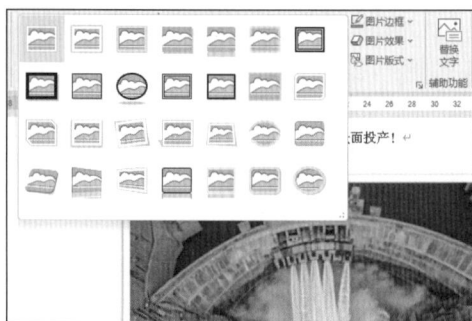

图2-78 设置图片样式

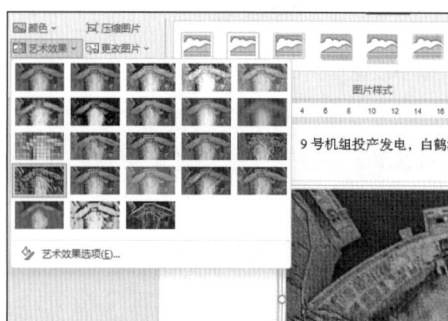

图2-79 设置图片效果

（五）插入并编辑艺术字

在文档中插入艺术字可以使文本呈现出更加丰富和生动的效果，从而增强文档的美观性。下面在"白鹤滩水电站.docx"文档中插入并编辑艺术字，其具体操作如下。

（1）选择第 1 页文本框下方空行的段落标记，将其段前与段后距离均设置为"0.5行"。在"插入"/"文本"组中单击 艺术字 下拉按钮，在弹出的下拉列表中选择"填充：黑色，文本色 1；阴影"选项，如图 2-80 所示。

（2）在插入的艺术字文本框中输入"白鹤滩水电站"文本，并加粗显示。

（3）拖曳文本框边框，将艺术字调整到正文上方的空白区域。设置效果如图 2-81所示。

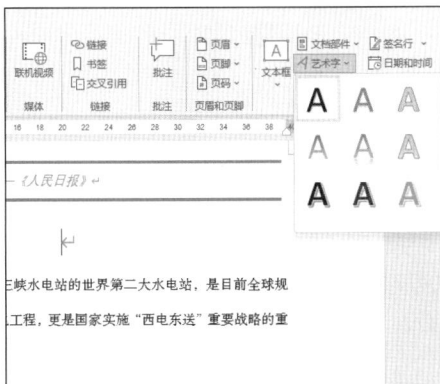

图 2-80　选择艺术字样式

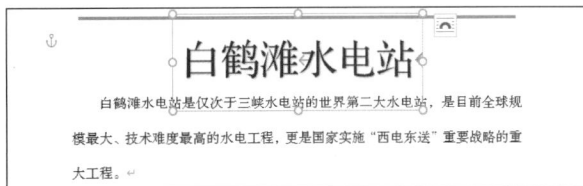

图 2-81　艺术字设置效果

（六）插入并编辑 SmartArt 图形

SmartArt 图形是多个图形的集合，有列表、流程、循环、层次结构、关系、矩阵、棱锥图、图片等多种结构，方便用户制作各种图示。下面在"白鹤滩水电站.docx"文档中插入并编辑 SmartArt 图形，其具体操作如下。

（1）将文本插入点定位至"三、建设过程"上方的空行中，在"插入"/"插图"组中单击"SmartArt"按钮 ，打开"选择 SmartArt 图形"对话框，在左侧的列表框中选择"层次结构"选项，在右侧的样式种类列表框中选择"水平层次结构"选项，如图 2-82 所示，单击 确定 按钮。

（2）单击"在此处键入文字"文本窗格右上角的"关闭"按钮 将该窗格关闭。

（3）依次单击 SmartArt 图形中的各个形状，并输入相应的文本。设置效果如图 2-83 所示。

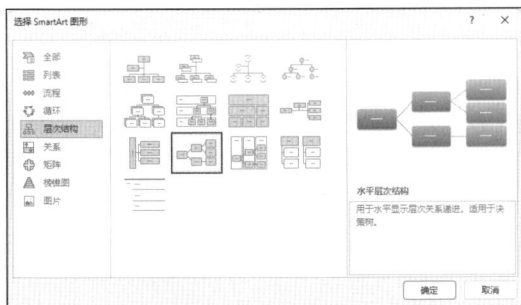

图 2-82　选择 SmartArt 图形

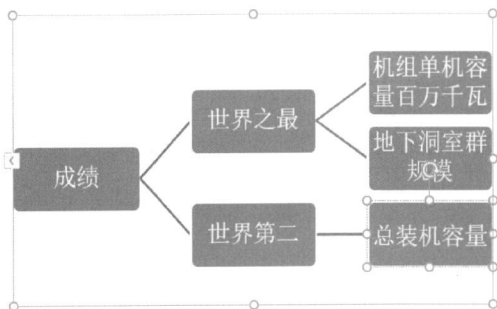

图 2-83　输入文本

（4）选择其中的"成绩"形状，在"SmartArt 设计"/"创建图形"组中单击 □ 添加形状 按钮右侧的下拉按钮 ，在弹出的下拉列表中选择"在下方添加形状"选项。

（5）在添加的形状上单击鼠标右键，在弹出的快捷菜单中选择"编辑文字"命令，然后在其中输入"世界第三"文本，如图 2-84 所示。

（6）按相同方法添加其余形状，并输入相应的文本内容。设置效果如图 2-85 所示。

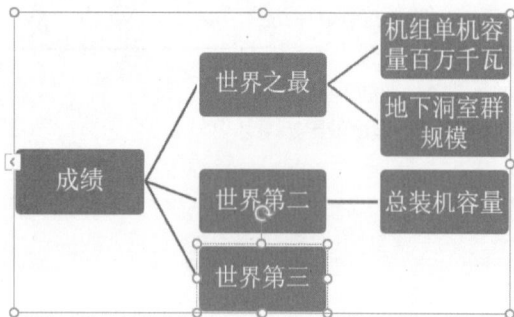

图 2-84　添加形状并输入文本

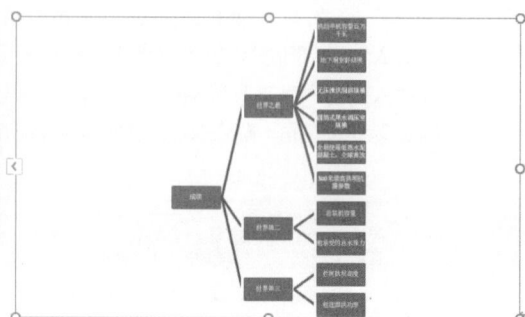

图 2-85　继续添加形状并输入文本

（7）按住"Shift"键的同时，依次单击最右列的 10 个形状，拖曳其中任意一个形状的控制点调整大小，然后将文本对齐方式设置为"左对齐"。设置效果如图 2-86 所示。

（8）选择整个 SmartArt 图形（单击 SmartArt 图形的边框可实现此操作），在"SmartArt 设计"/"版式"组的"版式"下拉列表中选择"表层次结构"选项，更改 SmartArt 的版式。然后将 SmartArt 的字体格式设置为"华文中宋"，设置效果如图 2-87 所示。

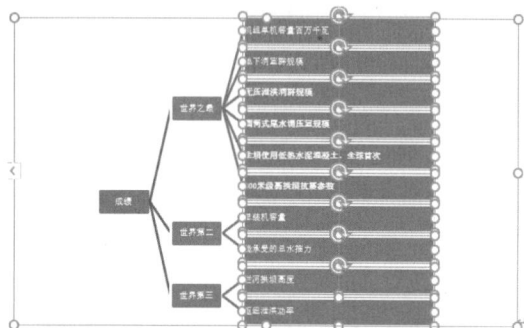

图 2-86　调整形状并设置文本对齐方式

图 2-87　更改版式并设置字体格式

（七）添加封面

封面是文档的第一页，读者接触到一篇文档时，首先看到的就是封面，因此封面的内容及效果将直接影响文档的质量和读者的阅读兴趣。下面在"白鹤滩水电站.docx"文档中添加 Word 内置的封面，其具体操作如下。

微课

添加封面

（1）在"插入"/"页面"组中单击 📄 封面 下拉按钮，在弹出的下拉列表中选择"奥斯汀"选项，如图 2-88 所示。

（2）在"文档标题"文本框中输入"白鹤滩水电站"文本，在"文档副标题"文本框中输入"世界第二大水电站"文本，将两个标题的字体格式设置为"方正大黑简体"，并将"白鹤滩水电站"文本的字号设置为"32"，删除页面上方和下方的文本框，并按"Ctrl+S"组合键保存文档，封面效果如图 2-89 所示（配套资源：效果\模块二\白鹤滩水电站.docx）。

图2-88　选择封面样式

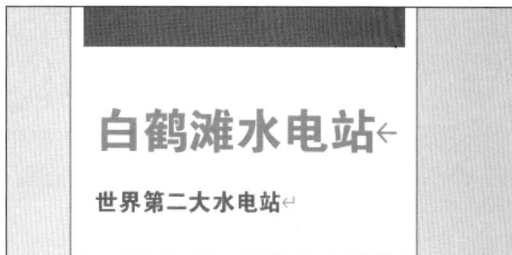

图2-89　封面效果

动手演练——制作"社团招新"海报

新建文档，在文档中插入"背景.png"图片文件（配套资源：素材\模块二\背景.png）作为文档背景，再插入"麦克风.png"图片文件（配套资源：素材\模块二\麦克风.png）丰富海报内容，然后综合利用形状、艺术字、文本框等对象完成海报的制作任务，参考效果（部分）如图2-90所示（配套资源：效果\模块二\社团招新.docx）。

图2-90　"社团招新.docx"海报的参考效果（部分）

能力拓展

（一）删除图片背景

有时，插入文档中的图片背景会影响文档的整体效果，此时可以用类似抠图的方法将图片的背景删除，其方法如下：选择需要删除背景的图片，在"图片格式"/"调整"组中单击"删除背景"按钮，在"背景消除"/"优化"组中单击"标记要保留的区域"按钮后，鼠标指针将变为形状，此时拖曳鼠标可在图片上选择需要保留的区域；在该组中单击"标记要删除的区域"按钮后，鼠标指针将变为形状，此时拖曳鼠标可在图片上选择需要删除的区域。在"背景消除"/"关闭"组中单击"放弃所有更改"按钮，可关闭"背景消除"选项卡并放弃所有更改；在该组中单击"保留更改"按钮，可关闭"背景消除"选项卡并保留所有更改。图2-91所示为图片背景删除前后的对比效果。

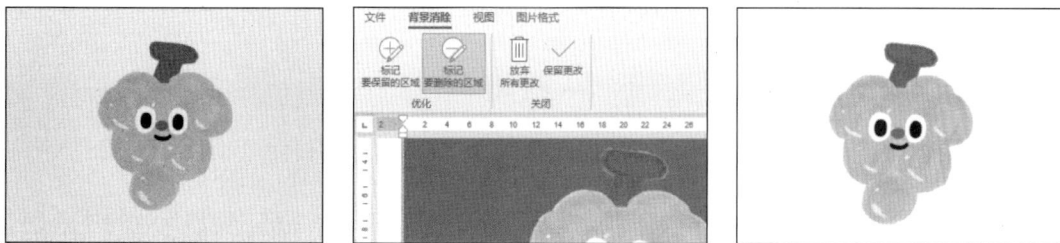

图2-91　图片背景删除前后的对比效果

> **提示** 随着人工智能技术的不断发展，诞生了许多提供智能抠图功能的人工智能工具，如佐糖、美图抠图等。以佐糖为例，访问并登录其官方网站，选择页面左侧的"AI图片编辑"选项，在右侧的"AI电商"栏中选择"AI万物抠图"选项，单击 ⬆上传图片 按钮，在打开的对话框中选择需要抠图的图片，上传完成后，佐糖便自动完成了抠图处理，十分方便。

（二）管理多个对象

当用户需要对多个对象进行对齐、排列等管理操作时，可以借助 Word 的多个对象管理功能来提高操作效率。下面以管理多个形状为例做简要介绍。

- 对齐对象。同时选择需要对齐的多个形状，在"形状格式"/"排列"组中单击 ⊨对齐 下拉按钮，在弹出的下拉列表中选择相应的选项，即可快速排列多个形状，如图 2-92 所示。

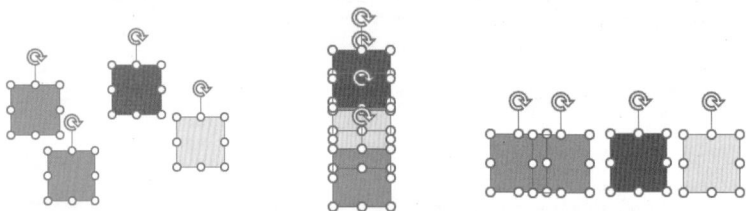

图 2-92　快速排列多个形状

- 组合与取消组合形状。当需要同时调整多个形状的位置时，可以将这些形状组合为一个大的对象，以提高操作效率，其方法如下：同时选择多个形状，在其上单击鼠标右键，在弹出的快捷菜单中选择"组合"/"组合"命令。若要取消组合，则可在该对象上单击鼠标右键，在弹出的快捷菜单中选择"组合"/"取消组合"命令。
- 调整形状叠放顺序。当多个形状重叠放置时，可按需求调整它们的叠放顺序。其方法如下：选择形状，在其上单击鼠标右键，在弹出的快捷菜单中选择"置于底层"命令或"置于顶层"命令，以快速将形状调整至底层或顶层；也可以选择其他命令，如逐步上移或下移形状的位置。图 2-93 所示为调整海豚形状与波浪纹叠放顺序的效果。

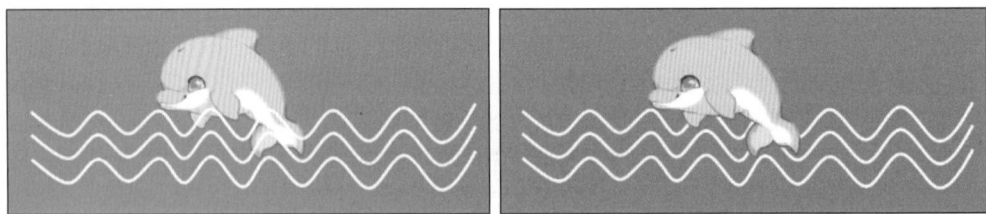

图 2-93　调整形状叠放顺序

（三）改变环绕方式

选择形状，在"形状格式"/"排列"组中单击 🔲环绕文字 下拉按钮，在弹出的下拉列表中选择需要的环绕方式。以"聘"字所在形状为例，选择"浮于文字上方"选项后，就可以随意移动形状的位置，且形状会始终显示在文本上方；选择"四周型"选项后，形状将以矩形的方式嵌入文本中，便于进行图文混排等操作，如图 2-94 所示。

<table>
<tr><td>(a) 浮于文字上方</td><td>(b) 四周型</td></tr>
</table>

图 2-94　选择不同环绕方式后的效果

任务 2.4　编辑"论非物质文化遗产的传承"文档

任务洞察

论文考查的是用户对所学知识的掌握能力和应用能力，也是用户多年学习成果的一种体现。对学生而言，编写论文能锻炼自身的实践能力，提高写作水平，为进入社会奠定基础。如果是毕业论文，则其一般需要经过开题报告、论文编写、论文上交评定、论文答辩及论文评分 5 个环节，其中论文编写环节是指在准备好相关资料后，用 Word 将资料录入并将其编辑成电子文档，对其进行设置后，最终得到一篇格式规范的论文的过程。本任务将在 Word 中编辑"论非物质文化遗产的传承"文档，介绍在 Word 中应用样式、设置页面、使用分隔符等操作。

知识赋能

（一）认识各种分隔符

分隔符的作用是控制文档内容在页面中的显示位置。Word 2021 为用户提供了两类分隔符，分别是分页符（包括分页符、分栏符、自动换行符）和分节符。在编辑文档时，若要分隔文档，则可在"布局"/"页面设置"组中单击 分隔符 下拉按钮，在弹出的下拉列表中选择需要的分隔符。下面简要介绍各种分隔符的作用。

- 分页符：将分页符后的内容强制显示到下一页。
- 分栏符：若已将文档分栏，则该分栏符后的内容将显示至下一栏；若文档未分栏，则该分栏符后的内容将显示至下一页。
- 自动换行符：对文档中的文本实现"软回车"的换行效果，也可直接按"Shift+Enter"组合键快速实现该功能。插入自动换行符后，虽然文本会换行显示，但换行后的文本仍然属于上一段，它们具有相同的段落属性。
- 分节符：包括"下一页""连续""偶数页""奇数页"等类型，插入相应的分节符后，可使文本或段落分节，同时余下的内容将根据所选分节符类型在下一页、本页、下一偶数页或下一奇数页中显示。

（二）页面设置

页面设置主要是指对页面的纸张大小、纸张方向和页边距等进行设置。Word 默认的页面纸张大小为 A4（21 厘米×29.7 厘米），纸张方向为纵向，页边距为常规。根据制作文档的实际需要，用户可在"布局"/"页面设置"组中通过单击相应的按钮来对这些设置进行修改。

- 单击"纸张大小"按钮，在弹出的下拉列表中可选择其他预设的页面尺寸。若选择"其他纸张大小"选项，则可在打开的"页面设置"对话框中自行设置文档页面的宽度和高度。
- 单击"纸张方向"按钮，在弹出的下拉列表中可选择"纵向"或"横向"选项，以调整页面的显示方向。
- 单击"页边距"按钮，在弹出的下拉列表中可选择其他预设的页边距选项。若选择"自定义页边距"选项，则可在打开的"页面设置"对话框中自定义页面版心与文档上、下、左、右边缘的距离。

任务实现

本任务编辑的"论非物质文化遗产的传承"文档的参考效果（部分）如图 2-95 所示。其中，文档的各级标题应用了特定的样式，文档的页面大小和页边距做了一定的调整，并利用分页符控制了每页的显示内容，最后，为文档中的一些内容添加了脚注，方便读者对文档内容的理解。

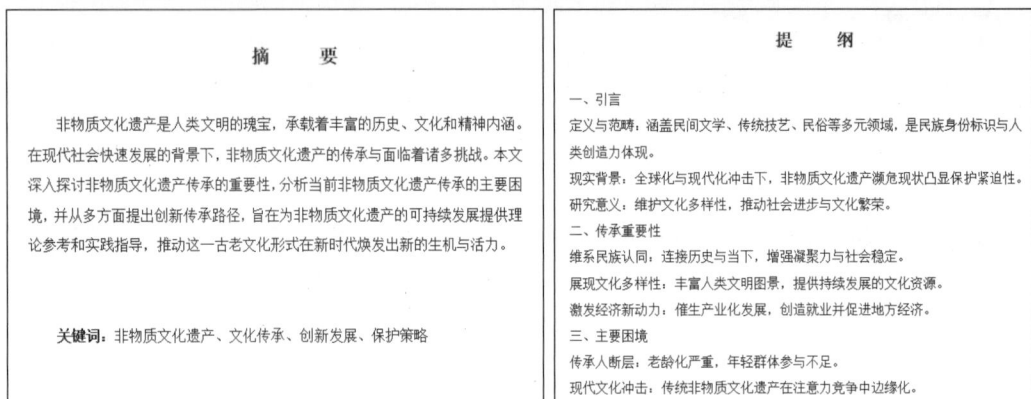

图 2-95 "论非物质文化遗产的传承"文档的参考效果（部分）

（一）使用秘塔 AI 提取提纲

对于内容较多的文档而言，用户要想快速了解其中的主要内容，可以借助人工智能工具来根据内容快速提取文档提纲。下面使用秘塔 AI 为"论非物质文化遗产的传承.docx"文档提取提纲，其具体操作如下。

（1）访问并登录秘塔 AI，开启"长思考·R1"功能，在文本框中输入需求，这里要求秘塔 AI 根据文档的内容撰写简要提纲，按"Shift+Enter"组合键换行。秘塔 AI 界面如图 2-96 所示。

微课

使用秘塔 AI
提取提纲

图 2-96 秘塔 AI 界面

（2）打开"论非物质文化遗产的传承.docx"文档（配套资源：素材\模块二\论非物质文化遗产的传

承.docx），选择第 4 页至最后 1 页的内容，按"Ctrl+C"组合键复制相应内容。切换到秘塔 AI 界面，在文本框中按"Ctrl+V"组合键粘贴内容，如图 2-97 所示，单击"提交"按钮➡️。

图 2-97　粘贴内容

（3）秘塔 AI 将根据需求返回结果，如果其此次给出的内容满足需求，则可以选中生成的相关内容，将其复制并粘贴到"论非物质文化遗产的传承.docx"文档中第 3 页"提　　纲"段落下的第 2 个空白段落中，如图 2-98 所示。如果给出的内容不满足需求，则可以重新对秘塔 AI 提出需求，让它根据需求重新生成内容。

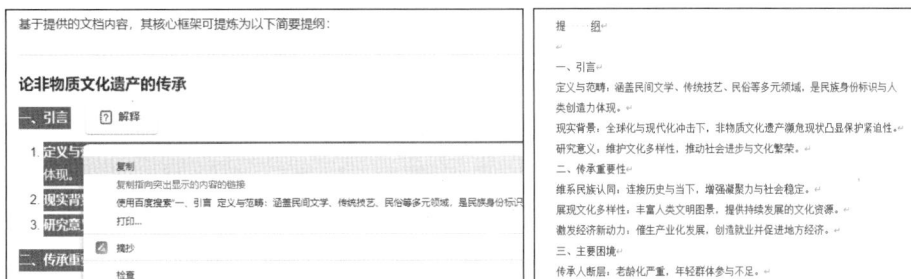

图 2-98　复制生成的相关内容并将其粘贴到文档相应位置处

（二）使用样式快速设置文档内容

样式是预设了一定格式的对象，为文本或段落应用样式，可以对其进行快速格式设置。下面在"论非物质文化遗产的传承.docx"文档中应用并修改样式，其具体操作如下。

（1）选择"论非物质文化遗产的传承.docx"文档中第 2 页的"摘　　要"段落，在"开始"/"样式"组中的"样式"下拉列表中选择"副标题"选项，为所选段落快速应用样式，如图 2-99 所示。

（2）按相同方法为第 3 页的"提　　纲"段落和第 5 页的"论非物质文化遗产的传承"段落应用"副标题"样式，如图 2-100 所示。

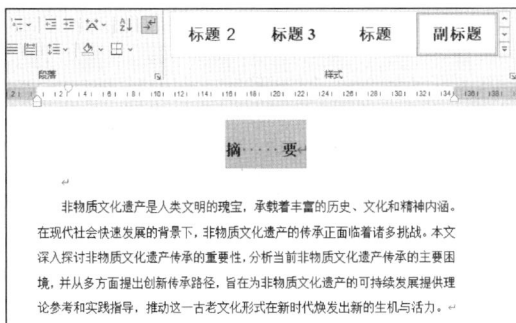

微课

使用样式快速
设置文档内容

图 2-99　为摘要段落应用样式

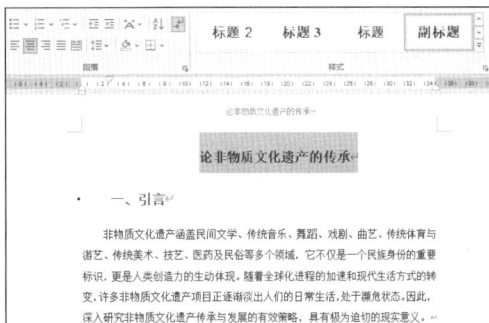

图 2-100　为其他段落应用样式

> **提示** Word 2021 提供的"副标题"样式并没有完全居中，若要解决这个问题，可以选择应用了该样式的段落，向左拖曳水平标尺的"首行缩进"滑块▽至"悬挂缩进"滑块△和"左缩进"滑块□处。

（3）下面为已经应用了"标题 2"样式的段落快速调整样式。选择"一、引言"段落，在"开始"/"样式"组的"样式"下拉列表中的"标题 2"选项上单击鼠标右键，在弹出的快捷菜单中选择"修改"命令，在打开"修改样式"对话框中将字体格式设置为"黑体"，取消加粗状态，如图 2-101 所示，单击 确定 按钮。

（4）此时，文档中其他应用了"标题 2"样式的段落也将同步应用修改后的样式，如图 2-102 所示。

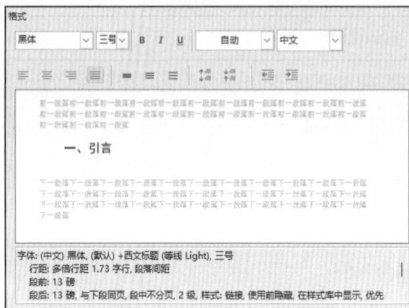

图 2-101　设置字体格式

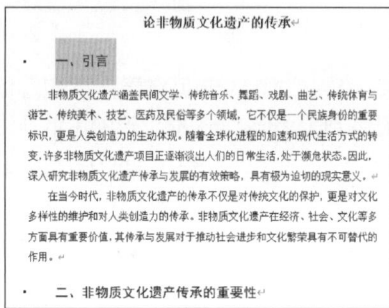

图 2-102　自动应用修改后的样式

> **提示** 如果用户在设置样式时进行了误操作，则可选择将其清除，其方法如下：选择应用样式后的文本，在"开始"/"样式"组中的"样式"下拉列表中选择"清除格式"选项，清除所选内容的所有格式，只保留普通的、无格式的文本。

（三）调整文档的页面大小和页边距

Word 文档的页面可以根据需要自行设置。下面对"论非物质文化遗产的传承.docx"文档的页面大小和页边距进行适当的调整，其具体操作如下。

（1）在"布局"/"页面设置"组中单击"纸张大小"按钮，在弹出的下拉列表中选择"其他纸张大小"选项，如图 2-103 所示。

（2）打开"页面设置"对话框，在"纸张"选项卡中的"纸张大小"选项组中将"高度"设置为"25 厘米"，如图 2-104 所示。

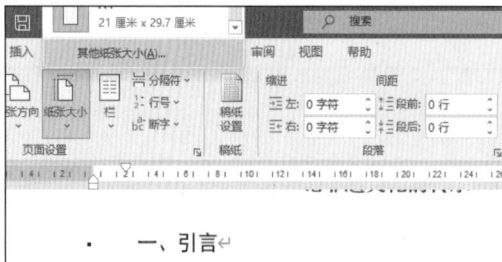

微课
调整文档的页面
大小和页边距

图 2-103　选择"其他纸张大小"选项

图 2-104　设置页面高度

（3）选择"页边距"选项卡，在"页边距"选项组中的"左"和"右"数值框中均输入"2.5 厘米"，如图 2-105 所示，单击 确定 按钮。

（4）返回文档后，可查看调整文档页面大小和页边距后的文档效果，如图 2-106 所示。

图2-105 设置页边距

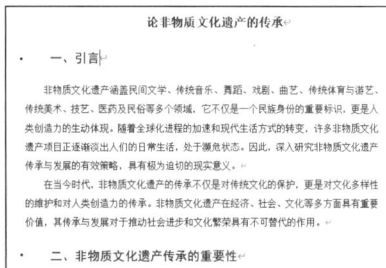

图2-106 查看文档效果

（四）利用分页符控制页面内容

微课

利用分页符
控制页面内容

分页符可以控制文档内容，从而按需求调整页面。下面在"论非物质文化遗产的传承.docx"文档中插入分页符，其具体操作如下。

（1）将文本插入点定位至第6页倒数第2段的末尾（"文化内涵"后），在"布局"/"页面设置"组中单击 分隔符 下拉按钮，在弹出的下拉列表中选择"分页符"选项组中的"分页符"选项，如图2-107所示。

（2）删除多余的空行，完成分页设置。设置效果如图2-108所示。

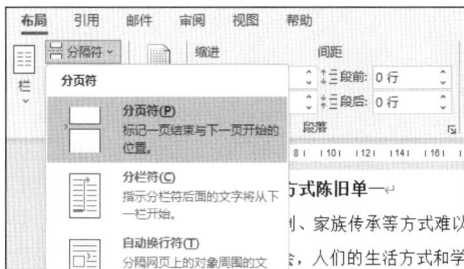

图2-107 选择"分页符"选项

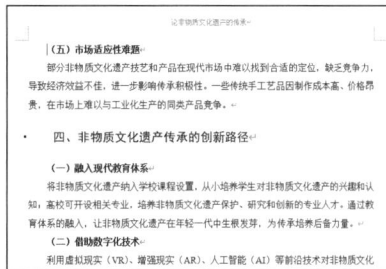

图2-108 分页效果

（五）为文档添加脚注

微课

为文档添加脚注

脚注是对文档中的某些词汇或者内容进行补充性说明的注文，一般添加在当前页面的底部。脚注由两个关联的部分组成：注释引用标记及其对应的注释文本。下面为"论非物质文化遗产的传承.docx"文档添加脚注，其具体操作如下。

（1）选择第7页中的"虚拟现实（VR）"文本，在"引用"/"脚注"组中单击"插入脚注"按钮 ab，文本插入点将自动跳转至当前页面的底部，并标注好编码，输入具体的注释内容，如图2-109所示。

（2）按相同方法为"增强现实（AR）"文本添加脚注，如图2-110所示。

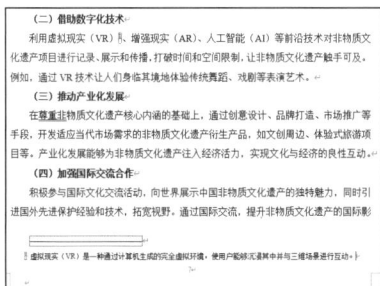

图2-109 添加脚注（1）

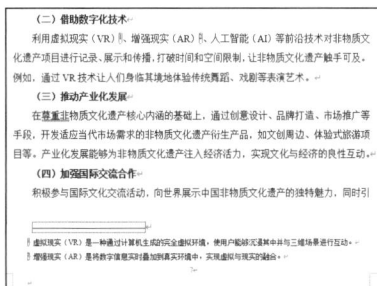

图2-110 添加脚注（2）

（3）确认文档内容无误后，按"Ctrl+S"组合键进行保存（配套资源：效果\模块二\论非物质文化遗产的传承.docx）。

动手演练——制作"员工手册"文档

打开"员工手册.docx"文档（配套资源：素材\模块二\员工手册.docx），将文档的左右页边距均设置为"3.17厘米"，为文档中相应的段落应用"章节"和"2级"样式，在目录后插入分页符，参考效果（部分）如图2-111所示（配套资源：效果\模块二\员工手册.docx）。

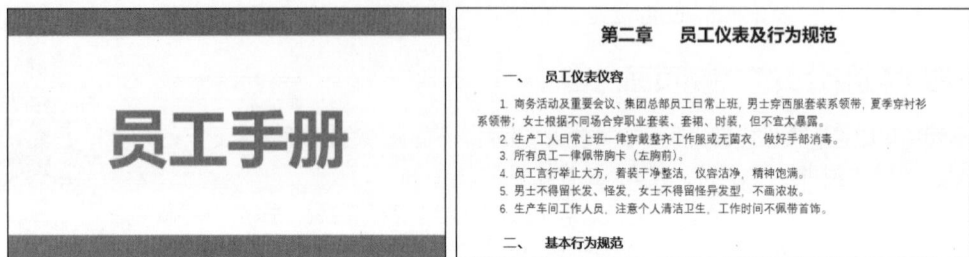

图2-111 "员工手册.docx"文档的参考效果（部分）

能力拓展

（一）设置页面背景

在"设计"/"页面背景"组中单击"页面颜色"按钮，在弹出的下拉列表中，可以为页面设置某种已有的颜色，如图2-112所示。在"页面颜色"下拉列表中选择"其他颜色"选项，可在打开的"颜色"对话框中自定义页面颜色。在"页面颜色"下拉列表中选择"填充效果"选项，可在打开的"填充效果"对话框中为页面背景设置"渐变""纹理""图案"和"图片"等效果，如图2-113所示。

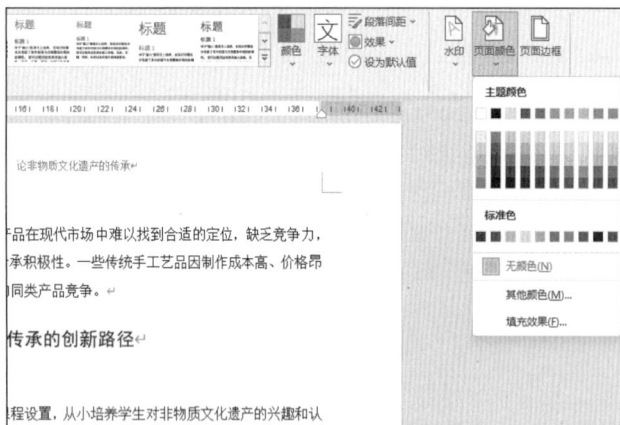

图2-112 为页面设置背景颜色

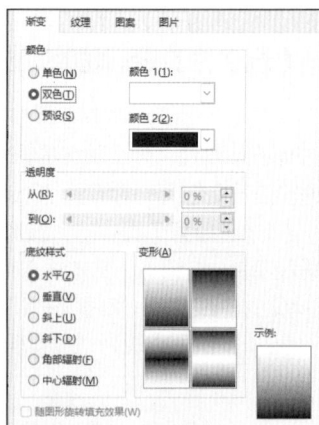

图2-113 设置页面填充效果

（二）为页面添加水印

水印的作用是有效防止文档内容被非法使用，也有助于提醒文档使用者使用该文档的要求。为文档页面添加水印后，文档的每一页都将显示水印内容。为页面添加水印的方法如下：在"设计"/"页面背景"组中单击"水印"下拉按钮，在弹出的下拉列表中选择某种已有的水印效果，如图2-114所示。

另外，也可在"水印"下拉列表中选择"自定义水印"选项，打开"水印"对话框，选中"图片水印"单选按钮，通过单击 选择图片(P)... 按钮创建图片样式的水印效果；选中"文字水印"单选按钮，可通过"语言（国家/地区）""文字""字体""字号""颜色""版式"等选项设置文字水印的格式，如图2-115所示，设置完成后单击 确定 按钮。

图2-114 添加水印

图2-115 设置文字水印的格式

任务2.5 编辑"特色农产品推广宣传"文档

任务洞察

推广宣传类文档的核心作用是通过信息的精准传递，激发受众兴趣，将企业、产品或服务的价值转化为市场认知度、品牌信任度及用户转化率。如果这类文档的篇幅较大，可以利用 Word 的长文档编辑功能来处理文档。下面便介绍"特色农产品推广宣传"文档的编辑方法，包括大纲级别的设置、页眉页脚的插入、目录的创建及多人协同编辑文档等操作。

知识赋能

（一）认识不同的文档视图

为了满足不同用户的编辑需求，Word 提供了多种视图模式，不同的视图模式有不同的特点。切换视图模式的方法如下：在"视图"/"视图"组中单击相应的视图模式按钮可快速切换到不同的视图模式。各视图的作用如下。

- 阅读视图。此视图采用的是图书翻阅样式，可一屏或多屏显示文档内容，适合在浏览文档时使用。切换到该视图后，文档将自动切换为全屏显示状态。要想退出该视图模式，可按"Esc"键。
- 页面视图。此视图是 Word 默认的视图，也是用户常用的视图，它可以显示文档的打印效果（包括页眉、页脚、图形对象、分栏设置、页边距等），是最接近打印效果的视图，该视图便于用户更加直观地编辑文档内容。
- Web 版式视图。此视图以网页的形式显示文档内容。如果文档内容是准备发送的电子邮件或网页内容，那么可以利用该视图来查看文档版式等情况。
- 大纲视图。此视图适用于设置文档的标题层级和调整文档结构等，对于长文档而言，利用该视图可以更加方便地控制文档内容的层级和排列顺序。
- 草稿。此视图取消了页面边距、分栏设置、页眉、页脚和图片等对象的显示，仅显示标题和正文，可有效节省计算机的硬件资源。

> **提示** 状态栏中的"显示比例"滑块左侧有 3 个视图模式按钮，分别是最左侧的"选取模式"按钮▥▥（对应阅读视图）、中间的"打印布局"按钮▤（对应页面视图）和最右侧的"Web 版式"按钮▥（对应 Web 版式视图），单击这些按钮也可以进行不同视图模式的切换。

（二）"导航"任务窗格的使用

"导航"任务窗格是浏览、查看和编辑长文档的有效工具，在"视图"/"显示"组中选中"导航窗格"复选框后，可在 Word 操作界面的左侧打开该任务窗格，利用它可以进行定位、搜索等操作。

- 定位段落。如果文档中有应用了大纲级别的段落，那么该段落将在"导航"任务窗格的"标题"选项卡中显示出来。在该窗格中选某个标题选项后，文本插入点将快速定位至对应的段落中，同时进行页面切换，如图 2-116 所示。

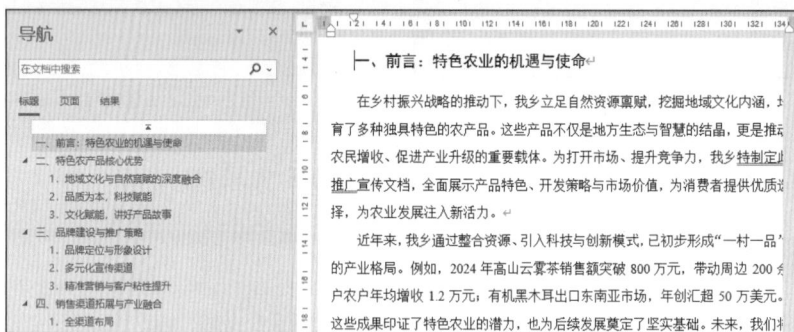

图 2-116　在"导航"任务窗格中定位段落

- 定位页面。在"导航"任务窗格中选择"页面"选项卡，下方将显示文档中所有页面的缩略图，单击某个缩略图可快速将文本插入点定位至该页面中，同时进行页面切换。
- 搜索文本。在"导航"任务窗格中选择"结果"选项卡，在其上方的文本框中输入需要搜索的文本内容后，"导航"任务窗格会把搜索到的结果显示在该文本框的下方，选择某个选项可快速定位至对应的文本位置，同时进行页面切换，如图 2-117 所示。

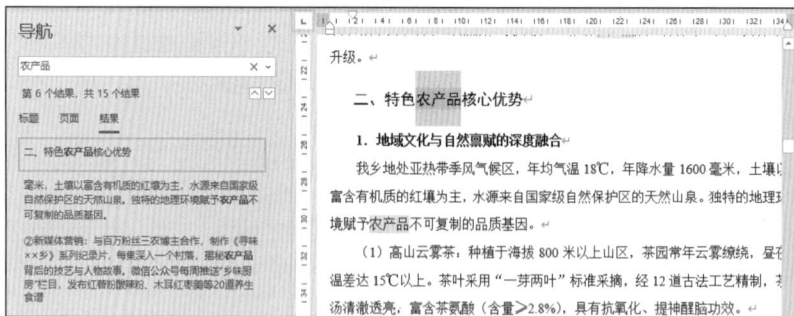

图 2-117　在"导航"任务窗格中搜索文本

任务实现

本任务编辑的"特色农产品推广宣传"文档的参考效果（部分）如图 2-118 所示。其中，文档的各级标题应用了对应的大纲级别，并为文档插入了页眉、页脚等对象，为了完善该文档的结构，还为其添加了目录和封面，最后通过多人协同编辑操作功能进一步完成了对此文档的编辑操作。

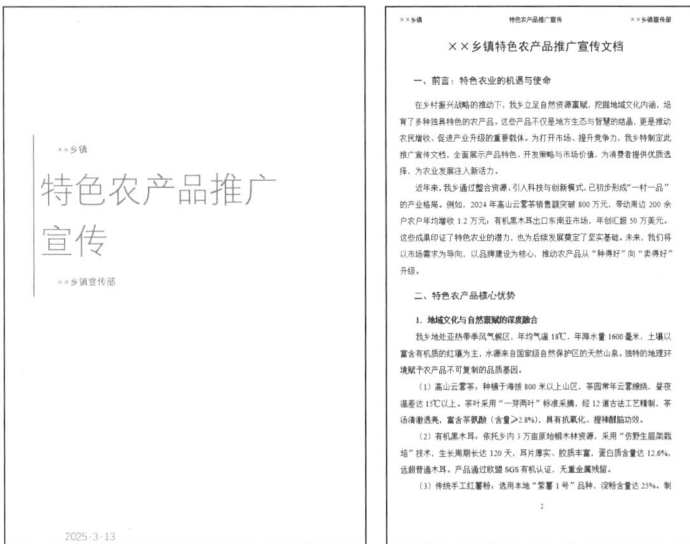

图 2-118 "特色农产品推广宣传"文档的参考效果（部分）

（一）设置段落的大纲级别

在编辑长文档时，需要特别注意各级标题的大纲级别是否正确，因为这会直接影响后续目录的插入。下面利用大纲视图调整文档中错误的大纲级别，其具体操作如下。

（1）打开"特色农产品推广宣传.docx"文档（配套资源：素材\模块二\特色农产品推广宣传.docx），在"视图"/"视图"组中单击 大纲 按钮。

（2）在"大纲显示"/"大纲工具"组中的"显示级别"下拉列表中选择"1级"选项，如图 2-119 所示，发现编号为"二、"的标题段落没有显示出来，这说明该标题段落的大纲级别设置有误。

（3）重新在"大纲显示"/"大纲工具"组中的"显示级别"下拉列表中选择"所有级别"选项，如图 2-120 所示。

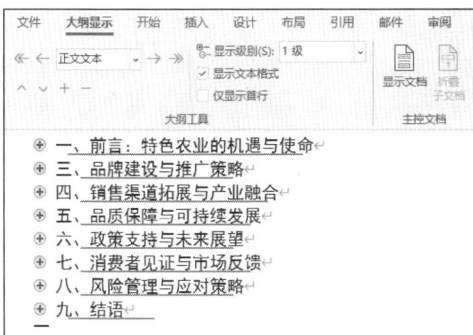

图 2-119 显示"1级"大纲级别

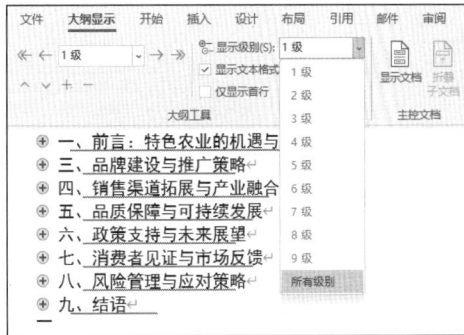

图 2-120 选择"所有级别"选项

> **提示** 选择需要设置大纲级别的段落，打开"段落"对话框，在"常规"选项组中的"大纲级别"下拉列表中也可以设置段落的大纲级别。

（4）将文本插入点定位至"二、特色农产品核心优势"段落中，在"大纲显示"/"大纲工具"组中单击"提升至标题 1"按钮 ，将该段落的大纲级别调整为"1 级"，如图 2-121 所示。

（5）在"大纲显示"/"关闭"组中单击"关闭大纲视图"按钮 ，退出大纲视图。利用格式刷将
"一、前言：特色农业的机遇与使命"段落的格式复制到"二、特色农产品核心优势"段落，如图 2-122
所示。

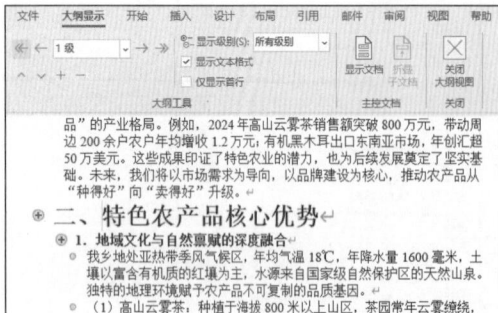

图 2-121　调整大纲级别

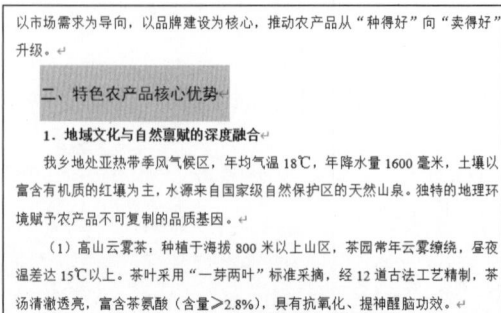

图 2-122　复制段落格式

> **提示**　在大纲视图中拖曳某个段落左侧的"展开"标记 或小圆圈标记 ，可以调整对应段落在文档中的位置。例如，假设"二、特色农产品核心优势"段落下所有内容的位置都出现了错误，则直接拖曳标记即可调整该段落及其下属所有内容的位置。

（二）插入页眉、页脚和页码

页眉和页脚一般是指文档上方和下方的区域，文档制作者可以在这些区域中添加一些辅助内容，如文档名称、公司名称、部门名称、页码等，使读者可以更加全面地了解文档的基本情况。下面在"特色农产品推广宣传.docx"文档中插入页眉、页脚和页码，其具体操作如下。

微课

插入页眉、页脚和
页码

（1）双击页面上方的空白区域，进入页眉和页脚的编辑状态，在"页眉和页脚"/"选项"组中选中"首页不同"复选框，如图 2-123 所示。

（2）选择第 1 页页眉区域中的段落标记，在"开始"/"段落"组中单击"边框"按钮 右侧的下拉按钮 ，在弹出的下拉列表中选择"无框线"选项，取消框线，如图 2-124 所示。

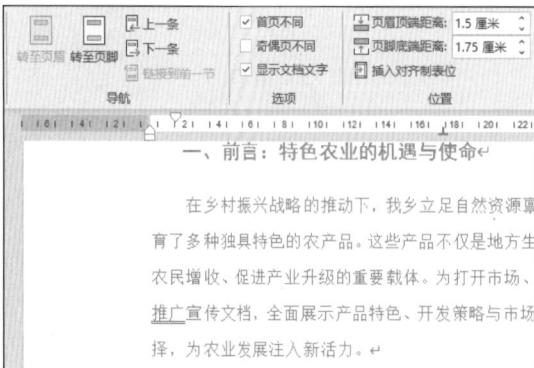

图 2-123　选中"首页不同"复选框

图 2-124　取消框线

（3）将文本插入点定位至第 2 页的页眉区域，在"页眉和页脚"/"页眉和页脚"组中单击"页眉"下拉按钮 ，在弹出的下拉列表中选择"空白（三栏）"选项，如图 2-125 所示。

（4）在该页页眉区域出现的 3 个文本输入区域中依次输入乡镇名称、文档名称和制作单位，如图 2-126 所示。

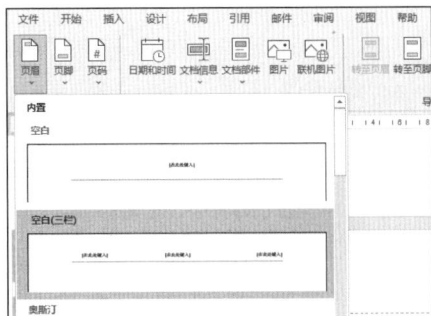

图 2-125　选择页眉样式

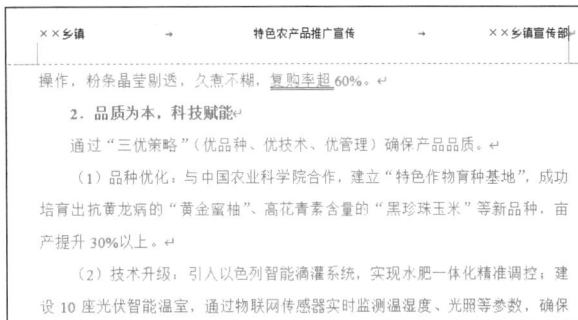

图 2-126　输入页眉内容

（5）在"页眉和页脚"/"页眉和页脚"组中单击"页码"下拉按钮，在弹出的下拉列表中选择"页面底端"选项组中的"普通数字 2"选项，如图 2-127 所示。

（6）完成页码的插入后，在"页眉和页脚"/"关闭"组中单击"关闭页眉和页脚"按钮，如图 2-128 所示，退出页眉和页脚的编辑状态。

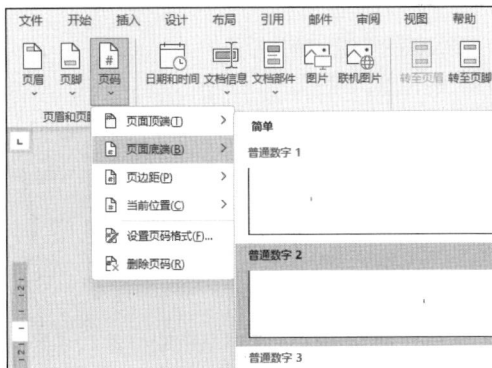

图 2-127　插入页码

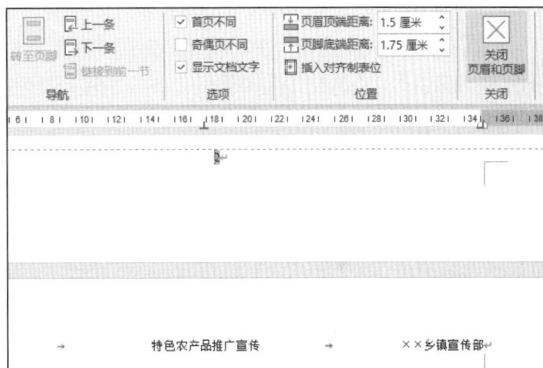

图 2-128　退出页眉和页脚的编辑状态

（三）创建封面与目录

长文档往往需要插入目录，以便读者更好地了解和定位文档内容。因为大纲级别已经预先设置好了，所以这里只需要直接插入目录，并为文档添加封面，其具体操作如下。

微课

创建封面与目录

（1）在"插入"/"页面"组中单击封面下拉按钮，在弹出的下拉列表中选择"边线型"选项，在插入的封面中依次输入乡镇名称、文档名称、制作单位和日期等内容，删除副标题文本框。利用"段落"对话框将标题的特殊缩进格式设置为"（无）"，也可直接拖曳"首行缩进"滑块进行调整，效果如图 2-129 所示。

（2）在文档名称"××乡镇特色农产品推广宣传文档"文本前插入分页符，使正文内容从新的一页开始。然后将文本插入点定位到前一页插入的分页符左侧，按"Enter"键换行，将文本插入点定位到上方的空白段落中。

（3）在"引用"/"目录"组中单击"目录"下拉按钮，在弹出的下拉列表中选择"自动目录 1"选项，拖曳鼠标选择插入的目录内容，将其行距设置为"固定值，24 磅"，效果如图 2-130 所示。

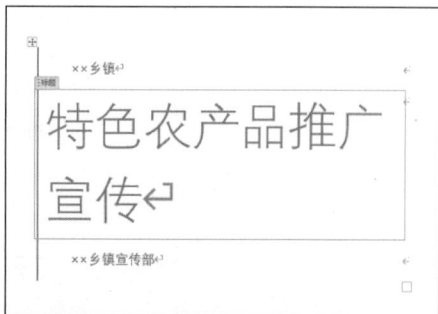

图 2-129　插入封面并调整封面格式

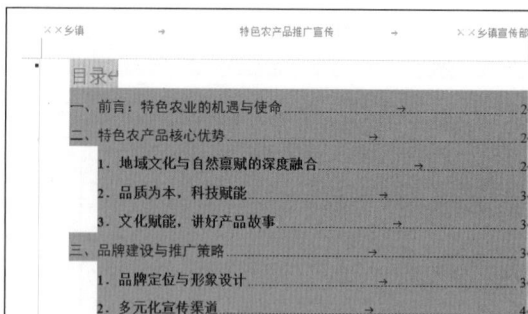

图 2-130　插入目录并设置行距

（四）实现多人协同编辑文档的操作

当文档内容较多，或需要其他相关人员协助编辑文档时，可以利用 Word 的修订功能实现多人协同编辑文档，其具体操作如下。

（1）在"审阅"/"修订"组中单击"修订"按钮，进入修订状态，如图 2-131所示。

微课

实现多人协同
编辑文档的操作

（2）按"Ctrl+S"组合键保存文档，关闭"特色农产品推广宣传.docx"文档，利用 QQ 等即时通信工具将文档发送给其他人员。

（3）待其他人员对文档进行编辑、保存并回传文档后，接收其回传的文档并打开，此时在"审阅"/"更改"组中单击 下一处 按钮，定位至修订的位置，如图 2-132 所示。

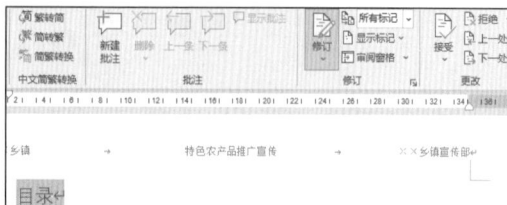

图 2-131　进入修订状态

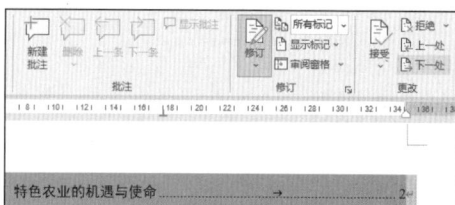

图 2-132　定位下一处修订位置

（4）如果觉得修订无误，则可在"审阅"/"更改"组中单击"接受"按钮 下方的下拉按钮 ，在弹出的下拉列表中选择"接受并移到下一处"选项，以接受此处的修订，如图 2-133 所示。

（5）此时 Word 将接受修改的内容并将文本插入点定位至下一处修订的位置。若修订无误，则继续执行相同方法接受正确的修订。

（6）若发现修订的内容有误，则可在"审阅"/"更改"组中单击"拒绝"按钮 拒绝 右侧的下拉按钮 ，在弹出的下拉列表中选择"拒绝并移到下一处"选项，以拒绝此处的修订，如图 2-134 所示。

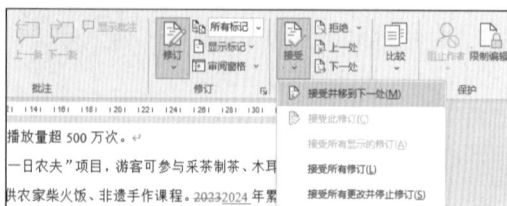

图 2-133　接受修订

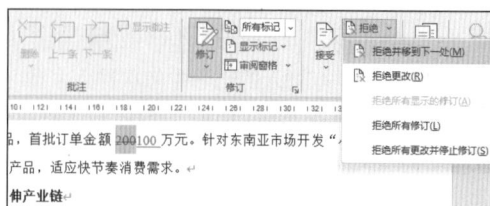

图 2-134　拒绝修订

（7）完成所有修订后，Word 将打开修订提示对话框，如图 2-135 所示，单击 确定 按钮，完成修订。

（8）在"审阅"/"修订"组中单击"修订"按钮，退出修订状态，如图 2-136 所示，保存文档（配套资源：效果\模块二\特色农产品推广宣传.docx）。

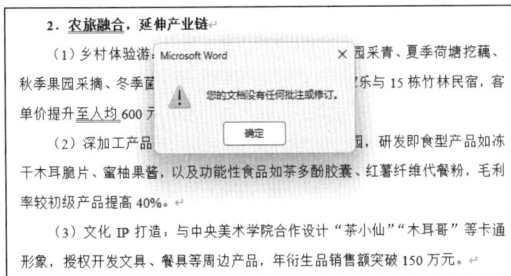

图 2-135　修订提示对话框

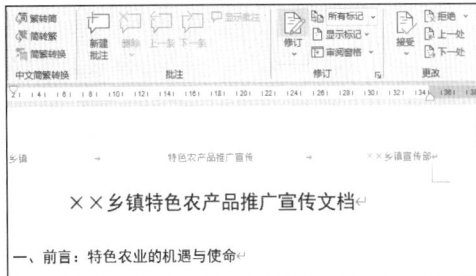

图 2-136　退出修订状态

（五）使用 DeepSeek 优化文档

对于长文档而言，过多的内容有可能导致字词句的使用错误，这样有可能影响文档质量。此时可以借助人工智能工具检查文档内容，以便发现错误和潜在的问题并对其加以修改。下面使用 DeepSeek 优化文档内容，提升文档质量，其具体操作如下。

（1）访问并登录 DeepSeek，取消选中"联网搜索"按钮，使用"上传附件（仅识别文字）"按钮 📎 上传"特色农产品推广宣传.docx"文档（配套资源：效果\模块二\特色农产品推广宣传.docx），在文本框中输入检查需求，如图 2-137 所示，完成后单击"提交"按钮 ⬆️。

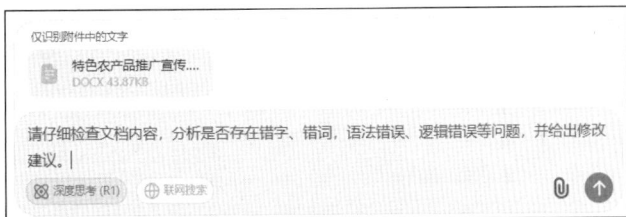

微课
使用 DeepSeek
优化文档

图 2-137　上传文件并输入需求

（2）DeepSeek 将根据需求返回相应的检查结果及修改建议，如图 2-138 所示。用户根据返回的内容及实际情况对文档进行优化即可。

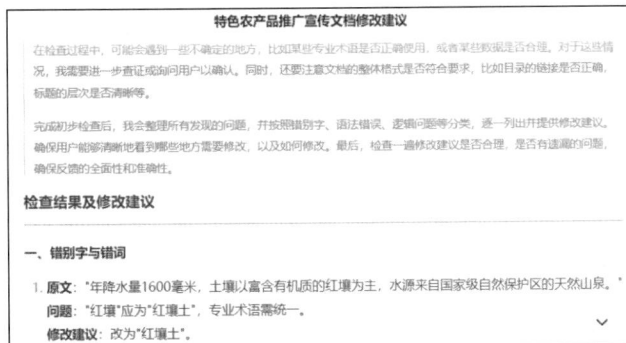

图 2-138　返回检查结果及修改建议

动手演练——制作"劳动合同"文档

打开"劳动合同.docx"文档（配套资源：素材\模块二\劳动合同.docx），为文档插入目录和封面，插入页码，参考效果（部分）如图 2-139 所示（配套资源：效果\模块二\劳动合同.docx）。

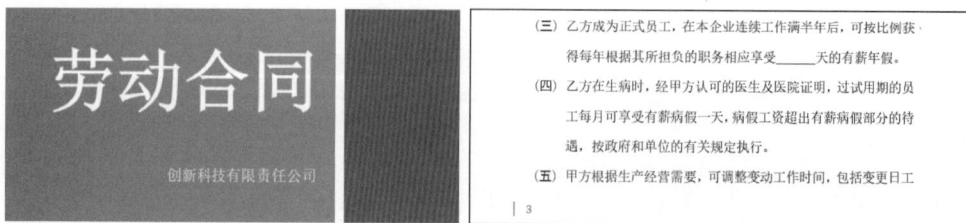

图 2-139　"劳动合同.docx" 文档的参考效果（部分）

能力拓展

（一）拆分文档

在 Word 中可以将编辑的长文档拆分为多个子文档，从而达到多人同时编辑文档不同部分的目的。其方法如下：进入大纲视图，选择需要拆分为子文档的标题段落，在"大纲显示"/"主控文档"组中单击"显示文档"按钮，再单击创建按钮，即可将选中的段落拆分为子文档。按照相同的方法拆分其他需要拆分为子文档的标题段落，效果如图 2-140 所示。将文档另存到其他位置后，所选的标题段落将自动保存为多个 Word 文档。

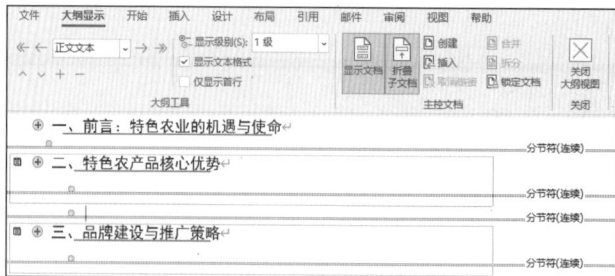

图 2-140　拆分文档的效果

提示　当多人编辑了多个子文档后，可以通过合并操作将这些文档合并到一个文档中。其方法如下：将需要合并的所有子文档存放在同一个文件夹中，新建 Word 文档或打开已有的文档，在"插入"/"文本"组中单击对象按钮右侧的下拉按钮，在弹出的下拉列表中选择"文件中的文字"选项，打开"插入文件"对话框，选择需要合并的多个子文档，再单击插入(S)按钮，如图 2-141 所示。

图 2-141　合并文档

（二）多人在线同时编辑文档

如果将 Word 文档共享到网络中，那么可以实现多人在线同时编辑一个文档的操作。其方法如下：选择"文件"/"另存为"命令，打开"另存为"界面，选择"OneDrive"选项，如图 2-142 所示，单击 登录 按钮登录 Microsoft Office 账号（若无账号，则可单击"注册"超链接注册账号）。

成功登录后，将文档另存到 OneDrive 中。

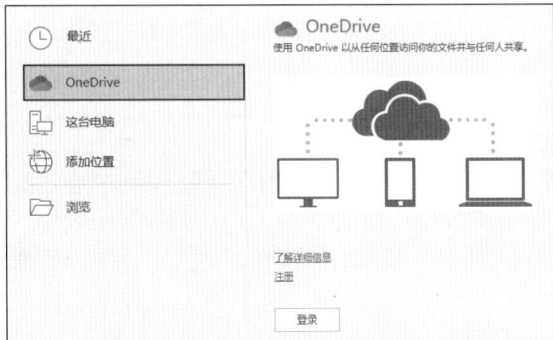

图 2-142 选择"OneDrive"选项

选择"文件"/"共享"命令，打开"共享"界面，选择"与人共享"选项，如图 2-143 所示，单击"与人共享"按钮 。

此时将在 Word 的操作界面中打开"共享"任务窗格，如图 2-144 所示，在"邀请人员"文本框中可输入对应人员的电子邮件地址（多个地址之间用";"分隔），在 可编辑 按钮下方的文本框中可输入邀请信息，完成后单击 共享 按钮。

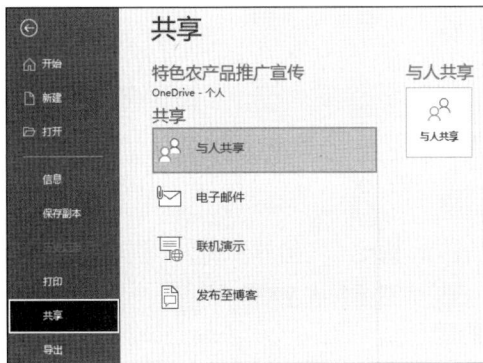

图 2-143 与人共享文档

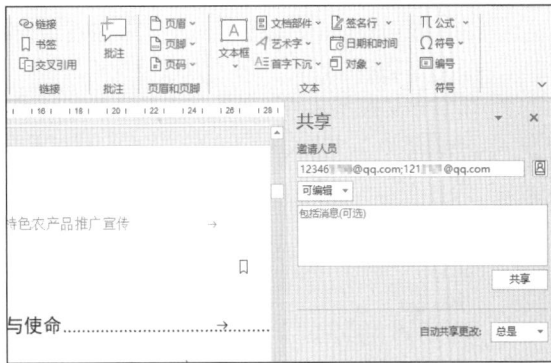

图 2-144 "共享"任务窗格

共享操作完成后，受到邀请的人员将收到一封电子邮件，其中包含指向该共享文档的超链接，当他们单击了该超链接后，共享文档将在受邀人员的 Word 或 Word 网页版中打开，此时受邀人员可以对共享文档进行编辑，实现多人在线同时编辑文档的目的。

课后练习

一、填空题

1. 编辑 Word 文档时，若需要将 A 文档的一部分内容复制到 B 文档中的指定位置，可采用如下方法：打开 A 文档和 B 文档，在 A 文档中找到相应的内容，在起始位置按住鼠标_____键并_____

鼠标，选择需复制的内容，按"Ctrl+_____"组合键将内容复制到剪贴板中。切换到 B 文档，在目标位置_____定位插入点，按"Ctrl+_____"组合键粘贴内容。

2. 在 Word 环境下，打开已有文档的快捷键为"_____"。

3. 在 Word 环境下，移动文本的操作如下：选择文本，将鼠标指针移至所选的文本区域上，按住_____并拖曳文本至目标位置后释放鼠标左键。

4. 在 Word 中，要选择文档中的某个段落，可将鼠标指针移至文本左侧，当其变为⤢形状时，_____，也可在段落中_____快速选择当前段落。

5. 在利用 DeepSeek 生成内容时，若需要该工具完成推理过程，则需要在提交需求之前开启"_____"功能。

6. 设置文本的字符格式时，可以通过_____工具栏、"_____"选项卡中的"_____"组，以及"_____"对话框来完成。

7. 假设已在 Word 文档中设置了 6 段文本，其中第 1 段已经按要求设置好了文本字体和段落格式，现在要对其他 5 段进行同样的格式设置，则使用_____最简便。

8. 若多个段落属于并列关系，则可以为这些段落添加_____来提高文档的可读性。

二、选择题

1. Word 中最接近打印效果的视图是（　　　）。
   A. 阅读视图　　　　　　　　　　　B. 页面视图
   C. 大纲视图　　　　　　　　　　　D. Web 版式视图

2. 若需要创建结构复杂的表格，操作方法是（　　　）。
   A. 通过快速插入功能插入表格　　　B. 通过"插入表格"对话框进行精确设置
   C. 手动绘制表格　　　　　　　　　D. 以上方法均正确

3. 下面有关"查找和替换"功能的说法中，正确的是（　　　）。
   A. 该功能只能对文字进行查找和替换
   B. 该功能可以对指定格式的文本进行查找和替换
   C. 该功能不能对制表符进行查找和替换
   D. 该功能不能对段落格式进行查找和替换

4. 当要在 Word 文档中同时选择多个形状对象时，应配合（　　　）键进行操作。
   A. "Alt"　　　　　B. "Ctrl"　　　　　C. "Enter"　　　　　D. "Tab"

5. 要快速进入页眉和页脚的编辑状态，可通过双击（　　　）来实现。
   A. 文本编辑区　　　　　　　　　　B. 功能区
   C. 标尺　　　　　　　　　　　　　D. 页面上方的空白区域

6. 若想强制将某些内容显示到下一页，则应该插入的是（　　　）。
   A. 分页符　　　　　B. 自动换行符　　　　　C. 分栏符　　　　　D. 分节符

7. 在 Word 中，按（　　　）组合键可快速新建空白文档。
   A. "Ctrl+N"　　　　　B. "Ctrl+O"　　　　　C. "Ctrl+S"　　　　　D. "Ctrl+P"

8. 下列说法不正确的是（　　　）。
   A. 每次保存文档时都要设置文档名称
   B. 文档既可以保存在磁盘中，又可以保存到 U 盘中
   C. 另存文档时，需要设置文档的保存位置、名称、保存类型等
   D. 在第一次保存文档时会打开"另存为"对话框

9. 当需要调整文档内容的层级和排列顺序时，最方便的视图是（　　　）。
   A. 阅读视图　　　　　　　　　　　B. 页面视图
   C. Web 版式视图　　　　　　　　　D. 大纲视图

10. 在文档中选择插入的图片对象后，不能通过该图片上出现的控制点进行的操作是（　　）。

    A. 调整图片高度　　　　B. 调整图片宽度　　C. 移动图片　　　　　　D. 缩放图片

三、操作题

1. 启动 Word 2021，按照下列要求对"公司新闻.docx"文档进行操作，其参考效果如图 2-145 所示。

图 2-145　"公司新闻.docx"文档的参考效果

（1）新建空白文档，将其重命名为"公司新闻.docx"并保存，在文档中输入相应的文本内容（配套资源：素材\模块二\公司新闻.txt）。

（2）在文档起始位置插入 4 个换行符，在文档中插入"填充：黑色，文本色 1；边框：白色，背景色 1；清晰阴影：白色，背景色 1"效果的艺术字，在文本框中输入"季度工作会议圆满召开"，调整艺术字的位置，将艺术字字体格式设置为"方正兰亭中黑简体"。

（3）在第 1 段正文下方添加空白段落，无缩进格式，插入图片"会议.jpg"（配套资源：素材\模块二\会议.jpg），调整图片大小和位置，设置图片居中对齐。

（4）将正文字体设置为"宋体"，并对段落进行首行缩进 2 字符的设置。对最后一段文本进行右对齐设置。将正文段落的行距设置为"1.5 倍行距"。

（5）保存文档（配套资源：效果\模块二\公司新闻.docx），利用人工智能工具检查文档内容的正确性和严谨性，适当对文档进行润色调整。

2. 打开"活动安排.docx"文档（配套资源：素材\模块二\活动安排.docx），按照下列要求对文档进行操作，其参考效果如图 2-146 所示。

（1）加粗显示"10 月 1 日—10 月 8 日"文本。

（2）为"活动目的""活动内容"下方的段落添加项目符号，设置首行缩进和悬挂缩进格式；为"活动时间""活动要求"下方的段落添加编号，设置首行缩进和悬挂缩进格式，调整编号序号。

（3）保存文档（配套资源：效果\模块二\活动安排.docx）。

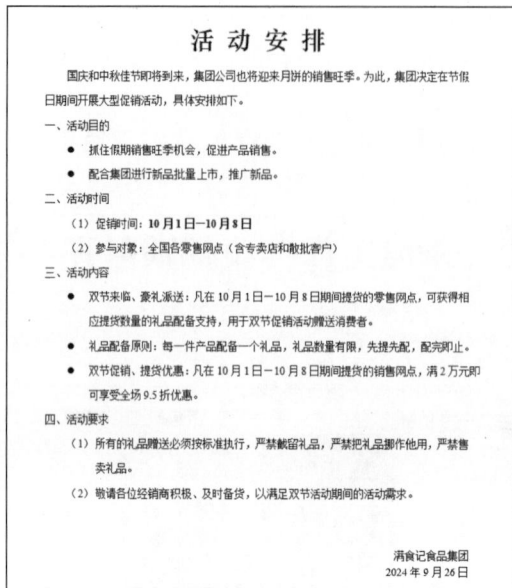

图2-146 "活动安排.docx"文档的参考效果

3. 制作"员工招聘申请表.docx"文档，按照下列要求对表格进行设置，其参考效果如图2-147所示。

（1）利用人工智能工具（如秘塔AI）生成"员工招聘申请表"，通过复制操作将生成的表格粘贴到Word空白文档中，将文档保存为"员工招聘申请表.docx"。

（2）将标题的字体格式设置为"汉仪中宋简，三号，居中"，间距为"段后""1行"。

（3）根据实际情况对表格内容和结构进行调整，如修改文本、合并单元格、删除单元格、插入单元格等，使表格结构和内容符合实际需要。

（4）在"布局"/"单元格大小"组中对表格的单元格高度进行调整，提升表格可读性。

（5）为部分单元格，如第6行、第8行、第10行填充"蓝色，个性色1，淡色80%"底纹，将表格中文字的对齐方式设置为"两端对齐"。

（6）保存文档（配套资源：效果\模块二\员工招聘申请表.docx）。

员工招聘申请表

图2-147 "员工招聘申请表.docx"文档的参考效果

4. 打开"公司考勤制度.docx"文档（配套资源：素材\模块二\公司考勤制度.docx），按照下列要求对文档进行操作，其参考效果（部分）如图 2-148 所示。

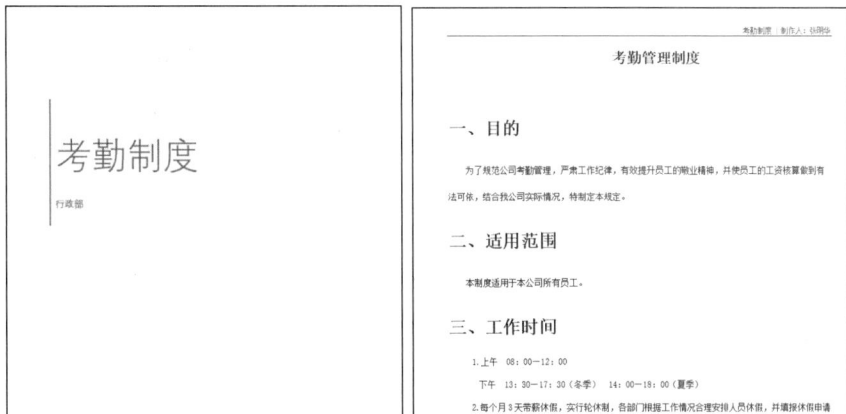

图 2-148 "公司考勤制度.docx"文档的参考效果（部分）

（1）为文档插入"边线型"封面，在"标题""作者"文本框中输入相应的文本，将其他文本框删除。

（2）在文档中为每一节的标题应用"标题 1"样式。

（3）使用大纲视图显示两级大纲内容，并退出大纲视图模式。

（4）将插入点定位至"考勤管理制度"文本前，插入一个分页符，并在分页符的起始位置输入文本"目录"，按"Enter"键。

（5）添加目录，并设置目录格式为"流行"。

（6）为文档添加"花丝"样式的页眉，输入相应文本，为文档添加"奥斯汀"样式的页脚。

（7）保存文档（配套资源：效果\模块二\公司考勤制度.docx）。

模块三
表格处理与智能数据分析

03

电子表格既可以用来输入、输出数据，又可以对复杂数据进行计算，还可以将大量枯燥无味的数据转变为色彩丰富的商业图表。例如，在学习中，可以利用电子表格对某一时段的学习成绩进行汇总与分析，以此来制订合理的学习计划；在工作中，可以利用电子表格来分析产品的销售额，以便制订合理的销售计划。目前，常用的电子表格处理软件有 WPS 表格、Excel 等。本模块将通过创建"中华诗词大赛统计表"工作簿这个典型任务，全面介绍 Excel 2021 中的各种数据处理操作。

课堂学习目标

- **知识目标：** 掌握 Excel 的各种基本操作，如工作簿和工作表的操作、数据的输入与编辑、单元格的格式设置、公式与函数的使用、图表的创建与编辑等。

- **技能目标：** 能够利用 Excel 制作电子表格并分析电子表格中的数据。

- **素质目标：** 增强学习能力，明白理论与实践相结合的重要性，不断提升数据处理能力。

任务 3.1 创建"中华诗词大赛统计表"工作簿

任务洞察

中华诗词承载着中华民族的历史文化精髓，举办中华诗词大赛不仅有助于传承与弘扬中华优秀传统文化，提高全民的参与和创作热情，更能增强文化自信与民族凝聚力。本任务将制作中华诗词大赛统计表，用于记录参赛者的大赛得分情况。下面首先通过 Excel 2021 创建"中华诗词大赛统计表"工作簿，重点介绍在工作簿中输入并设置数据的操作。

知识赋能

（一）熟悉 Excel 2021 的操作界面

Excel 2021 的操作界面与 Word 2021 的操作界面基本相似，除了包括与 Word 2021 相同的部分外，还包括名称框、编辑栏、行号、列标、工作表编辑区和工作表标签等不同的部分，如图 3-1 所示。下面主要介绍这些不同部分的作用。

1. 名称框

名称框用来显示当前单元格的地址或函数名称，也可快速定位目标单元格。例如，在名称框中输入"A3"后，按"Enter"键会自动选中 A3 单元格。

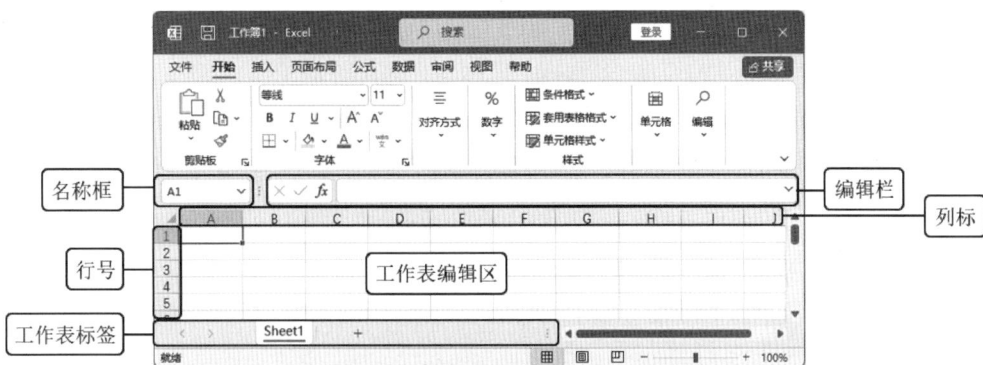

图 3-1 Excel 2021 的操作界面

2. 编辑栏

编辑栏用来显示和编辑当前活动单元格中的数据或公式。单击"取消"按钮✕，可取消当前所选单元格中输入的内容；单击"输入"按钮✓，可确认当前所选单元格中输入的内容；单击"插入函数"按钮 f_x，打开"插入函数"对话框，可在其中选择需要应用的函数。

3. 行号

行号用来显示工作表中的行，以 1、2、3、4……的形式编号。

4. 列标

列标用于显示工作表中的列，以 A、B、C、D……的形式编号。

5. 工作表编辑区

工作表编辑区是 Excel 中编辑数据的主要区域，由多个单元格组成，每个单元格都拥有由行号和列标组成的唯一的单元格地址。

6. 工作表标签

工作表标签用来显示工作表的名称，Excel 2021 在新建工作簿后，默认只有一张工作表。单击"新工作表"按钮 +，将新建一张工作表。当工作簿中包含多张工作表时，可单击任意一个工作表标签进行工作表的切换。

（二）工作簿、工作表与单元格的基本操作

工作簿、工作表与单元格是利用 Excel 处理电子表格的关键要素，掌握它们的基本操作，就能更好地利用 Excel 处理表格数据。

1. 工作簿的基本操作

工作簿用于保存数据，其基本操作主要包括工作簿的新建、保存、打开、关闭等，这些操作与 Word 中文档的新建、保存、打开和关闭等操作基本相同。

2. 工作表的基本操作

工作表是存储和管理各种数据信息的场所，其基本操作主要包括选择、插入、删除、移动和复制等。

（1）工作表的选择

当工作簿中存在多张工作表时，就会涉及工作表的选择操作，下面介绍 4 种选择工作表的方法。

- 选择单张工作表：单击相应的工作表标签可选择对应的工作表。
- 选择多张不相邻的工作表：选择第一张工作表后，按住"Ctrl"键，再单击其他工作表标签，可同时选择多张不相邻的工作表。
- 选择连续的工作表：选择第一张工作表后，按住"Shift"键，再单击其他工作表标签，可同时选择这两张工作表及其之间的所有工作表。

- 选择所有工作表：在任意工作表标签上单击鼠标右键，在弹出的快捷菜单中选择"选定全部工作表"命令，可选择当前工作簿中的所有工作表。

> **提示** 在工作簿中选择多张工作表后，标题栏中将显示"***[组]"的字样。若要取消选择多张工作表，则可单击任意一张没有被选择的工作表，也可在被选择的工作表标签上单击鼠标右键，在弹出的快捷菜单中选择"取消组合工作表"命令。

（2）工作表的插入

工作簿默认只包含一张工作表，当用户需要在该工作簿中创建其他工作表时，可以手动插入新工作表。插入工作表的方法有以下3种。

- 工作表标签右侧的按钮：单击工作表标签右侧的"新工作表"按钮 +，可在该按钮左侧插入一张空白工作表。
- 鼠标右键：在工作表标签上单击鼠标右键，在弹出的快捷菜单中选择"插入"命令，打开"插入"对话框，在"常用"选项卡中双击"工作表"选项（见图3-2），可创建一张空白工作表；在"电子表格方案"选项卡中双击某个选项可创建具有相应模板的工作表。
- 功能区：在"开始"/"单元格"组中单击 插入 按钮右侧的下拉按钮 ˅，在弹出的下拉列表中选择"插入工作表"选项（见图3-3），此时将在当前工作表左侧插入一张空白工作表。

图3-2 双击"工作表"选项

图3-3 选择"插入工作表"选项

（3）工作表的删除

对于不需要的工作表，可及时将其从工作簿中删除。删除工作表的方法有以下两种。

- 功能区：选择需要删除的工作表，在"开始"/"单元格"组中单击 删除 按钮右侧的下拉按钮 ˅，在弹出的下拉列表中选择"删除工作表"选项。
- 鼠标右键：在需要删除的工作表标签上单击鼠标右键，在弹出的快捷菜单中选择"删除"命令。

（4）工作表的移动和复制

工作表在工作簿中的位置并不是固定不变的，通过移动或复制工作表等操作可以有效提高工作表的编制效率。在工作簿中移动和复制工作表的具体操作如下。

① 选择要移动或复制的工作表，在"开始"/"单元格"组中单击 格式 下拉按钮，在弹出的下拉列表中选择"移动或复制工作表"选项，打开"移动或复制工作表"对话框。

② 在"工作簿"下拉列表中选择当前打开的某个目标工作簿，在"下列选定工作表之前"列表框中选择工作表的移动或复制位置，选中"建立副本"复选框，表示复制工作表，如图3-4所示（取消选中该复选框则表示移动工作表），单击 确定 按钮。

微课

工作表的移动
和复制

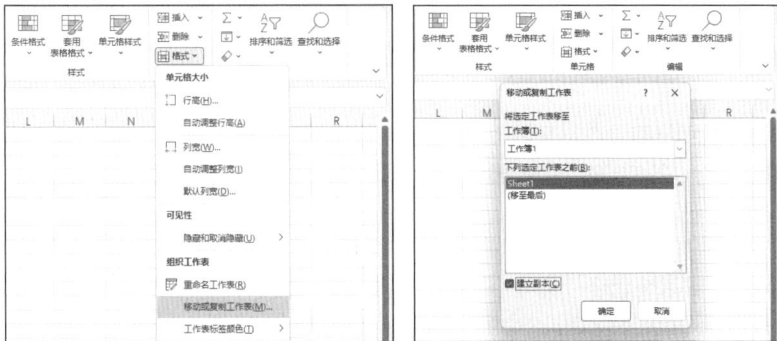

图 3-4　移动或复制工作表

③ 返回操作界面后，工作簿中的"Sheet1"工作表左侧将新增一张工作表。

提示　在工作表标签上按住鼠标左键进行水平拖曳，当出现黑色的下三角形记时，表示工作表处于移动状态，释放鼠标左键，可将工作表移动到该标记所在位置。如果在拖曳鼠标的同时按住"Ctrl"键，则可实现工作表的复制。

3. 单元格的基本操作

单元格是表格中行与列的交叉部分，是组成表格的最小单位。对单元格的基本操作包括选择、插入、删除、合并与拆分等。

（1）选择单元格

想要在表格中输入数据，首先需要选择输入数据的单元格。在工作表中选择单元格的方法有以下6 种。

- 选择单个单元格：单击单元格，或在名称框中输入单元格的行号和列标，按"Enter"键选择所需单元格。
- 选择所有单元格：单击行号和列标左上角交叉处的"全选"按钮 ◢，或按"Ctrl+A"组合键选择工作表中的所有单元格。
- 选择相邻的多个单元格：选择起始单元格后，按住鼠标左键并拖曳到目标单元格，或在按住"Shift"键的同时单击目标单元格，以选择相邻的多个单元格。
- 选择不相邻的多个单元格：在按住"Ctrl"键的同时依次单击需要选择的单元格，以选择不相邻的多个单元格。
- 选择整行：将鼠标指针移至需要选择的行号上，当鼠标指针变为 ➡ 形状时，单击将选择该行。
- 选择整列：将鼠标指针移至需要选择列的列标上，当鼠标指针变为 ⬇ 形状时，单击将选择该列。

（2）插入单元格

在表格中可以插入单个单元格，也可以插入整行或整列单元格。插入单元格的方法有以下两种。

- 选择单元格，在"开始"/"单元格"组中单击 插入 按钮右侧的下拉按钮 ˅，在弹出的下拉列表中选择"插入工作表行"选项或"插入工作表列"选项，可插入整行或整列单元格。
- 选择任意一个单元格，在"开始"/"单元格"组中单击 插入 按钮右侧的下拉按钮 ˅，在弹出的下拉列表中选择"插入单元格"选项，打开"插入"对话框，选中"活动单元格右移"单选按钮或"活动单元格下移"单选按钮后，单击 确定 按钮，将在所选单元格的左侧或上方插入单元格；选中"整行"单选按钮或"整列"单选按钮后，单击 确定 按钮，将在所选单元格的上方插入整行单元格或在所选单元格的左侧插入整列单元格。

微课

插入单元格

（3）删除单元格

在表格中可以删除单个单元格，也可以删除某行或某列单元格。删除单元格的方法有以下两种。

- 选择要删除的单元格，在"开始"/"单元格"组中单击 🔳 删除 按钮右侧的下拉按钮 ˇ，在弹出的下拉列表中选择"删除工作表行"选项或"删除工作表列"选项，可删除整行或整列单元格。
- 选择要删除的单元格，单击 🔳 删除 按钮右侧的下拉按钮 ˇ，在弹出的下拉列表中选择"删除单元格"选项，打开"删除"对话框，如图3-5所示，选中对应的单选按钮后，单击 确定 按钮，可删除所选单元格，并使不同位置的单元格代替所选单元格。

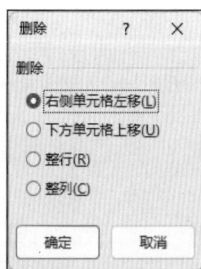

图3-5 "删除"对话框

（4）合并与拆分单元格

当默认的单元格样式不能满足实际需求时，用户便可通过合并与拆分单元格的方法来进行设置。

- 合并单元格：选择需要合并的多个单元格，在"开始"/"对齐方式"组中单击"合并后居中"按钮 🔳，可以合并所选单元格，并使其中的内容居中显示。除此之外，单击"合并后居中"按钮 🔳 右侧的下拉按钮 ˇ，在弹出的下拉列表中还可以选择"跨越合并""合并单元格""取消单元格合并"等选项。
- 拆分单元格：拆分单元格的方法与合并单元格的方法相反，在拆分单元格时需要先选择合并后的单元格，再单击"合并后居中"按钮 🔳；或按"Ctrl+!"组合键，打开"设置单元格格式"对话框，如图3-6所示，在"对齐"选项卡中的"文本控制"选项组中取消选中"合并单元格"复选框，单击 确定 按钮。

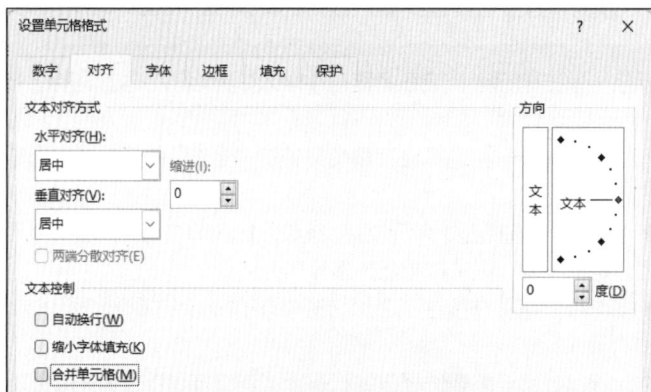

图3-6 "设置单元格格式"对话框

（三）数据的输入技巧

输入数据是制作电子表格的基础，Excel支持用户输入不同类型的数据，具体的输入方法有以下3种。

- 选择单元格，直接输入数据后按"Enter"键，单元格中原有的数据将被覆盖。
- 双击单元格，此时单元格中将出现文本插入点，按方向键可调整文本插入点的位置，直接输入数据并按"Enter"键。
- 选择单元格，在编辑栏中单击以定位文本插入点，在其中输入数据后按"Enter"键。

在Excel的单元格中可以输入文本、正数、负数、小数、百分数、日期、时间、货币等各种类型的数据，它们的输入方法与显示格式如表3-1所示。

表 3-1　不同类型数据的输入方法与显示格式

类型	举例	输入方法	单元格显示格式	编辑栏显示格式
文本	员工编号	直接输入	员工编号，左对齐	员工编号
正数	99	直接输入	99，右对齐	99
负数	–99	先输入负号"–"，再输入数据 99，即"–99"；或输入英文状态下的括号"( )"，并在其中输入数据，即"(99)"	–99，右对齐	–99
小数	5.2	依次输入整数位、小数点和小数位	5.2，右对齐	5.2
百分数	60%	依次输入数据和百分号，其中百分号利用"Shift+5"组合键输入	60%，右对齐	60%
日期	2025 年 6 月 18 日	依次输入年、月、日数据，中间用"–"或"/"隔开	2025-6-18，右对齐	2025-6-18
时间	10 点 25 分 16 秒	依次输入时、分、秒数据，中间用英文状态下的冒号"："隔开	10:25:16，右对齐	10:25:16
货币	¥80	依次输入货币符号和数据，其中在英文状态下按"Shift+4"组合键可输入美元符号；在中文状态下按"Shift+4"组合键可输入人民币符号	¥80，右对齐	¥80

> **提示**　当用户需要在单元格中使用某些符号时，可以利用 Excel 提供的"符号"功能进行插入。其使用方法如下：选择需要输入符号的单元格，在"插入"/"符号"组中单击"符号"按钮 Ω，打开"符号"对话框，在其中的"符号"选项卡或"特殊字符"选项卡中选择所需符号，单击 [插入(I)] 按钮便可将该符号插入到单元格中。

（四）数据验证的应用

　　数据验证是指为单元格中录入的数据添加一定的限制条件。例如，用户通过为单元格设置基本的数据验证可以使单元格中只能录入整数、小数或时间等。设置数据验证的方法如下：在工作表中选择要设置数据验证的单元格或单元格区域，在"数据"/"数据工具"组中单击"数据验证"按钮 ，打开"数据验证"对话框，如图 3-7 所示，在"设置"选项卡的"允许"下拉列表中选择相应选项，如"任何值""整数""小数""序列""日期""时间"等，根据提示信息进行相关设置，并单击 [确定] 按钮，便可对所选单元格或单元格区域设置数据验证。

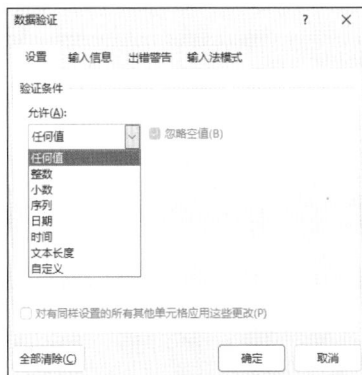

图 3-7　"数据验证"对话框

（五）认识条件格式

Excel 内置了多种类型的条件格式，能够对表格中的内容进行指定条件的判断，并返回预先指定的格式。如果内置的条件格式不能满足制作需求，用户还可以新建条件格式规则。设置条件格式的具体操作如下。

（1）选择需要设置条件格式的单元格或单元格区域，在"开始"/"样式"组中单击"条件格式"下拉按钮，在弹出的下拉列表中选择需要的条件格式，如"突出显示单元格规则""最前/最后规则""数据条""色阶""图标集"等，如图 3-8 所示。选择其中任意一个选项，并在弹出的子下拉列表中选择对应选项后，便可为所选单元格或单元格区域应用内置的条件格式。

（2）在"条件格式"下拉列表中选择"新建规则"选项，打开"新建格式规则"对话框，如图 3-9 所示。在其中选择规则类型，并根据提示信息进行规则编辑后，单击 确定 按钮即可新建格式规则。

微课

认识条件格式

图 3-8 内置的条件格式

图 3-9 "新建格式规则"对话框

任务实现

本任务输入并设置的"中华诗词大赛统计表"工作簿的参考效果（部分）如图 3-10 所示。对其进行数据输入与设置操作，如打开工作簿，输入数据并设置单元格格式和条件格式等，通过插入表格、输入内容，以及编辑和计算表格数据等操作制作表格。

	A	B	C	D	E	F	G	H	I
1	参赛号码	姓名	学校	专业	踏雪寻梅	大浪淘沙	飞花逐月	诗韵流芳	总分
2	A2025001	冯锐	乙大学	理学	73	54	91	92	
3	A2025002	陈艾佳	丁大学	文学	76	93	89	55	
4	A2025003	白可欣	甲大学	哲学	80	64	59	68	
5	A2025004	汤皓天	丁大学	医学	76	92	51	50	
6	A2025005	代坤	丙大学	文学	67	85	79	85	
7	A2025006	祝蕾怡	丙大学	工学	75	59	58	63	
8	A2025007	李一城	甲大学	哲学	72	60	64	86	
9	A2025008	洪嘉豪	丙大学	医学	94	84	67	63	
10	A2025009	李盈霏	乙大学	工学	89	86	73	78	
11	A2025010	郑诗琪	甲大学	理学	70	64	89	54	
12	A2025011	孙悦宁	丁大学	文学	95	73	85	79	
13	A2025012	张允严	丙大学	工学	53	71	81	80	

图 3-10 "中华诗词大赛统计表"工作簿的参考效果（部分）

（一）借助讯飞星火创建表格结构

如果不清楚有关比赛成绩统计的表格需要包含哪些项目结构，可以借助人工智能工具进行查询。下面借助讯飞星火来了解中华诗词大赛统计表的表格结构，其具体操作如下。

（1）访问并登录讯飞星火官方网站，单击页面中的 开始对话 ⬤ 按钮，进入对话页面，在其中的文本框中输入需求，如图 3-11 所示，然后单击"提交"按钮 ⬆ 。

你好，有问题尽管问！

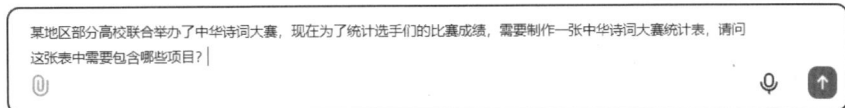

某地区部分高校联合举办了中华诗词大赛，现在为了统计选手们的比赛成绩，需要制作一张中华诗词大赛统计表，请问这张表中需要包含哪些项目？

图 3-11　输入需求

（2）讯飞星火将根据需求生成相应的结果，如图 3-12 所示。结合其生成的内容和比赛的实际情况，总结并整理出中华诗词大赛统计表中应包含的项目。

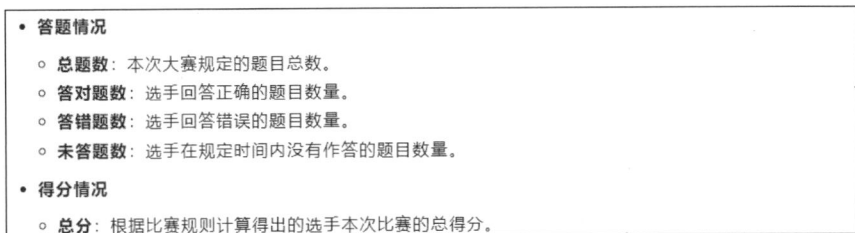

- **答题情况**
  - **总题数**：本次大赛规定的题目总数。
  - **答对题数**：选手回答正确的题目数量。
  - **答错题数**：选手回答错误的题目数量。
  - **未答题数**：选手在规定时间内没有作答的题目数量。
- **得分情况**
  - **总分**：根据比赛规则计算得出的选手本次比赛的总得分。

图 3-12　生成结果

（3）打开"中华诗词大赛统计表 01.xlsx"工作簿（配套资源：素材\模块三\中华诗词大赛统计表 01.xlsx），其中已经提前复制了工作表并重命名了工作表标签。单击"A 赛区"工作表标签切换到"A 赛区"工作表中，然后依次在 A1 到 I1 单元格中输入项目名称，如图 3-13 所示。

图 3-13　输入项目名称

（二）输入工作表数据

输入数据是制作表格的基础，Excel 2021 支持输入各种类型的数据，如文本和数字等，下面在"中华诗词大赛统计表 01.xlsx"工作簿中输入部分工作表数据，其具体操作如下。

（1）选择 A2 单元格，在其中输入"A2025001"，按"Enter"键确认输入后重新选择该单元格，将鼠标指针移至该单元格右下角的绿色填充柄上，当鼠标指针变为 ✚ 形状时，按住鼠标左键将鼠标指针向下拖曳至 A21 单元格，此时 A2:A21 单元格区域中会自动生成各参赛选手的参赛号码，如图 3-14 所示。

图 3-14　自动填充数据

（2）选择 B2 单元格，输入"冯锐"后按"Enter"键，再继续输入其他选手的姓名。

（3）按照相同的方法，在工作表中输入中华诗词大赛中每位选手在各个环节的得分数据，如图 3-15 所示。

图 3-15　输入得分数据

（三）设置数据验证

为单元格或单元格区域设置数据验证后，可保证输入的数据在指定的范围内，从而降低出错率，下面通过数据验证的输入方式完成参赛选手所在学校和专业的数据输入工作，其具体操作如下。

（1）选择 C2:C21 单元格区域，在"数据"/"数据工具"组中单击"数据验证"按钮，打开"数据验证"对话框，在"设置"选项卡的"允许"下拉列表中选择"序列"选项，在"来源"参数框中输入"甲大学,乙大学,丙大学,丁大学"（注意逗号应在英文状态下输入），如图 3-16 所示，单击 确定 按钮。

（2）返回工作表后，单击 C2 单元格右侧显示的下拉按钮，在弹出的下拉列表中选择对应的学校名称，如图 3-17 所示。按照相同的方法完成 C3:C21 单元格区域中数据的输入。

图 3-16　设置验证条件（1）

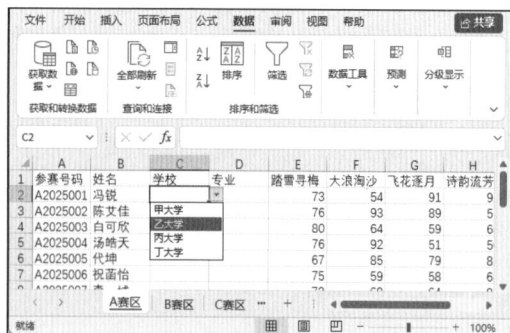

图 3-17　选择学校名称

（3）选择 D2:D21 单元格区域，在"数据"/"数据工具"组中单击"数据验证"按钮，打开"数据验证"对话框，在"设置"选项卡的"允许"下拉列表中选择"序列"选项，在"来源"参数框中输入"文学,理学,工学,医学,哲学"，如图 3-18 所示，单击 确定 按钮。

（4）返回工作表后，单击 D2 单元格右侧显示的下拉按钮，在弹出的下拉列表中选择对应的专业名称，如图 3-19 所示。按照相同的方法完成 D3:D21 单元格区域中数据的输入。

图 3-18 设置验证条件（2）

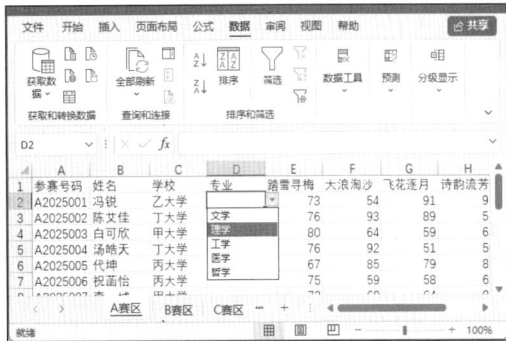

图 3-19 选择专业名称

（四）设置单元格格式

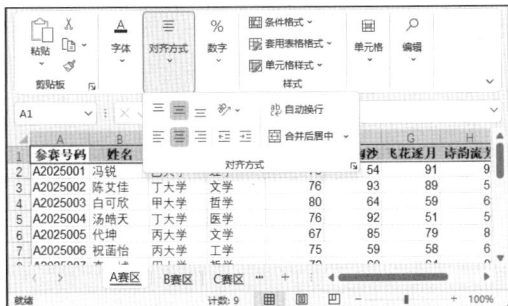

输入数据后，通常需要对单元格进行格式设置，以美化表格。下面对"中华诗词大赛统计表 01.xlsx"工作簿"A 赛区"工作表中的单元格格式进行适当设置，其具体操作如下。

（1）选择 A1:I1 单元格区域，在"开始"/"字体"组中将字体设置为"方正宋三简体"，单击"加粗"按钮 B，在"开始"/"对齐方式"组中单击"居中"按钮 ≡，如图 3-20 所示。

（2）选择 A2:I21 单元格区域，在"开始"/"对齐方式"组中单击"居中"按钮 ≡，在"开始"/"字体"组中将字体设置为"方正宋三简体"，字号设置为"11"，并在该组中单击"填充颜色"按钮右侧的下拉按钮，在弹出的下拉列表中选择"绿色，个性色 6，淡色 80%"选项，设置效果如图 3-21 所示。

微课
设置单元格格式

图 3-20 设置表格项目名称格式

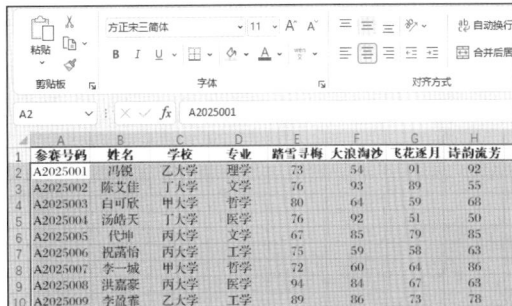

图 3-21 设置表格数据格式

> **提示**　设置单元格格式时，除了可以更改字体、字号、对齐方式外，还可以为单元格添加边框效果。其方法如下：选择单元格或单元格区域后，按"Ctrl+1"组合键打开"设置单元格格式"对话框，选择"边框"选项卡，在其中设置线条样式、颜色、边框的添加位置等。

（五）设置条件格式

条件格式功能可以将不满足条件或满足条件的数据以不同的格式突出显示，提升表格的可读性。下面在"中华诗词大赛统计表 01.xlsx"工作簿"A 赛区"中使用该功能来设置表格数据，其具体操作如下。

（1）选择 E2:H21 单元格区域，在"开始"/"样式"组中单击"条件格式"下拉按钮，在弹出的下拉列表中选择"新建规则"选项。

微课
设置条件格式

（2）打开"新建格式规则"对话框，如图 3-22 所示，在"选择规则类型"列表框中选择"只为包含以下内容的单元格设置格式"选项，在"编辑规则说明"选项组中的第二个下拉列表中选择"大于或等于"选项，并在其右侧的参数框中输入"90"，单击 格式(F)... 按钮。

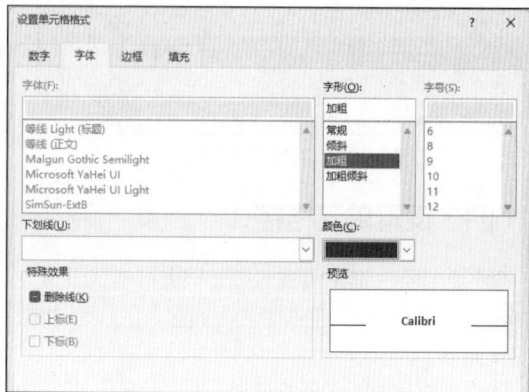

（3）打开"设置单元格格式"对话框，如图 3-23 所示，在"字体"选项卡中设置"字形"为"加粗"，"颜色"为"标准色"中的"深红"，单击 确定 按钮。

图 3-22 "新建格式规则"对话框　　　　图 3-23 "设置单元格格式"对话框

（4）返回"新建格式规则"对话框，再次单击 确定 按钮完成设置。设置效果如图 3-24 所示。

图 3-24 突出显示的符合条件的数据

（六）调整行高与列宽

在默认状态下，单元格的行高和列宽固定不变，但是当单元格中的数据太多而不能完全显示其内容时，可以调整单元格的行高或列宽，使其更加符合要求。下面在"中华诗词大赛统计表 01.xlsx"工作簿"A 赛区"中对单元格的行高与列宽进行适当调整，其具体操作如下。

（1）将鼠标指针移至 A 列与 B 列列标之间的间隔线上，当鼠标指针变为╋形状时，按住鼠标左键向右拖曳，拖曳至合适的位置后释放鼠标左键，增加 A 列的列宽，效果如图 3-25 所示。

（2）按相同方法调整 B 列至 I 列的列宽，效果如图 3-26 所示。

（3）继续利用鼠标向下拖曳第 1 行与第 2 行之间的间隔线，适当增加第 1 行的行高，效果如图 3-27 所示。

（4）选择第 2~21 行，在"开始"/"单元格"组中单击 格式 下拉按钮，在弹出的下拉列表中选择"格式"选项组中的"行高"选项，打开"行高"对话框，在"行高"数值框中输入"18"，如图 3-28 所示，单击 确定 按钮（配套资源：效果\模块三\中华诗词大赛统计表 01.xlsx）。

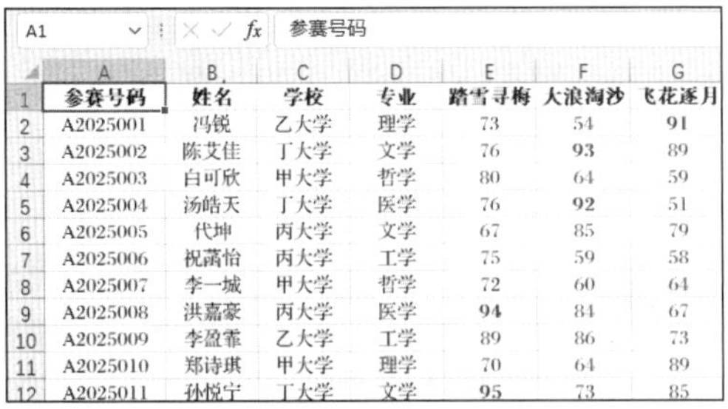

	A	B	C	D	E	F	G
1	参赛号码	姓名	学校	专业	踏雪寻梅	大浪淘沙	飞花逐月
2	A2025001	冯锐	乙大学	理学	73	54	91
3	A2025002	陈艾佳	丁大学	文学	76	93	89
4	A2025003	白可欣	甲大学	哲学	80	64	59
5	A2025004	汤皓天	丁大学	医学	76	92	51
6	A2025005	代坤	丙大学	文学	67	85	79
7	A2025006	祝蔼怡	丙大学	工学	75	59	58
8	A2025007	李一城	甲大学	哲学	72	60	64
9	A2025008	洪嘉豪	丙大学	医学	94	84	67
10	A2025009	李盈霏	乙大学	工学	89	86	73
11	A2025010	郑诗琪	甲大学	理学	70	64	89
12	A2025011	孙悦宁	丁大学	文学	95	73	85

图 3-25　增加 A 列列宽

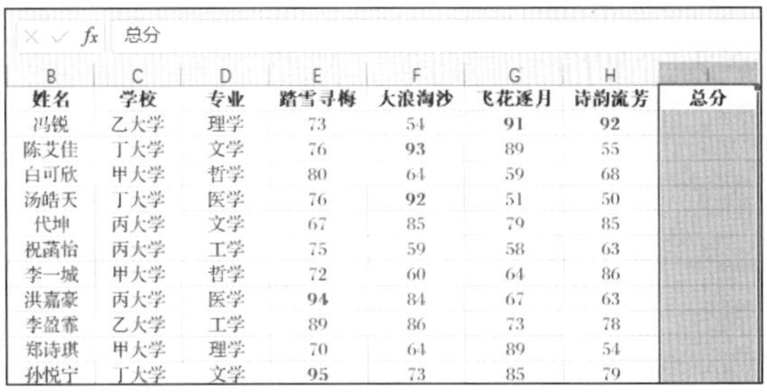

B	C	D	E	F	G	H	I
姓名	学校	专业	踏雪寻梅	大浪淘沙	飞花逐月	诗韵流芳	总分
冯锐	乙大学	理学	73	54	91	92	
陈艾佳	丁大学	文学	76	93	89	55	
白可欣	甲大学	哲学	80	64	59	68	
汤皓天	丁大学	医学	76	92	51	50	
代坤	丙大学	文学	67	85	79	85	
祝蔼怡	丙大学	工学	75	59	58	63	
李一城	甲大学	哲学	72	60	64	86	
洪嘉豪	丙大学	医学	94	84	67	63	
李盈霏	乙大学	工学	89	86	73	78	
郑诗琪	甲大学	理学	70	64	89	54	
孙悦宁	丁大学	文学	95	73	85	79	

图 3-26　调整其他列列宽

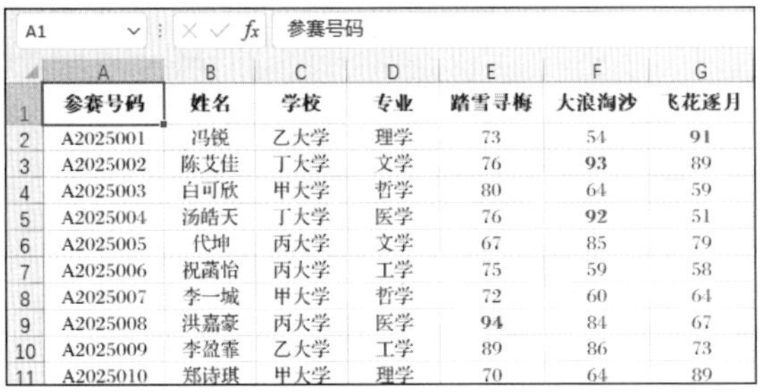

	A	B	C	D	E	F	G
1	参赛号码	姓名	学校	专业	踏雪寻梅	大浪淘沙	飞花逐月
2	A2025001	冯锐	乙大学	理学	73	54	91
3	A2025002	陈艾佳	丁大学	文学	76	93	89
4	A2025003	白可欣	甲大学	哲学	80	64	59
5	A2025004	汤皓天	丁大学	医学	76	92	51
6	A2025005	代坤	丙大学	文学	67	85	79
7	A2025006	祝蔼怡	丙大学	工学	75	59	58
8	A2025007	李一城	甲大学	哲学	72	60	64
9	A2025008	洪嘉豪	丙大学	医学	94	84	67
10	A2025009	李盈霏	乙大学	工学	89	86	73
11	A2025010	郑诗琪	甲大学	理学	70	64	89

图 3-27　增加第 1 行行高

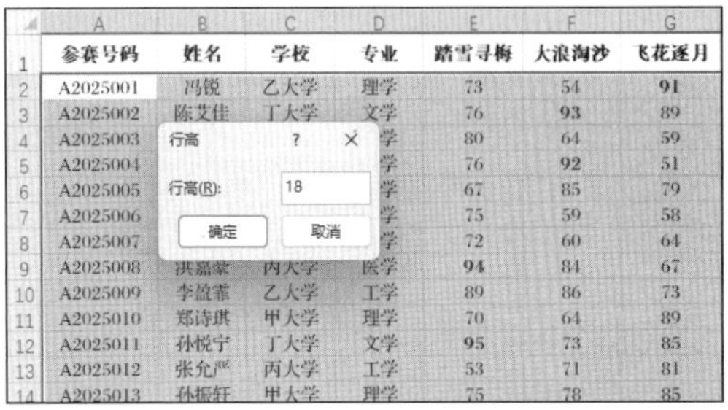

	A	B	C	D	E	F	G
1	参赛号码	姓名	学校	专业	踏雪寻梅	大浪淘沙	飞花逐月
2	A2025001	冯锐	乙大学	理学	73	54	91
3	A2025002	陈艾佳	丁大学	文学	76	93	89
4	A2025003				80	64	59
5	A2025004				76	92	51
6	A2025005				67	85	79
7	A2025006				75	59	58
8	A2025007				72	60	64
9	A2025008	洪嘉豪	丙大学	医学	94	84	67
10	A2025009	李盈霏	乙大学	工学	89	86	73
11	A2025010	郑诗琪	甲大学	理学	70	64	89
12	A2025011	孙悦宁	丁大学	文学	95	73	85
13	A2025012	张允严	丙大学	工学	53	71	81
14	A2025013	孙振轩	甲大学	理学	75	78	85

图 3-28　精确调整其他行行高

动手演练——创建大学生创新创业大赛成绩表

打开“大学生创新创业大赛成绩表 01.xlsx”工作簿（配套资源：素材\模块三\大学生创新创业大赛成绩表 01.xlsx），利用填充的方式输入作品编号，利用数据验证的方式选择输入赛道，完善其他数据内容，并加粗描红显示各项成绩大于 84 分的数据。输入并设置数据后的表格参考效果（部分）如图 3-29 所示（配套资源：效果\模块三\大学生创新创业大赛成绩表 01.xlsx）。

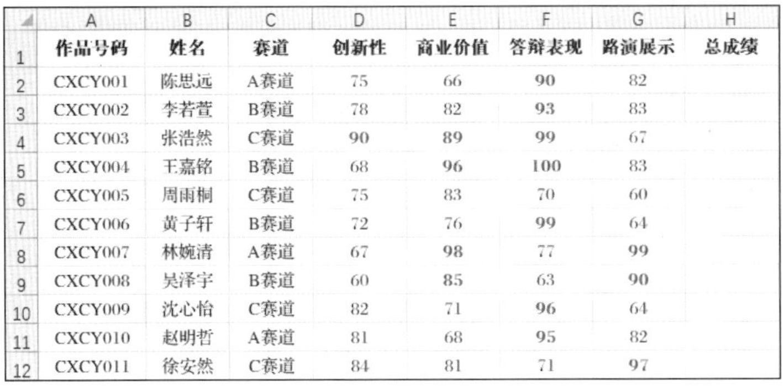

	A	B	C	D	E	F	G	H
1	作品号码	姓名	赛道	创新性	商业价值	答辩表现	路演展示	总成绩
2	CXCY001	陈思远	A赛道	75	66	90	82	
3	CXCY002	李若萱	B赛道	78	82	93	83	
4	CXCY003	张浩然	C赛道	90	89	99	67	
5	CXCY004	王嘉铭	B赛道	68	96	100	83	
6	CXCY005	周雨桐	C赛道	75	83	70	60	
7	CXCY006	黄子轩	B赛道	72	76	99	64	
8	CXCY007	林婉清	A赛道	67	98	77	99	
9	CXCY008	吴泽宇	B赛道	60	85	63	90	
10	CXCY009	沈心怡	C赛道	82	71	96	64	
11	CXCY010	赵明哲	A赛道	81	68	95	82	
12	CXCY011	徐安然	C赛道	84	81	71	97	

图 3-29　输入并设置数据后的表格参考效果（部分）

能力拓展

（一）批量输入数据

如果用户需要在多个单元格中输入相同数据，可以采用批量输入的方法，即先在工作表中选择需要输入数据的单元格或单元格区域（如果需要输入数据的单元格不相邻，则可按住“Ctrl”键逐一选择），再将文本插入点定位至编辑栏中并输入数据，完成输入后按“Ctrl+Enter”组合键，数据就会被填充到所有已选择的单元格中。

（二）快速复制单元格格式

若要在 Excel 中快速为多个单元格设置相同的单元格格式，则可利用鼠标右键复制格式和使用格式刷复制格式两种方法来完成，其具体操作如下。

- 利用鼠标右键复制格式：先在工作表中选择已经设置好格式的单元格或单元格区域，再按"Ctrl+C"组合键进行复制，切换到需要应用相同格式的工作表中，并在需要设置相同格式的单元格或单元格区域上单击鼠标右键，在弹出的快捷菜单中选择"粘贴选项"/"格式"命令，如图 3-30 所示，即可复制单元格的格式。
- 使用格式刷复制格式：在工作表中选择设置好格式的单元格或单元格区域，在"开始"/"剪贴板"组中单击"格式刷"按钮 🖌️，切换到需要设置相同格式的单元格或单元格区域，在需要应用相同格式的单元格或单元格区域上单击或拖曳鼠标，如图 3-31 所示，即可为单元格或单元格区域应用所选的格式。

图 3-30　利用鼠标右键复制格式　　　　图 3-31　使用格式刷复制格式

（三）使用鼠标右键填充有规律的数据

除了利用填充柄填充有规律的数据外，还可以利用鼠标右键进行快速填充。其方法如下：在起始单元格中输入数据后，将鼠标指针移至该单元格右下角的"填充柄"■上，当鼠标指针变为＋形状时，按住鼠标右键进行拖曳，直到拖曳到目标单元格后释放鼠标右键，在弹出的快捷菜单中显示了多种填充方式，如图 3-32 所示，用户可根据实际需要选择所需的填充方式。

图 3-32　使用鼠标右键填充有规律的数据

提示　在工作表中填充有规律的数据时，除了可以使用填充柄和鼠标右键外，还可以在"开始"/"编辑"组中单击"填充"下拉按钮 ⬇️▾，在弹出的下拉列表中选择"序列"选项，打开"序列"对话框，在其中设置类型、步长值、终止值等参数。

任务 3.2　计算中华诗词大赛统计表

任务洞察

仅将数据输入表格并不能充分体现数据价值，还需要对其进行进一步加工，如计算、分析等，从中提取出有价值的信息。本任务将对"中华诗词大赛统计表 02.xlsx"工作簿中的数据进行计算，主要涉及函数的使用，如 SUM、AVERAGE、MAX、MIN、RANK 等函数的使用。

知识赋能

（一）单元格地址与引用

Excel 2021 是通过单元格的地址来引用单元格的，单元格地址是指单元格的行号与列标的组合。例如，在"=500+300+900"中，数据"500"位于 B3 单元格中，其他数据分别位于 C3、D3 单元格中。通过引用单元格地址，在编辑栏中输入公式"=B3+C3+D3"，同样可以获得这 3 个数据的计算结果。

在计算表格中的数据时，通常会通过复制或移动公式来实现快速计算，因此会涉及不同的单元格引用方式。Excel 中有相对引用、绝对引用和混合引用 3 种引用方式，不同的引用方式得到的计算结果也不相同。

- 相对引用：相对引用是指输入公式时直接通过单元格地址来引用单元格。相对引用单元格后，如果将公式复制或移动到其他单元格中，那么公式中引用的单元格地址会根据复制或移动的目标位置发生相应改变。
- 绝对引用：绝对引用是指无论引用单元格中公式的位置如何改变，所引用的单元格均不会发生变化。绝对引用的形式是在单元格的行号和列标前加上符号"$"。
- 混合引用：混合引用包含了相对引用和绝对引用。混合引用有两种形式，一种是行绝对、列相对，如"B$2"表示行不发生变化，但是列会随着位置的变化而发生变化；另一种是行相对、列绝对，如"$B2"表示列不发生变化，但是行会随着位置的变化而发生变化。

（二）认识公式与函数

Excel 中的公式与函数是十分快捷且实用的功能，尤其是在涉及计算表格中的数据时。下面介绍公式与函数的使用方法。

1. 公式的使用方法

Excel 2021 中的公式是对工作表中的数据进行计算的等式，它以"="（等号）开始，其后是公式的表达式。公式的表达式可包含常量、运算符、单元格引用等，如图 3-33 所示。

$$\underset{\text{常量}}{=500}+\underset{\text{运算符}}{G6}\ \text{单元格引用}$$

图 3-33　公式的组成

对公式的操作有输入、编辑和复制 3 种。

- 公式的输入：在 Excel 2021 中输入公式的方法与输入数据的方法类似，只需要将公式输入相应的单元格中，便可计算出结果。输入公式的方法如下：在工作表中选择要输入公式的单元格，在单元格或编辑栏中输入"="，接着输入公式内容，完成后按"Enter"键或单击编辑栏中的"输入"按钮 ✓。

- 公式的编辑：选择含有公式的单元格，将文本插入点定位至编辑栏或单元格中需要修改的位置，按"Backspace"键删除多余或错误的内容，再输入正确的内容，按"Enter"键完成对公式的编辑，Excel 会自动计算新的公式。
- 公式的复制：在 Excel 2021 中复制公式是快速计算数据的方法之一，因为在复制公式的过程中，Excel 会自动改变引用单元格的地址，可避免重复输入公式，提高工作效率。通常使用"开始"选项卡或单击鼠标右键对公式进行复制粘贴；也可以拖曳填充柄对公式进行复制；还可以选择添加了公式的单元格，按"Ctrl+C"组合键进行复制，将文本插入点定位至要粘贴的目标单元格中，按"Ctrl+V"组合键进行粘贴，完成对公式的复制。

> **提示** 在单元格中输入公式后，按"Enter"键可在计算出公式结果的同时选择同列的下一个单元格；按"Tab"键可在计算出公式结果的同时选择同行的下一个单元格；按"Ctrl+Enter"组合键则可在计算出公式结果后，仍保持当前单元格的选中状态。

2. 函数的使用方法

函数可以理解为 Excel 预定义好的某种算法的公式，它使用指定格式的参数来完成数据的计算。函数同样以等号"="开始，后面包括函数名称与结构参数，如图 3-34 所示。Excel 2021 提供了多种函数，每种函数的功能、语法结构及参数的含义各不相同，除了 SUM 函数和 AVERAGE 函数，常用的函数还有 IF、MAX、MIN、COUNT、RANK（包括 RANK.EQ 和 RANK.AVG）、SUMIF 等函数。

图 3-34　函数的组成

任务实现

本任务将对"中华诗词大赛统计表 02.xlsx"中的数据进行计算，其参考效果如图 3-35 所示，其中对不同函数的使用是关键。具体而言，本次操作将首先计算各参赛选手的总分和平均分，再查看各比赛环节的最高分与最低分，最后统计参赛人数并按总分高低对参赛选手进行排名。

	A	B	C	D	E	F	G	H	I	J	K
1	参赛号码	姓名	学校	专业	踏雪寻梅	大浪淘沙	飞花逐月	诗韵流芳	总分	平均分	排名
5	A2025004	汤皓天	丁大学	医学	76	92	51	50	269	67.25	17
6	A2025005	代坤	丙大学	文学	67	85	79	85	316	79	5
7	A2025006	祝蕊怡	丙大学	工学	75	59	58	63	255	63.75	20
8	A2025007	李一城	甲大学	哲学	72	60	64	86	282	70.5	14
9	A2025008	洪嘉豪	丙大学	医学	94	84	67	63	308	77	9
10	A2025009	李盈霏	乙大学	工学	89	86	73	78	326	81.5	4
11	A2025010	郑诗琪	甲大学	理学	70	64	89	54	277	69.25	15
12	A2025011	孙悦宁	丁大学	文学	95	73	85	79	332	83	2
13	A2025012	张允严	丙大学	工学	53	71	81	80	285	71.25	13
14	A2025013	孙振轩	甲大学	理学	75	78	85	53	291	72.75	11
15	A2025014	闫嘉祺	丁大学	工学	80	73	89	94	336	84	1
16	A2025015	张玛丽	乙大学	医学	69	84	89	73	315	78.75	6
17	A2025016	王鹏程	丙大学	哲学	89	60	81	57	287	71.75	12
18	A2025017	毛锐杰	甲大学	哲学	90	71	80	91	332	83	2
19	A2025018	葛青晏	乙大学	理学	59	93	81	68	301	75.25	10
20	A2025019	谢利佳	丁大学	医学	70	50	61	79	260	65	18
21	A2025020	何澄	乙大学	文学	54	59	50	94	257	64.25	19
22				最高分	95	93	91	94			
23				最低分	53	50	50	50			
24				参赛人数	20						

图 3-35　计算"中华诗词大赛统计表 02.xlsx"中的数据的参考效果

（一）使用 DeepSeek 了解函数及其使用方法

微课

使用 DeepSeek
了解函数及其
使用方法

当需要计算数据却不知道应当使用什么函数时，可以借助人工智能工具获取需要的答案，并可以轻松学会不同函数的使用方法。下面使用 DeepSeek 来了解中华诗词大赛统计表中需要用到哪些函数来完成计算，其具体操作如下。

（1）访问并登录 DeepSeek，关闭"联网搜索"功能，在文本框中输入需求，此处可以将表格的结构介绍清楚，让 DeepSeek 更容易理解表格内容，做出准确的判断，如图 3-36 所示。输入需求后单击"提交"按钮↑。

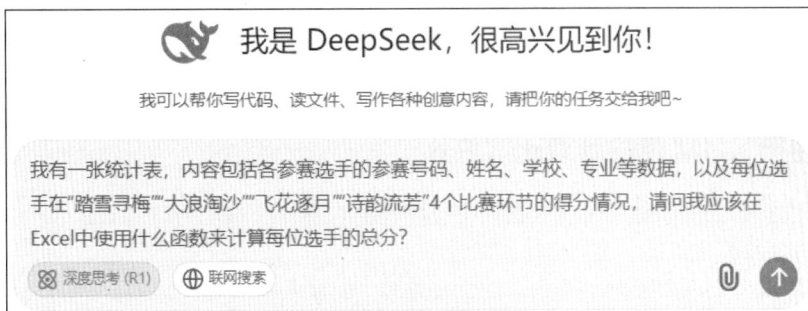

图 3-36　输入需求

（2）DeepSeek 经过推理后会生成相应的内容。仔细查看内容，了解 SUM 函数的使用方法，如图 3-37 所示。

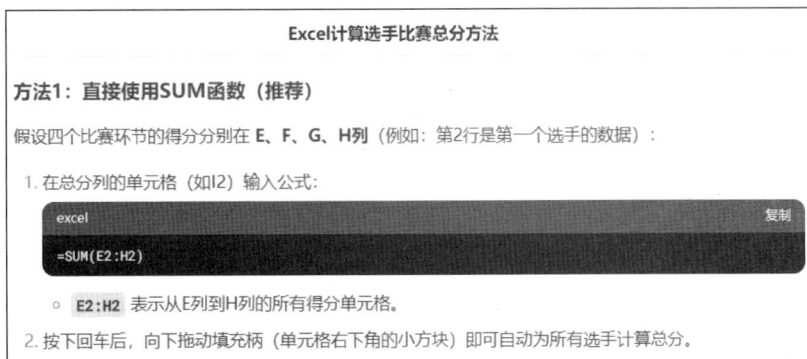

图 3-37　借助 DeepSeek 了解 SUM 函数的使用方法

（3）继续向 DeepSeek 提问，询问如何计算平均分，如图 3-38 所示，然后单击"提交"按钮↑。

图 3-38　询问如何计算平均分

（4）查看 DeepSeek 生成的内容，了解 AVERAGE 函数的使用方法，如图 3-39 所示。

（5）继续按照相同方法向 DeepSeek 提出计算需求，并了解相应函数的使用方法。

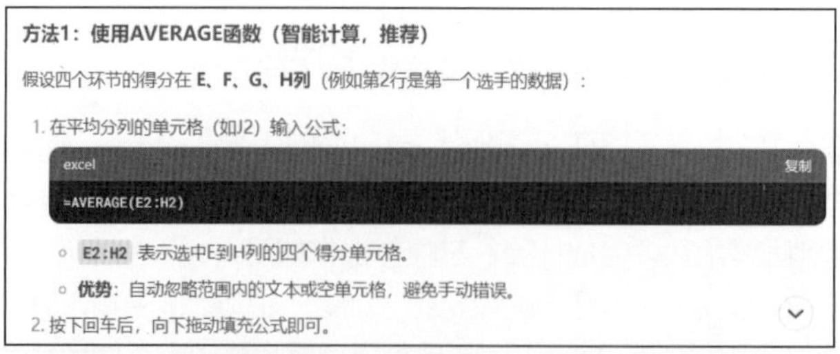

图 3-39 借助 DeepSeek 了解 AVERAGE 函数的使用方法

> **提示** 借助人工智能工具可以提高学习和工作的效率，但这并不表示它所生成的内容是完全准确的，我们在使用人工智能工具时，一方面需要甄别其内容的正确性，另一方面也不能过度依赖人工智能工具。在学习和工作中投机取巧，对于自身素养的提升是没有益处的。

（二）使用 SUM 函数计算比赛总分

SUM 函数主要用于计算某一单元格区域中所有的数字之和。下面使用 SUM 函数计算各参赛选手的比赛总分，其具体操作如下。

（1）打开"中华诗词大赛统计表 02.xlsx"工作簿（配套资源：素材\模块三\中华诗词大赛统计表 02.xlsx），在"A 赛区"工作表中选择 I2 单元格，在"公式"/"函数库"组中单击"自动求和"按钮 ∑。此时，I2 单元格中将自动插入求和函数 SUM，同时 Excel 会自动识别出参与计算的函数参数"E2:H2"，如图 3-40 所示。

微课
使用 SUM 函数
计算比赛总分

（2）直接按"Enter"键完成计算并返回计算结果，如图 3-41 所示。

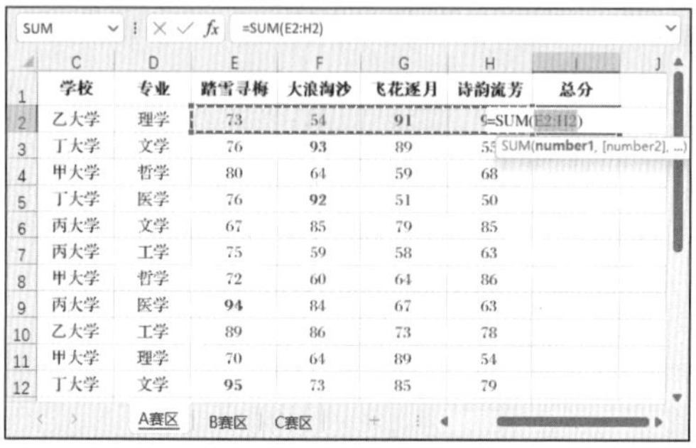

图 3-40 插入 SUM 函数

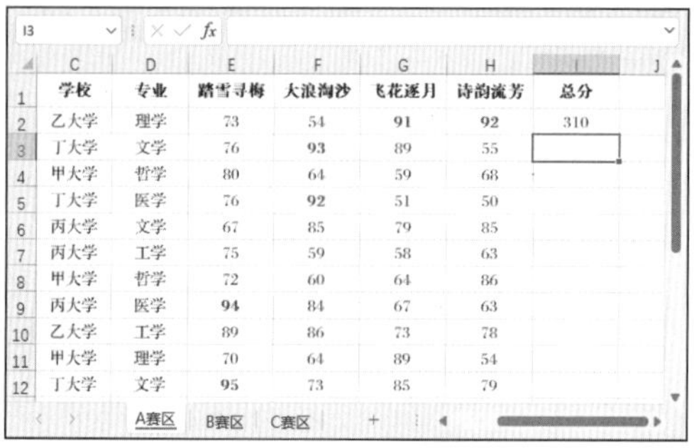

图 3-41 计算总分

（3）重新选择 I2 单元格，将鼠标指针移至该单元格右下角的填充柄上，当其变为 + 形状时，按住鼠标左键不放并向下拖曳至 I21 单元格，释放鼠标左键，Excel 将自动填充出其他选手的总分，如图 3-42 所示。

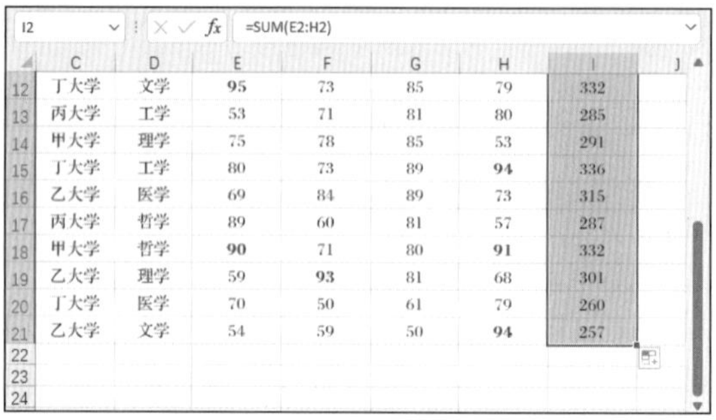

图 3-42 快速填充总分

（三）使用 AVERAGE 函数计算平均分

微课

使用 AVERAGE
函数计算平均分

AVERAGE 函数用来计算某一单元格区域中数据的平均值，即先将单元格区域中的数据相加再除以单元格个数。下面使用AVERAGE函数计算各参赛选手的平均分，其具体操作如下。

（1）选择I1单元格，按"Ctrl+C"组合键复制，再选择J1单元格，按"Ctrl+V"组合键粘贴，然后将内容修改为"平均分"，结果如图 3-43 所示。

	踏雪寻梅	大浪淘沙	飞花逐月	诗韵流芳	总分	平均分
2	73	54	91	92	310	
3	76	93	89	55	313	
4	80	64	59	68	271	
5	76	92	51	50	269	
6	67	85	79	85	316	
7	75	59	58	63	255	
8	72	60	64	86	282	
9	94	84	67	63	308	
10	89	86	73	78	326	
11	70	64	89	54	277	
12	95	73	85	79	332	
13	53	71	81	80	285	

图 3-43 复制并修改表格项目名称

（2）选择 J2 单元格，在"公式"/"函数库"组中单击"自动求和"按钮∑下方（窗口最大化时）的下拉按钮 ，在弹出的下拉列表中选择"平均值"选项，如图 3-44 所示。

（3）此时，Excel 将在 J2 单元格中插入平均值函数"=AVERAGE()"，但误将总分数据也作为了参与平均分计算的参数，如图 3-45 所示。

图 3-44 选择"平均值"选项

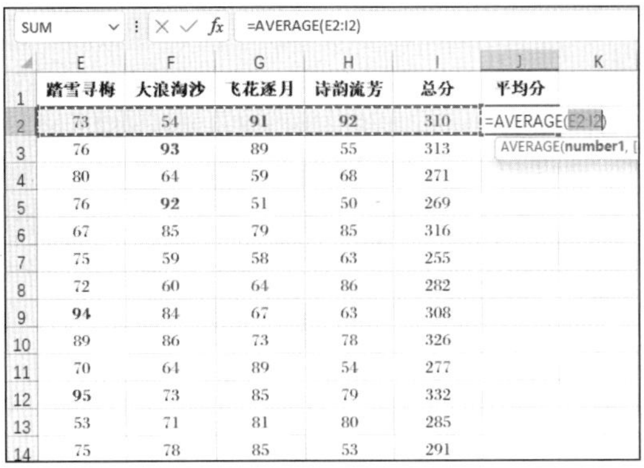

图 3-45 插入 AVERAGE 函数

（4）直接拖曳鼠标选择 E2:H2 单元格区域，修改平均分计算参数，如图 3-46 所示。

（5）按"Enter"键确认计算并返回计算结果，如图 3-47 所示。

（6）重新选择 J2 单元格，向下拖曳其填充柄至 J21 单元格，释放鼠标左键，自动填充其他选手的平均分，结果如图 3-48 所示。注意，这里的数据格式与其他数据格式不一致，此时暂不处理，待完成所有计算操作后一并设置。

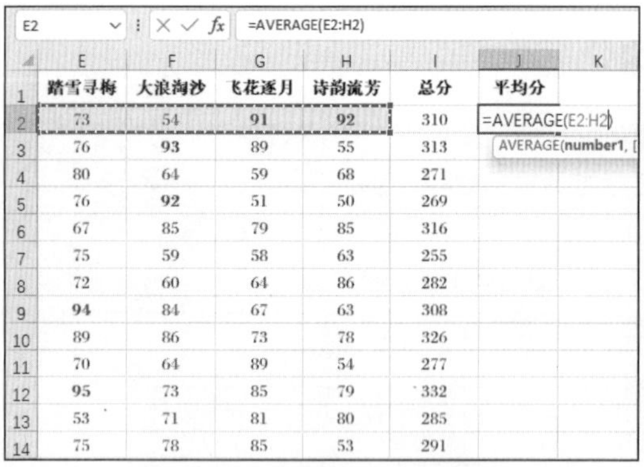

图 3-46　修改平均分计算参数

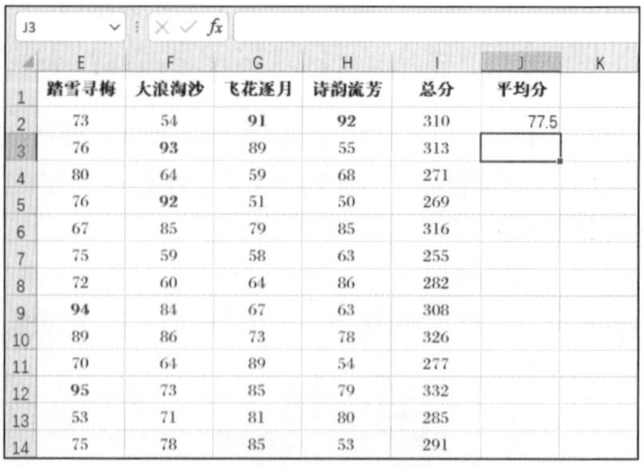

图 3-47　计算平均分

图 3-48　快速填充平均分数据

（四）使用 MAX 函数和 MIN 函数查看各比赛环节的最高分和最低分

MAX 函数和 MIN 函数用于显示一组数据中的最大值和最小值。下面使用 MAX 函数和 MIN 函数计算各比赛环节选手得分的最高分和最低分，其具体操作如下。

（1）分别在 D22 单元格和 D23 单元格中输入"最高分"和"最低分"，加粗显示，适当调整这两行的行高。设置效果如图 3-49 所示。

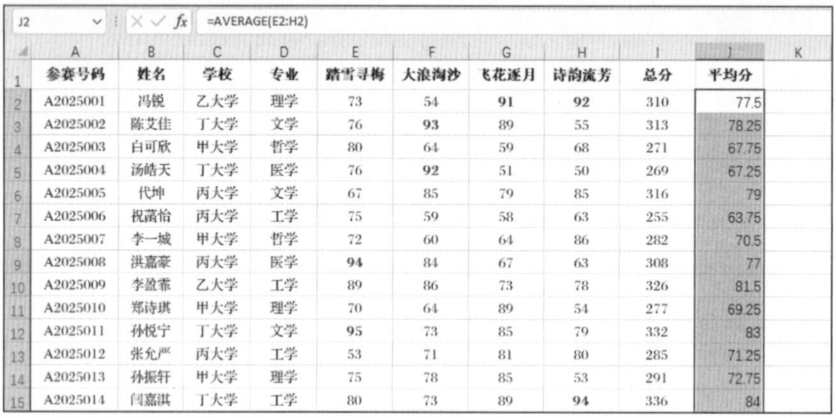

（2）选择 E22 单元格，在"公式"/"函数库"组中单击"自动求和"按钮∑下方的下拉按钮 ∨，在弹出的下拉列表中选择"最大值"选项，如图 3-50 所示。

（3）此时，E22 单元格中将自动插入最大值函数及其参数"=MAX(E2:E21)"，按"Ctrl+Enter"组合键确认计算并返回计算结果，将函数填充至右侧的 F22:H22 单元格区域，计算其他环节的最高分，如图 3-51 所示。

> **提示**　在确认公式或函数时，按"Ctrl+Enter"组合键同样可以确认计算并返回结果，但这种方式确认操作后选择的是当前单元格，这有助于快速查看单元格的公式或函数内容，也便于将公式或函数填充至其他单元格区域。

（4）选择 E23 单元格，在"公式"/"函数库"组中单击"自动求和"按钮∑下方的下拉按钮 ∨，在弹出的下拉列表中选择"最小值"选项，拖曳鼠标将参数范围重新设置为 E2:E21 单元格区域，如图 3-52 所示。

微课

使用 MAX 函数和 MIN 函数查看各比赛环节的最高分和最低分

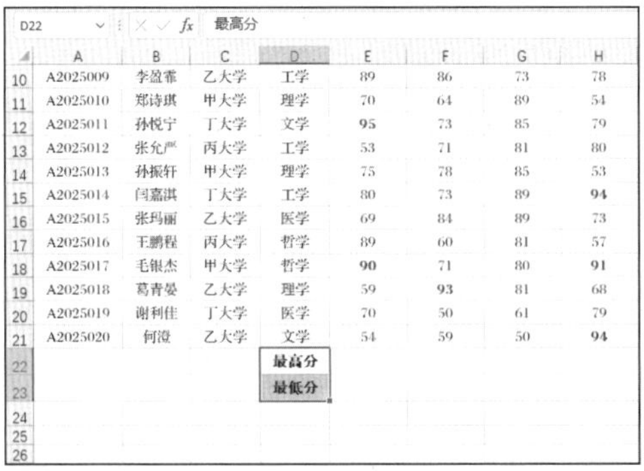

图3-49　添加项目

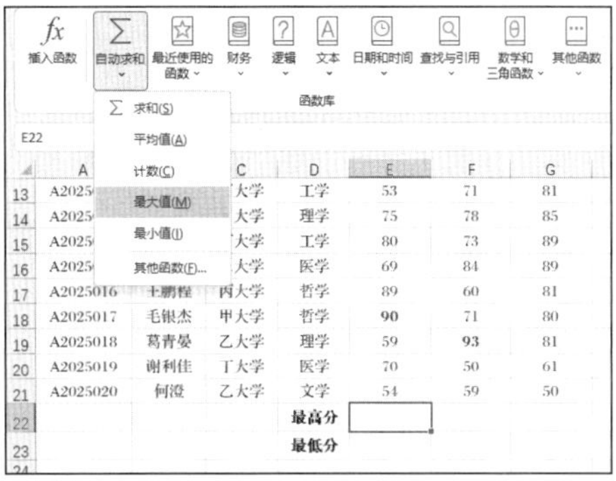

图3-50　选择"最大值"选项

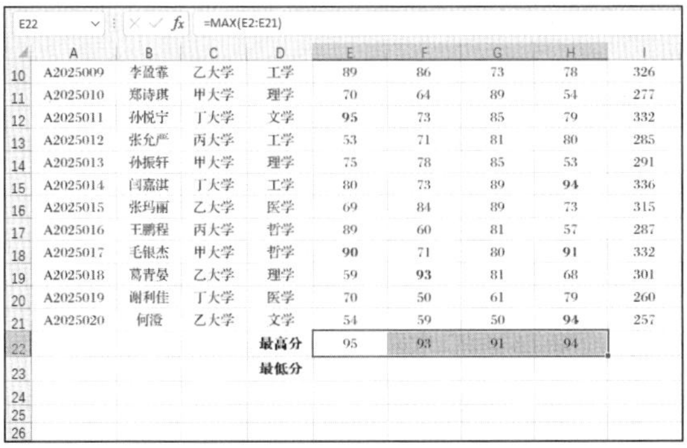

图3-51　计算其他环节的最高分

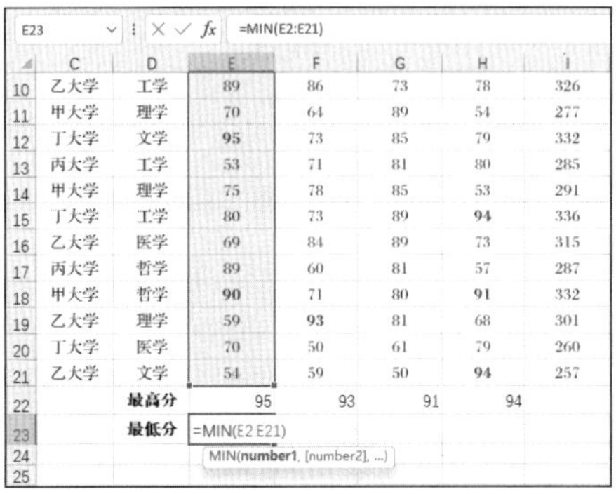

图3-52　修改MIN函数的参数范围

（5）按"Ctrl+Enter"组合键确认计算并返回计算结果，将函数填充至右侧的F23:H23单元格区域，计算其他环节的最低分，如图3-53所示。

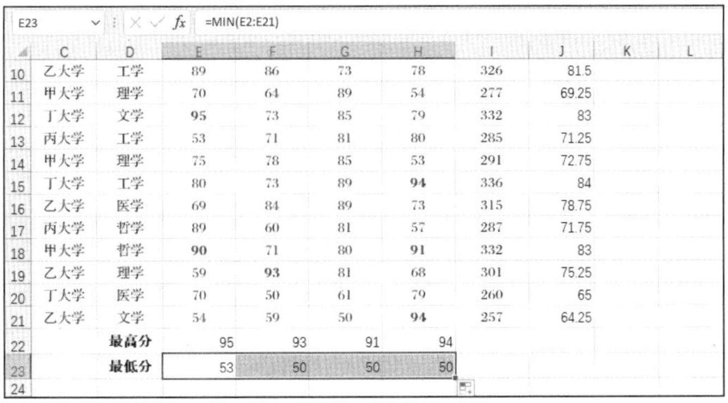

图3-53　计算其他环节的最低分

（五）使用COUNT函数统计参赛人数

COUNT函数用于计算单元格区域中非空单元格的个数。下面使用COUNT函数统计本次中华诗词大赛A赛区的参赛人数，其具体操作如下。

（1）在D24单元格中输入"参赛人数"，加粗显示，适当调整该行的行高。

（2）选择E24单元格，如图3-54所示，单击编辑栏中的"插入函数"按钮 fx 或按"Shift+F3"组合键。

微课

使用COUNT
函数统计参赛
人数

（3）打开"插入函数"对话框，在"或选择类别"下拉列表中选择"统计"选项，在"选择函数"列表框中选择"COUNT"选项，单击 确定 按钮，如图3-55所示。

图3-54　添加项目并插入函数

图3-55　选择"COUNT"选项

（4）打开"函数参数"对话框，删除"Value1"参数框中原有的参数，拖曳鼠标在表格中选择I2:I21单元格区域，将该单元格区域的地址作为COUNT函数的参数，如图3-56所示，单击 确定 按钮。

（5）此时Excel将统计出A赛区的参赛人数并返回统计结果，如图3-57所示。

图3-56　修改COUNT函数的参数

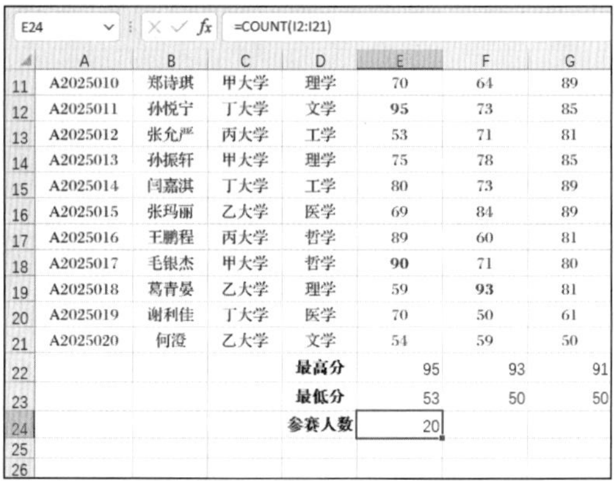

图3-57　返回统计结果

（六）使用RANK函数统计选手排名

RANK函数用于显示某个数据在该数据区域中的大小排名。下面使用RANK函数根据总分高低对参赛选手进行排名，其具体操作如下。

（1）在K1单元格中输入"排名"。选择K2单元格，按"Shift+F3"组合键打开"插入函数"对话框，在"或选择类别"下拉列表中选择"统计"选项，在"选择函数"列表框中选择"RANK.EQ"选项，如图3-58所示，然后单击 确定 按钮。

（2）打开"函数参数"对话框，在"Number"参数框中输入"J2"，单击"Ref"文本框定位文本插入点，拖曳鼠标在表格中选择要计算的J2:J21单元格区域，然后按"F4"键将"Ref"文本框中的单元格引用地址转换为绝对引用形式，如图3-59所示，单击 确定 按钮。

微课

使用RANK函数
统计选手排名

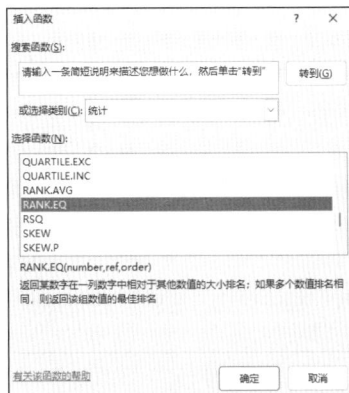

图 3-58 选择 RANK.EQ 函数　　　　　　图 3-59 设置函数参数

提示 上述函数及参数表示在 J2:J21 区域中，统计 J2 单元格中的数据在这个区域中所有数据的大小情况，并根据从大到小的顺序给出排名结果。这里之所以将 J2:J21 单元格区域的地址转换为绝对引用，是为了避免填充函数时单元格区域会发生相对变化。

（3）此时 Excel 便统计出 J2 单元格对应的选手的排名情况，拖曳 K2 单元格的填充柄至 K21 单元格，统计出每位参赛选手的排名情况，如图 3-60 所示。

（4）按"Ctrl+A"组合键全选所有包含数据的单元格，将字体格式设置为"方正宋三简体"，将对齐方式设置为"居中对齐"，美化工作表，效果如图 3-61 所示（配套资源：效果\模块三\中华诗词大赛统计表 02.xlsx）。

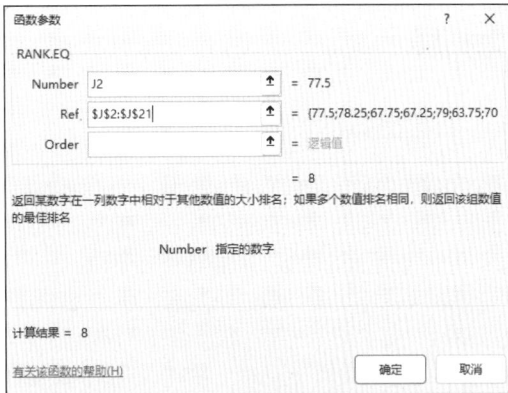

图 3-60 统计各参赛选手的排名情况　　　　图 3-61 美化工作表

动手演练——计算大学生创新创业大赛成绩表

打开"大学生创新创业大赛成绩表 02.xlsx"工作簿（配套资源：素材\模块三\大学生创新创业大赛成绩表 02.xlsx），利用合适的函数计算每位大学生的总成绩、平均成绩和排名。计算后的表格参考效果（部分）如图 3-62 所示（配套资源：效果\模块三\大学生创新创业大赛成绩表 02.xlsx）。

图 3-62 "大学生创新创业大赛成绩表 02.xlsx"工作簿的参考效果（部分）

能力拓展

（一）嵌套函数的使用

当一个函数作为另一函数的参数使用时，该函数就称为嵌套函数。嵌套函数同样可以通过直接输入的方式使用，但当遇到结构复杂的函数或是不熟悉的函数时，用户可以通过插入的方式使用嵌套函数。以 IF 函数为例，使用嵌套函数的具体操作如下。

（1）选择需要显示计算结果的单元格，在"公式"/"函数库"组中单击"逻辑"下拉按钮，在弹出的下拉列表中选择"IF"选项，如图 3-63 所示。

（2）打开"函数参数"对话框，在其中设置函数参数信息，如图 3-64 所示。

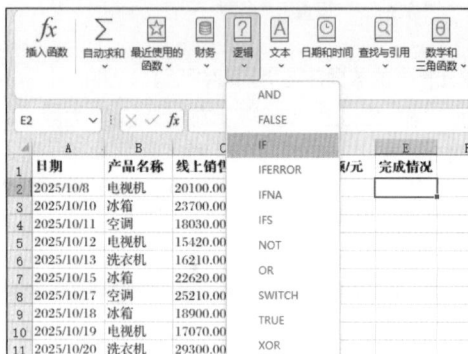

图 3-63 选择"IF"选项

图 3-64 设置函数参数信息

（3）将文本插入点定位至"函数参数"对话框的"Logical_test"文本框，在名称框中选择需要嵌套的函数 SUM，如图 3-65 所示。

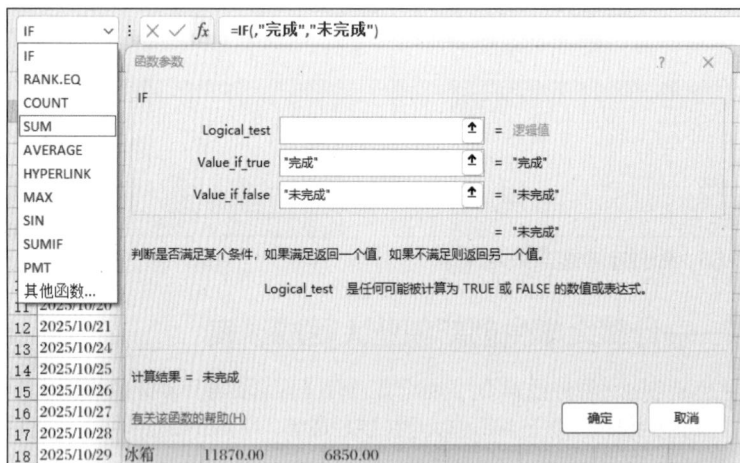

图 3-65 选择嵌套函数

（4）在打开的"函数参数"对话框中设置嵌套函数的各项参数，如图 3-66 所示，完成设置后，单击 确定 按钮。

（5）返回工作表后，将文本插入点定位至编辑栏中，并在嵌套函数 SUM 之后补充逻辑值的判断条件">=25000"。该嵌套函数表示当线上和线下的销售总额大于或等于 25000 时，判断结果为"完成"，否则判断结果为"未完成"，按"Enter"键确认计算并填充计算结果，如图 3-67 所示。

图 3-66 设置嵌套函数参数

图 3-67 确认计算并填充计算结果

> **提示** 将某函数作为另一个函数的参数使用时，该嵌套函数返回值的类型一定要与参数值的类型相同，否则 Excel 会显示错误值"#VALUE!"。除此之外，Excel 允许进行多层嵌套，但最多不能超过 7 层。

（二）定义单元格

用户在对电子表格中的数据进行计算时，通常会录入许多公式或函数，此时，可使用 Excel 的定义单元格功能对参与计算的单元格或单元格区域进行命名操作，这样不仅可以快速定位至需要的单元格或单元格区域，还方便进行数组的计算。

定义单元格的方法如下：选择单元格或单元格区域后，在名称框中输入需要的名称，并按"Enter"键确认即可。例如，将 C2:C19 单元格区域的名称定义为"线上"，将 D2:D19 单元格区域的名称定义为"线下"。设置效果如图 3-68 所示。选择 E2:E19 单元格区域，在编辑栏中输入"=线上+线下"后，按"Enter"键便可快速得到汇总结果，如图 3-69 所示。

图 3-68 定义单元格区域的名称

图 3-69 快速得到汇总结果

（三）不同工作表中的单元格引用

单元格引用不仅可以在同一工作表中进行，还可以在同一工作簿的不同工作表中进行，甚至可以在不同工作簿的工作表中进行。需要注意的是，在不同工作簿中引用单元格时，需要先将这些工作簿打开，再进行引用操作。在不同工作表中进行单元格引用的方法有以下两种。

- 直接引用单元格中的数据：在单元格中输入"="后，切换到相应工作表中，选择需要引用的单元格，按"Enter"键或"Ctrl+Enter"组合键。

- 以参数形式引用单元格中的数据：在单元格中输入“=”后，切换到相应工作表中，选择需要引用的单元格后输入运算符，并继续设置公式的其他内容。

任务 3.3 分析中华诗词大赛统计表

任务洞察

在日常学习和工作中，我们不仅需要使用 Excel 完成数据的计算，许多时候还需要对数据进行统计与分析，这样才能帮助我们从中发现数据的潜在规律。Excel 具备丰富且强大的数据分析功能，无论是管理数据、统计数据还是分析数据，Excel 都能轻松实现。下面通过排序和筛选、分类汇总等功能来分析中华诗词大赛统计表中的数据，介绍使用 Excel 进行数据统计与分析的相关操作。

知识赋能

（一）数据的排序和筛选

在工作表中完成数据的录入操作后，为了便于查阅，有时需要对数据进行排序操作，有时则需要显示数据中某一类特定的信息。此时，用户可以使用 Excel 的“排序和筛选”功能来实现相应操作。下面介绍数据排序和筛选的具体方法。

1. 数据排序

数据排序是统计工作中的一项重要内容，在 Excel 中可将数据按照指定的规律排序。一般情况下，数据排序分为以下 3 种情况。

- 单列数据排序：单列数据排序是指在工作表中以一列单元格中的数据为依据，对工作表中的所有数据进行排序。
- 多列数据排序：在对多列数据进行排序时，需要以某个数据为基础进行排列，该数据称为“关键字”。以关键字对多列数据进行排序时，其他列中的单元格数据将随之发生变化。对多列数据进行排序时，要先选择多列数据对应的单元格区域，再选择关键字，Excel 会自动根据该关键字进行排序，未选择的单元格区域不参与排序。图 3-70 所示为多列数据排序效果，先根据主要关键字“销售总额/元”进行“降序”（即从大到小）排列，若销售总额相同，则再根据次要关键字“线上销售额/元”进行“降序”排列。

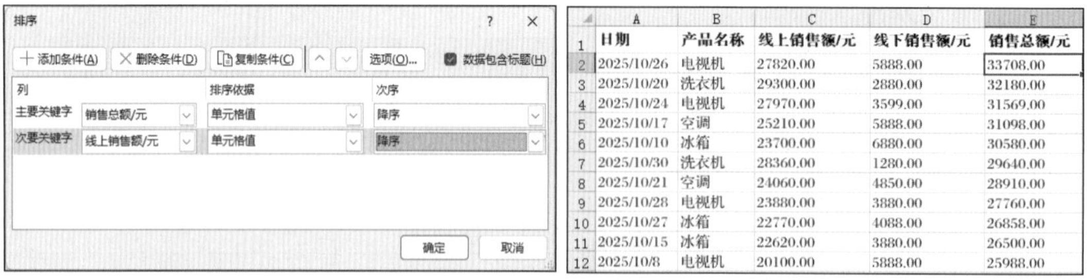

	A	B	C	D	E
1	日期	产品名称	线上销售额/元	线下销售额/元	销售总额/元
2	2025/10/26	电视机	27820.00	5888.00	33708.00
3	2025/10/20	洗衣机	29300.00	2880.00	32180.00
4	2025/10/24	电视机	27970.00	3599.00	31569.00
5	2025/10/17	空调	25210.00	5888.00	31098.00
6	2025/10/10	冰箱	23700.00	6880.00	30580.00
7	2025/10/30	洗衣机	28360.00	1280.00	29640.00
8	2025/10/21	空调	24060.00	4850.00	28910.00
9	2025/10/28	电视机	23880.00	3880.00	27760.00
10	2025/10/27	冰箱	22770.00	4088.00	26858.00
11	2025/10/15	冰箱	22620.00	3880.00	26500.00
12	2025/10/8	电视机	20100.00	5888.00	25988.00

图 3-70 多列数据排序效果

- 自定义排序：使用自定义序列可以设置多个关键字对数据进行排序，并可以使用其他关键字对相同的数据进行排序。图 3-71 所示为自定义序列“冰箱,空调,洗衣机,电视机”进行排序的排序效果。

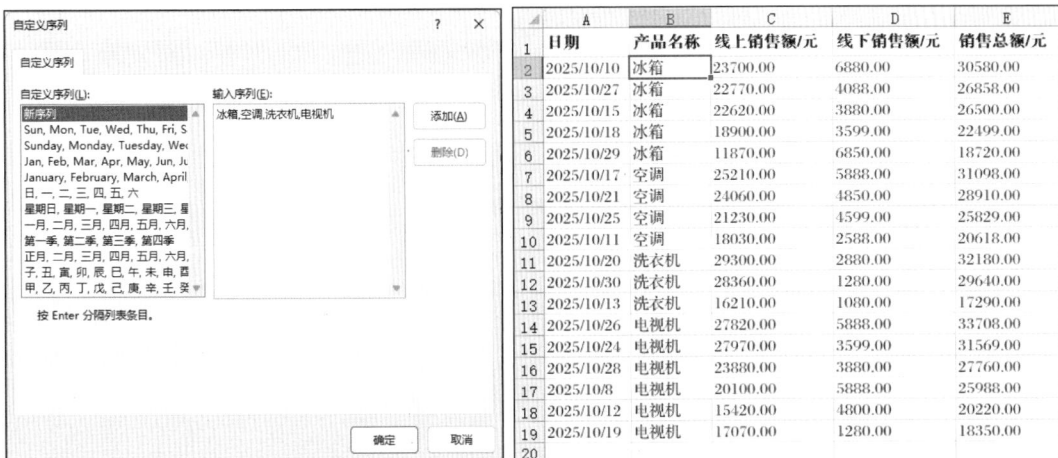

图 3-71 使用自定义序列进行排序的排序效果

2. 数据筛选

数据筛选是对数据进行分析时的常用操作之一。数据筛选分为以下 3 种情况。

- 自动筛选：自动筛选数据即根据用户设定的筛选条件，自动将表格中符合条件的数据显示出来，而表格中的其他数据将会被隐藏。
- 自定义筛选：自定义筛选是在自动筛选的基础上进行的，即先对数据进行自动筛选操作，再单击字段名称右侧的"筛选"按钮▼，在弹出的下拉列表中选择"自定义筛选"选项，在打开的"自定义自动筛选方式"对话框中进行相关设置，如图 3-72 所示。

图 3-72 自定义筛选

- 高级筛选：若用户需要根据自己设置的筛选条件对数据进行筛选，则需要使用高级筛选功能。高级筛选功能可以筛选出同时满足两个或两个以上条件的数据。

（二）数据的分类汇总

数据的分类汇总就是将性质相同或相似的数据放到一起，使它们成为"一类"，并对这类数据进行各种统计计算。分类汇总不仅能使表格的数据结构更加清晰，还能有针对性地对数据进行汇总分析。

选择要进行分类汇总的字段，并对该字段进行排序设置，在"数据"/"分级显示"组中单击"分类汇总"按钮▦，打开"分类汇总"对话框，如图 3-73 所示，在其中设置好分类字段、汇总方式、选定汇总项、汇总结果的显示位置等后，单击 确定 按钮完成分类汇总操作。

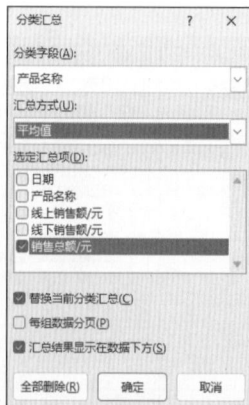

图 3-73 "分类汇总"对话框

（三）图表的种类

利用图表可将抽象的数据直观地表现出来，而将表格中的数据与图形联系起来，可以让数据更加清楚、更容易被理解。Excel 提供了多种标准类型和自定义类型的图表，如柱形图、折线图、条形图、饼图等。

- 柱形图：柱形图主要用于显示一段时间内的数据变化情况或对数据进行对比分析。在柱形图中，通常沿水平坐标轴显示类别，沿垂直坐标轴显示数值。
- 折线图：折线图可直观地显示数据的变化趋势，因此，折线图一般适用于显示在相等时间间隔下数据的变化趋势。在折线图中，沿水平坐标轴均匀分布的是类别，沿垂直坐标轴分布的是数值。
- 条形图：条形图主要用于显示各项目之间的比较情况，使得项目之间的对比关系一目了然。如果表格中的数据是持续型的，那么选择条形图是非常合适的。
- 饼图：饼图用于显示相应数据项占该数据系列总和的比例，饼图中的数据为数据项的占有比例。饼图通常应用于市场份额分析、市场占有率分析等场合，它能直观地表达出每一块区域所占的比例大小。

图表中包含许多元素，默认情况下，Excel 只显示其中部分元素，其他元素可根据需要进行添加。图表元素主要包括图表区、图表标题、坐标轴（水平坐标轴和垂直坐标轴）及坐标轴标题、图例、绘图区、数据系列等。图 3-74 所示为一个簇状柱形图。

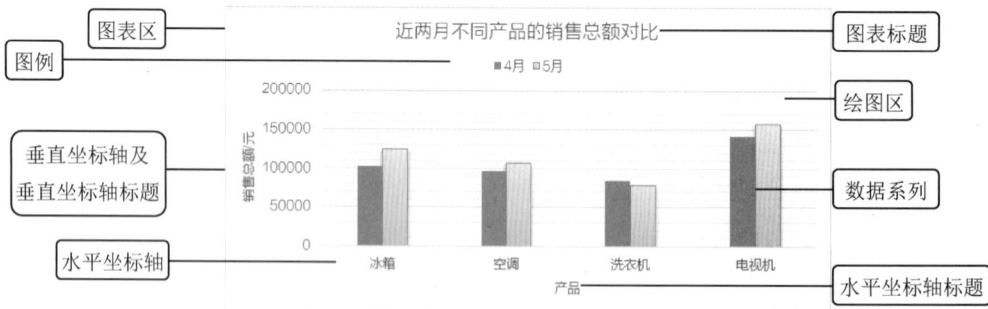

图 3-74 簇状柱形图

- 图表区：图表区是指包含整个图表及全部图表元素的区域。图表区的设置包括对图表区的背景进行填充、对图表区的边框进行设置，以及对三维格式进行设置等。
- 图表标题：图表标题是一段文本，说明图表显示的主要内容。创建图表时，系统一般会自动添加图表标题。若图表中未显示标题，则可以手动添加，并将其放在图表上方或下方。
- 坐标轴及坐标轴标题：坐标轴用于对数据进行度量和分类，它包括水平坐标轴和垂直坐标轴，就簇状柱形图而言，垂直坐标轴一般显示图表数据，水平坐标轴则显示数据分类。另外，为了可以更容易理解坐标轴对应的数据，可以为坐标轴添加坐标轴标题，提升图表可读性。

- 数据系列：数据系列即图表中通过图形显示的一系列数据，这些数据来源于工作表的行或列。图表中的每个数据系列都具有统一的颜色或图案，图表中可以存在多个数据系列。
- 图例：图例用于标识图表中的数据系列或分类指定的图案或颜色，当图表中存在不止一种数据系列时，图例是应该存在的元素，以便区分不同的数据系列。
- 绘图区：绘图区是由坐标轴界定的区域，在二维图表中，绘图区包括所有数据系列。而在三维图表中，绘图区除了包括所有数据系列外，还包括分类名、刻度线标志和坐标轴标题。

（四）认识数据透视表

数据透视表可以对大量数据进行快速汇总并建立交叉列表，它能够清晰地反映出表格中的数据信息。数据透视表是一个动态汇总报表，用户通过它可以对数据信息进行分析和处理。从结构上看，数据透视表由4部分组成，如图3-75所示，各部分的作用如下。

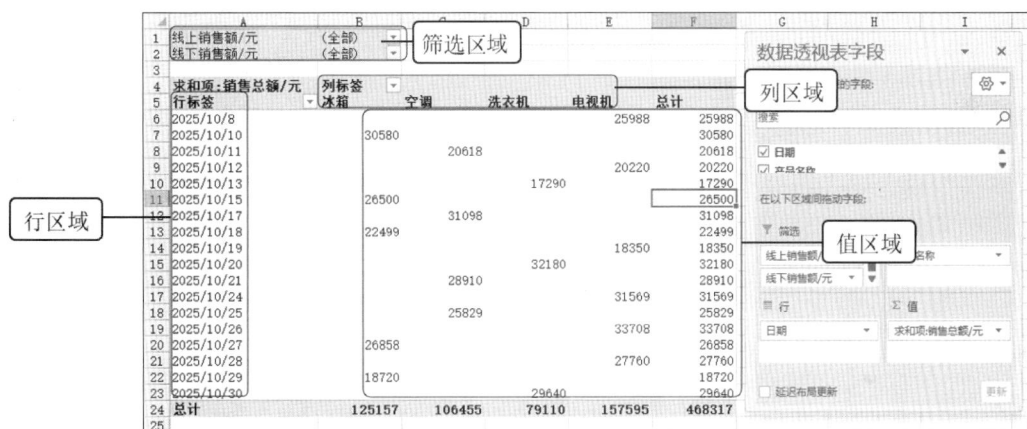

图3-75　数据透视表的组成

- 筛选区域：该区域中的字段将作为数据透视表中的报表筛选字段。
- 行区域：该区域中的字段将作为数据透视表的行标签。
- 列区域：该区域中的字段将作为数据透视表的列标签。
- 值区域：该区域中的字段将作为数据透视表中显示的汇总数据。值的汇总方式默认为"求和"，可以根据需要将其更改为"计数""平均值""最大值""最小值"等。

将字段添加到数据透视表中的操作很简单，在"数据透视表字段"任务窗格中选中要添加字段对应的复选框即可。除此之外，还可以使用以下两种方法来快速添加字段。

- 鼠标右键：在"数据透视表字段"任务窗格中要添加的字段上单击鼠标右键，在弹出的快捷菜单中选择添加字段的位置，如图3-76所示。这种方法适用于用户自定义筛选模式。
- 拖曳鼠标：将鼠标指针定位至要添加的字段上，按住鼠标左键将其拖曳至目标区域中。这种方法便于用户根据自己的需求自定义数据透视表的字段。

图3-76　使用鼠标右键添加字段

任务实现

本任务为分析"中华诗词大赛统计表 03.xlsx"中的数据，参考效果（部分）如图 3-77 所示。其中，利用"排序和筛选"功能查看选手的得分情况，利用"分类汇总"功能对不同学校的参赛选手成绩进行汇总，利用图表对比前 10 名参赛选手的得分，利用数据透视表和数据透视图对不同专业的参赛选手进行分析。

	A	B	C	D	E	F	G	H	I	J	K
1	参赛号码	姓名	学校	专业	踏雪寻梅	大浪淘沙	飞花逐月	诗韵流芳	总分	平均分	排名
2	A2025005	代坤	丙大学	文学	67	85	79	85	316	79	5
3	A2025008	洪嘉豪	丙大学	医学	94	84	67	63	308	77	9
4	A2025016	王鹏程	丙大学	哲学	89	60	81	57	287	71.75	12
5	A2025012	张允严	丙大学	工学	53	71	81	80	285	71.25	13
6	A2025006	祝蕾怡	丙大学	工学	75	59	58	63	255	63.75	20
7			丙大学 平均值						290.2		
8	A2025014	闫嘉淇	丁大学	工学	80	73	89	94	336	84	1
9	A2025011	孙悦宁	丁大学	文学	95	73	85	79	332	83	2
10	A2025002	陈艾佳	丁大学	文学	76	93	89	55	313	78.25	7
11	A2025004	汤峙天	丁大学	医学	76	92	51	50	269	67.25	17
12	A2025019	谢利佳	丁大学	医学	70	50	61	79	260	65	18
13			丁大学 平均值						302		
14	A2025017	毛银杰	甲大学	哲学	90	71	80	91	332	83	2
15	A2025013	孙振轩	甲大学	理学	75	78	85	53	291	72.75	11
16	A2025007	李一城	甲大学	哲学	72	60	64	86	282	70.5	14
17	A2025010	郑诗琪	甲大学	理学	70	64	89	54	277	69.25	15
18	A2025003	白可欣	甲大学	哲学	80	64	59	68	271	67.75	16
19			甲大学 平均值						290.6		
20	A2025009	李盈霏	乙大学	工学	89	86	73	78	326	81.5	4
21	A2025015	张玛丽	乙大学	医学	69	84	89	73	315	78.75	6
22	A2025001	冯锐	乙大学	理学	73	54	91	92	310	77.5	8
23	A2025018	葛青晏	乙大学	理学	59	93	81	68	301	75.25	10
24	A2025020	何澄	乙大学	文学	54	59	50	94	257	64.25	19
25			乙大学 平均值						301.8		
26			总计平均值						296.15		

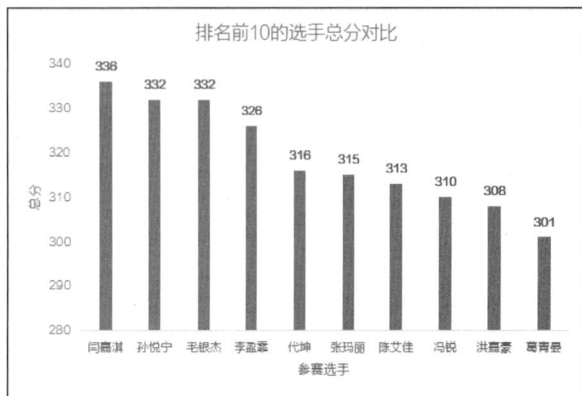

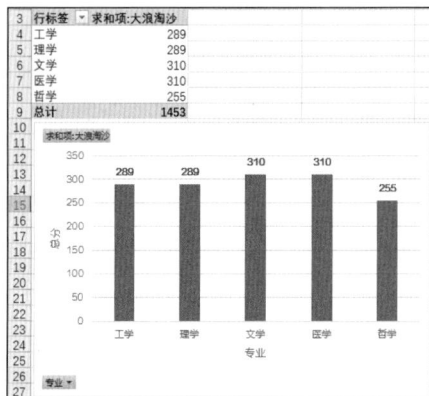

排名前10的选手总分对比

图 3-77　分析"中华诗词大赛统计表 03.xlsx"中数据的参考效果（部分）

（一）排序总分数据

使用 Excel 中的数据排序功能对数据进行排序，有助于直观地显示、组织和查找所需数据。下面在"中华诗词大赛统计表 03.xlsx"工作簿中对总分数据进行降序排序，若总分相同，则按照参赛号码进行升序排序，其具体操作如下。

（1）打开"中华诗词大赛统计表 03.xlsx"工作簿（配套资源：素材\模块三\中华诗词大赛统计表 03.xlsx），在"A 赛区"工作表中选择 A2:K21 单元格区域，在"数据"/"排序和筛选"组中单击 按钮，如图 3-78 所示。

（2）打开"排序"对话框，设置排序依据，在"主要关键字"下拉列表中选择"总分"选项，在"次序"下拉列表中选择"降序"选项。单击 ＋添加条件(A) 按钮，在"次要关键字"下拉列表中选择"参赛号码"选项，在"次序"下拉列表中选择"升序"选项，如图 3-79 所示，单击 确定 按钮。

微课

排序总分数据

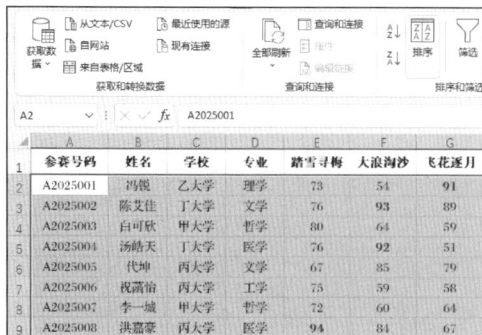

图 3-78　选择参与排序的单元格区域

图 3-79　设置排序依据

（3）Excel 将根据设置的排序依据重新排列数据，排序结果如图 3-80 所示。

图 3-80　排序结果

（二）筛选选手数据

Excel 中的筛选数据功能可以根据需要显示满足某个或某几个条件的数据，隐藏其他数据。下面分别使用自动筛选、自定义筛选和高级筛选等功能，对"中华诗词大赛统计表 03.xlsx"中的选手数据进行筛选管理，其具体操作如下。

（1）在第 22 行的行号上单击鼠标右键，在弹出的快捷菜单中选择"插入"命令，插入一行空行，将选手数据和统计出的最高分、最低分、参赛人数等数据分隔开来，避免将这些统计数据一并纳入筛选范围，如图 3-81 所示。

微课

筛选选手数据

图 3-81　添加空行分隔数据

（2）在"A 赛区"工作表中选择 A1:K21 单元格区域中的任意一个单元格，在"数据"/"排序和筛选"组中单击"筛选"按钮🔽，进入筛选状态，此时列标题中的各单元格右侧将显示"筛选"按钮🔽。

（3）下面筛选"文学"和"哲学"专业的选手数据。在 D1 单元格中单击"筛选"按钮🔽，在弹出的下拉列表中取消选中"工学""理学""医学"复选框，如图 3-82 所示，单击 确定 按钮。

（4）此时工作表中将只显示专业为"文学"和"哲学"的选手数据，自动筛选及筛选结果如图 3-83 所示。

图 3-82　选择要筛选的字段

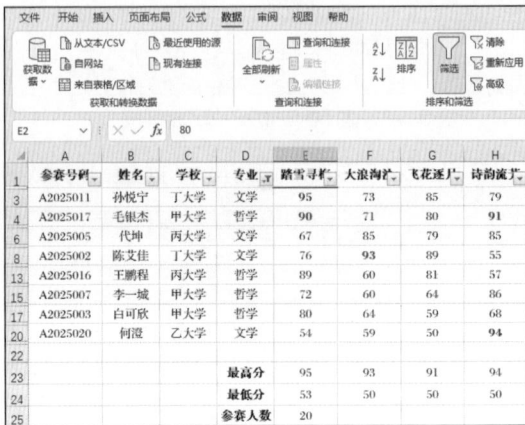

图 3-83　自动筛选及筛选结果

（5）接下来，查看平均分低于 75 分的选手数据，在"数据"/"排序和筛选"组中单击🔽 清除 按钮，显示工作表中的所有数据。

（6）在 J1 单元格右侧单击"筛选"按钮🔽，在弹出的下拉列表中选择"数字筛选"/"小于"选项。

（7）打开"自定义自动筛选方式"对话框，对数据进行自定义筛选，在"小于"下拉列表右侧的下拉列表框中输入"75"，单击 确定 按钮，工作表将仅显示平均分小于 75 分的选手数据，如图 3-84 所示。

图 3-84　自定义筛选及筛选结果

（8）下面借助高级筛选功能查看在第一个环节（"踏雪寻梅"环节）得分低于 80 分、在最后一个环节（"诗韵流芳"环节）得分高于 80 分的选手数据。在"数据"/"排序和筛选"组中单击 ▽ 清除 按钮，显示工作表中的所有数据。

（9）选择 J23 单元格并输入筛选序列"踏雪寻梅"，在 J24 单元格中输入筛选条件"<80"；选择 K23 单元格并输入筛选序列"诗韵流芳"，在 K24 单元格中输入筛选条件">80"，如图 3-85 所示。

（10）在"数据"/"排序和筛选"组中单击 ▽ 高级 按钮，打开"高级筛选"对话框，其中，列表区域自动引用了 A1:K21 单元格区域的绝对地址，在"条件区域"文本框中单击鼠标定位文本插入点，选择工作表中的 J23:K24 单元格区域，引用其绝对地址，如图 3-86 所示，单击 确定 按钮。

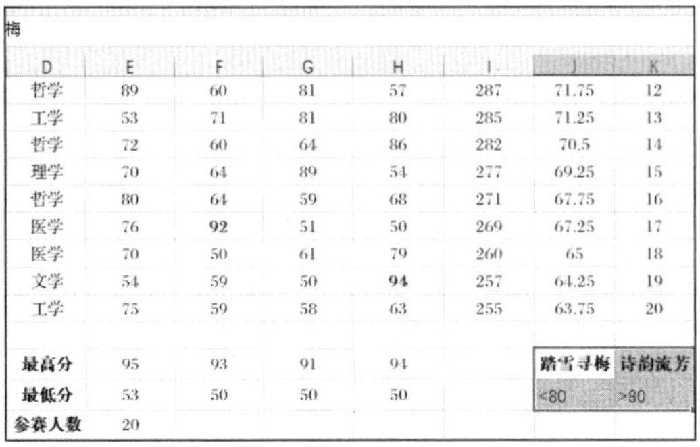

图 3-85 输入高级筛选条件

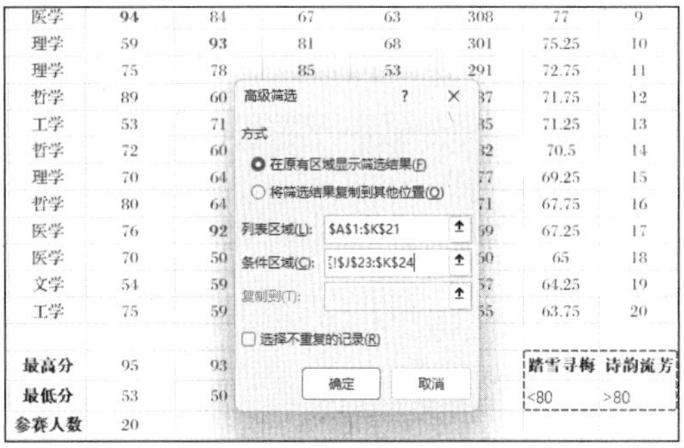

图 3-86 设置高级筛选方式

（11）此时工作表中仅显示出在"踏雪寻梅"环节得分低于 80 分，且在"诗韵流芳"环节得分高于 80 分的选手数据，高级筛选及筛选结果如图 3-87 所示。

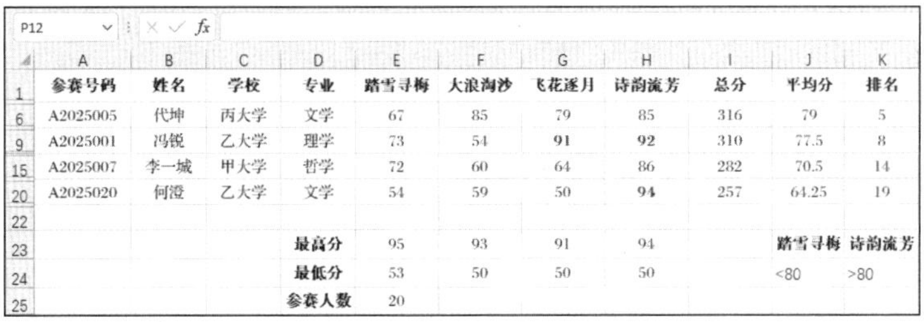

图 3-87 高级筛选及筛选结果

（三）按学校分类汇总平均分

Excel 的"分类汇总"功能可以对表格中的同类数据进行汇总统计，使工作表中的数据更加清晰、直观。下面在"中华诗词大赛统计表 03.xlsx"工作簿中按参赛选手的不同学校对选手数据进行分类，汇总出各学校的选手平均分，其具体操作如下。

（1）选择 A1:K21 单元格区域，按"Ctrl+C"组合键进行复制，切换到"B 赛区"工作表，按"Ctrl+V"组合键进行粘贴。

（2）双击"B 赛区"工作表标签，将该工作表重命名为"分类汇总"。

（3）选择 C2 单元格，在"数据"/"排序和筛选"组中单击"升序"按钮 ↓，按"学校"升序排列选手数据，排列结果如图 3-88 所示。

（4）在"数据"/"分级显示"组中单击"分类汇总"按钮，打开"分类汇总"对话框，在"分类字段"下拉列表中选择"学校"选项，在"汇总方式"下拉列表中选择"平均值"选项，在"选定汇总项"列表框中仅选中"总分"复选框，如图 3-89 所示，单击 确定 按钮。

（5）此时 Excel 将汇总出不同学校的选手平均分，分类汇总结果如图 3-90 所示。

微课

按学校分类汇总
平均分

103

图 3-88　排列结果（按"学校"升序排列）

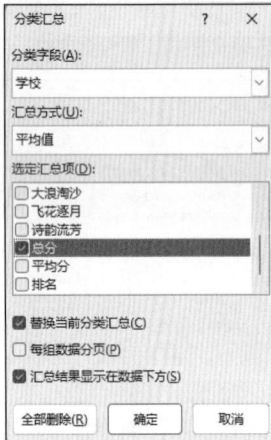

图 3-89　设置分类汇总参数

图 3-90　分类汇总结果

> **提示**　打开已经进行了分类汇总的工作表后，选择任意一个单元格，打开"分类汇总"对话框，单击 全部删除(R) 按钮可将表格中已创建的分类汇总效果删除。

（四）利用图表对比前 10 名选手得分

图表可以将工作表中的数据以图例的方式展现出来。下面在"中华诗词大赛统计表 03.xlsx"工作簿中用柱形图对比前 10 名选手的得分情况，其具体操作如下。

（1）切换到"A 赛区"工作表，选择 B1:B11 单元格区域，按住"Ctrl"键的同时加选 I1:I11 单元格区域。

（2）在"插入"/"图表"组中单击"插入柱形图或条形图"按钮 ，在弹出的下拉列表中选择"二维柱形图"/"簇状柱形图"选项，如图 3-91 所示。

（3）此时工作表中将创建一张簇状柱形图，在"图表设计"/"图表布局"组中单击"快速布局"下拉按钮 ，在弹出的下拉列表中选择"布局 7"选项，如图 3-92 所示。

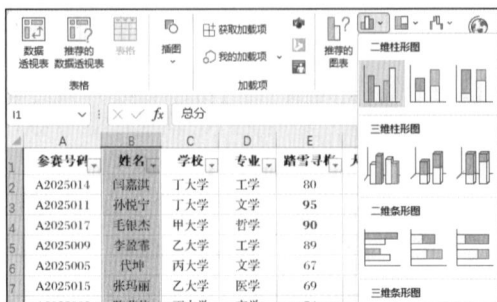

微课

利用图表对比前 10 名选手得分

图 3-91　选择"二维柱形图"/"簇状柱形图"选项

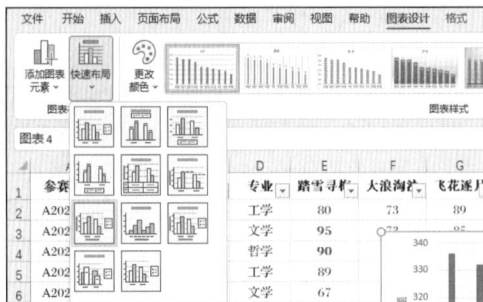

图 3-92　应用快速布局样式

（4）选择图表右侧的图例选项，按"Delete"键删除。依次选择水平和垂直坐标轴的标题，将其修改为"参赛选手"和"总分"，如图 3-93 所示。

（5）在"图表设计"/"图表布局"组中单击"添加图表元素"下拉按钮，在弹出的下拉列表中选择"图表标题"/"图表上方"选项，添加图表标题，如图 3-94 所示。

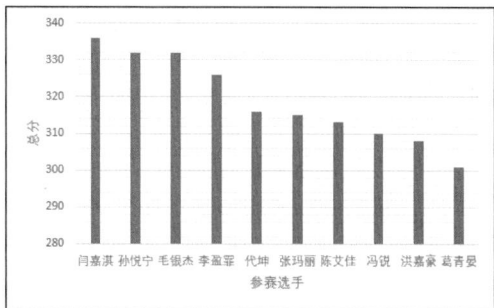

图 3-93　删除图例并修改坐标轴标题

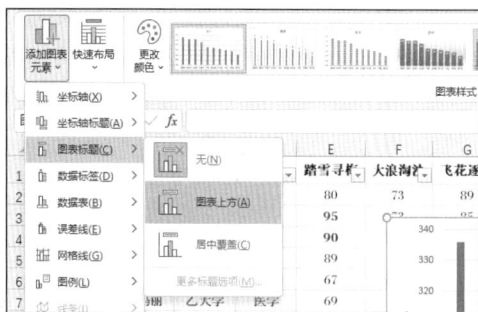

图 3-94　添加图表标题

（6）选择添加的图表标题，将内容修改为"排名前 10 的选手总分对比"，如图 3-95 所示。

（7）再次单击"添加图表元素"按钮，在弹出的下拉列表中选择"数据标签"/"数据标签外"选项，如图 3-96 所示。

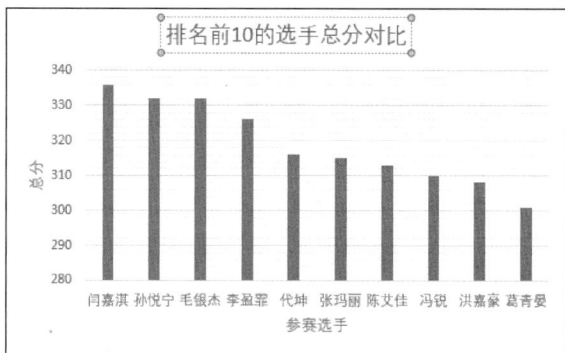

图 3-95　修改图表标题

图 3-96　添加数据标签

（8）单击图表边框选择整个图表，在"开始"/"字体"组中将图表的字体格式设置为"方正兰亭刊黑_GBK"。设置效果如图 3-97 所示。

（9）选择任意一个数据标签，按"Ctrl+B"组合键将其加粗显示。选择绘图区中的网格线，按"Delete"键删除，适当调整图表尺寸，完成图表的创建与设置。最终设置效果如图 3-98 所示。

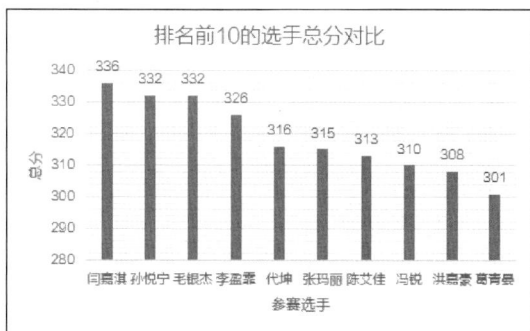

图 3-97　设置字体格式

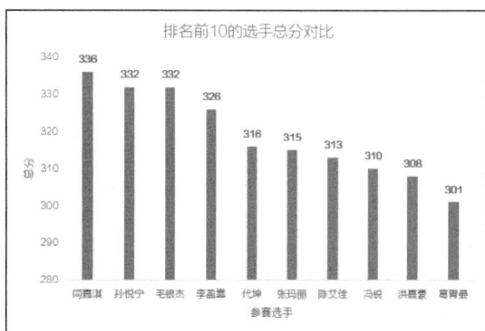

图 3-98　图表的最终设置效果

（五）创建并编辑数据透视表

数据透视表是一种交互式的数据报表，它可以快速汇总大量数据，同时对汇总结果进行筛选，以查看源数据的不同统计结果。下面在"中华诗词大赛统计表 03.xlsx"工作簿中创建并编辑数据透视表，其具体操作如下。

微课
创建并编辑数据
透视表

（1）在"A 赛区"工作表中选择 A1:K21 单元格区域，在"插入"/"表格"组中单击"数据透视表"按钮，打开"创建数据透视表"对话框。

（2）由于已经选择了数据区域，因此只需设置放置数据透视表的位置，这里选中"现有工作表"单选按钮，在"位置"文本框中单击鼠标定位文本插入点，然后在工作表中切换到"C 赛区"工作表，选择 A1 单元格，引用其绝对地址，如图 3-99 所示，单击 确定 按钮。

（3）将"C 赛区"工作表的标签名称修改为"透视分析"，此时该工作表中将显示空白的数据透视表，界面右侧会显示"数据透视表字段"任务窗格。

（4）在"数据透视表字段"任务窗格中将"专业"字段拖曳到"行"下拉列表中，将 4 个比赛环节对应的字段依次拖曳到"值"下拉列表中，完成字段的添加，如图 3-100 所示。

图 3-99　创建数据透视表

图 3-100　添加字段

（5）此时数据透视表中将统计出不同专业的参赛选手在此次比赛各环节的得分，结果如图 3-101 所示。

行标签	求和项:踏雪寻梅	求和项:大浪淘沙	求和项:飞花逐月	求和项:诗韵流芳
工学	297	289	301	315
理学	277	289	346	267
文学	292	310	303	313
医学	309	310	268	265
哲学	331	255	284	302
总计	1506	1453	1502	1462

图 3-101　统计不同专业的参赛选手在各环节的得分

（6）在"数据透视表字段"任务窗格中的"值"下拉列表中选择"求和项:踏雪寻梅"选项，在弹出的下拉列表中选择"值字段设置"选项，如图 3-102 所示。

（7）打开"值字段设置"对话框，在"值汇总方式"选项卡的"计算类型"列表框中选择"平均值"选项，如图 3-103 所示，单击 确定 按钮。

图 3-102　选择"值字段设置"选项

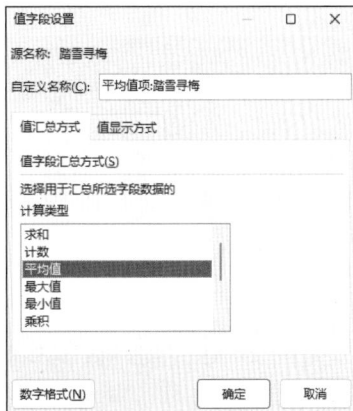

图 3-103　选择汇总方式

（8）按相同方法将"值"下拉列表中的其他 3 个字段的汇总方式调整为"平均值"，此时数据透视表中将同步统计出各专业参赛选手在各比赛环节的平均得分，如图 3-104 所示。

行标签	平均值项:踏雪寻梅	平均值项:大浪淘沙	平均值项:飞花逐月	平均值项:诗韵流芳
工学	74.25	72.25	75.25	78.75
理学	69.25	72.25	86.5	66.75
文学	73	77.5	75.75	78.25
医学	77.25	77.5	67	66.25
哲学	82.75	63.75	71	75.5
总计	75.3	72.65	75.1	73.1

图 3-104　各专业参赛选手在各比赛环节的平均得分

提示　删除"数据透视表字段"任务窗格中已添加的字段的方法如下：选择该字段，在弹出的下拉列表中选择"删除字段"选项，或直接将该字段拖曳出任务窗格。

（六）创建并编辑数据透视图

使用数据透视表分析数据后，为了更加直观地查看数据情况，用户还可以根据数据透视表制作数据透视图。下面在"中华诗词大赛统计表 03.xlsx"工作簿中创建并编辑数据透视图，其具体操作如下。

（1）删除"数据透视表字段"任务窗格中"值"下拉列表中的所有字段，重新将"踏雪寻梅"字段添加到"值"下拉列表中，然后选择数据透视表中的任意一个单元格，在"数据透视表分析"/"工具"组中单击"数据透视图"按钮。

（2）打开"插入图表"对话框，在左侧的列表框中选择"柱形图"选项，在右侧选择"簇状柱形图"选项，单击 [确定] 按钮，根据数据透视表创建出数据透视图。

（3）删除图表标题和图例，添加水平和垂直坐标轴标题并将水平坐标轴标题和垂直坐标轴标题分别修改为"专业"和"总分"。

（4）添加数据标签并加粗显示字，然后将图表的字体格式设置为"方正兰亭刊黑_GBK"，适当调整图表尺寸，此时便可以对比出不同专业在"踏雪寻梅"环节的所有选手总得分情况。设置效果如图 3-105 所示。

（5）将"值"下拉列表中的字段删除，重新将"大浪淘沙"字段添加到"值"下拉列表中，此时便可以对比在"大浪淘沙"环节不同专业的所有选手总得分情况。设置效果如图 3-106 所示。

微课

创建并编辑数据透视图

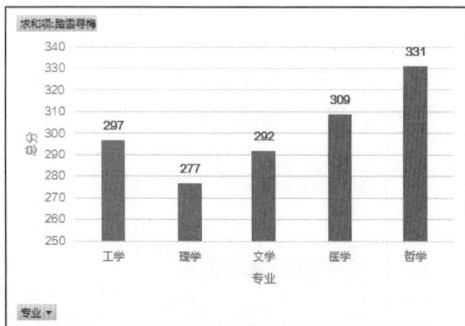

图 3-105 对比"踏雪寻梅"环节得分

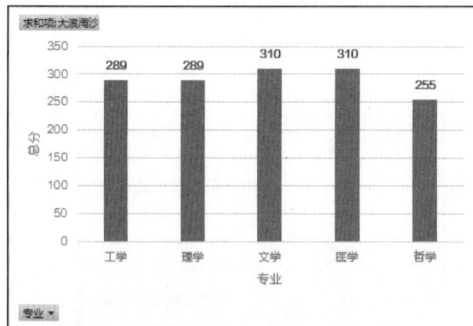

图 3-106 对比"大浪淘沙"环节得分

（七）使用 Excel AI 分析数据

Excel AI 是一款用于电子表格处理的智能插件，将它下载并安装后，会在 Excel 2021 的功能区自动添加"Excel AI"选项卡，在该选项卡的"账号"组中利用"登录"按钮注册并登录 Excel AI 就可以正常使用该插件了。下面利用 Excel AI 完成表格数据的智能分析，其具体操作如下。

（1）在"中华诗词大赛统计表 03.xlsx"工作簿中切换到"A 赛区"工作表，选择 A1:H21 单元格区域，在"Excel AI"/"数据"组中单击"数据分析[免费]"按钮，如图 3-107 所示。

（2）打开"Excel AI – 智能数据分析"对话框，在"分析角度"下拉列表中选择"比较分析"选项，在"分析要求（选填）"文本框中输入分析需求，如图 3-108 所示，然后单击 提交 按钮。

图 3-107 选择分析的数据区域

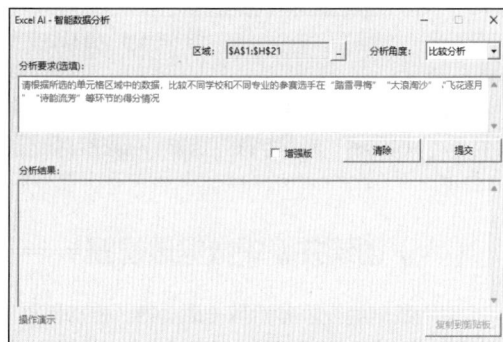

图 3-108 设置分析需求

（3）Excel AI 将开始分析数据并生成分析结果，如图 3-109 所示（配套资源：效果\模块三\中华诗词大赛统计表 03.xlsx）。

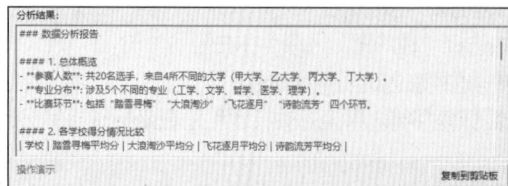

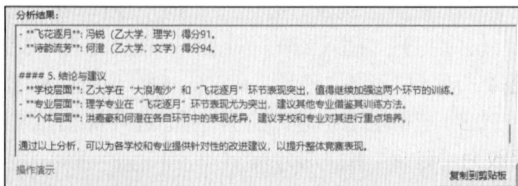

图 3-109 分析数据并生成分析结果

> **提示** Excel AI 除了具有智能数据分析功能，还具有智能函数、智问公式、智换公式等实用功能。例如，使用其"智问公式"功能，可以向其提出数据计算需求，Excel AI 将根据需求生成合适的公式，并给出公式的解释，让用户可以根据需要获取正确的计算公式。

动手演练——分析大学生创新创业大赛成绩表

打开"大学生创新创业大赛成绩表 03.xlsx"工作簿（配套资源：素材\模块三\大学生创新创业大赛成绩表 03.xlsx），按排名结果升序排列数据，筛选出平均成绩低于 80 分的数据记录。随后取消筛选状态，汇总出不同赛道的平均成绩。最后，创建不同赛道的平均成绩对比图，参考效果（部分）如图 3-110 所示（配套资源：效果\模块三\大学生创新创业大赛成绩表 03.xlsx）。

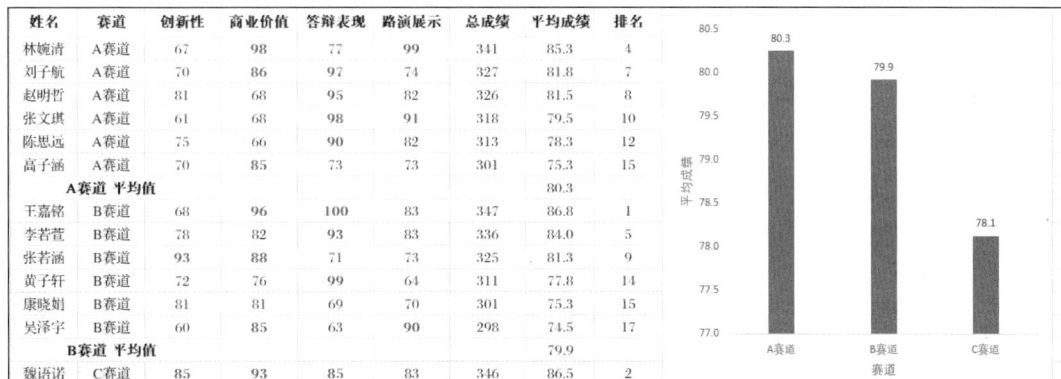

姓名	赛道	创新性	商业价值	答辩表现	路演展示	总成绩	平均成绩	排名
林婉清	A赛道	67	98	77	99	341	85.3	4
刘子航	A赛道	70	86	97	74	327	81.8	7
赵明哲	A赛道	81	68	95	82	326	81.5	8
张文琪	A赛道	61	68	98	91	318	79.5	10
陈思远	A赛道	75	66	90	82	313	78.3	12
高子涵	A赛道	70	85	73	73	301	75.3	15
A赛道 平均值							80.3	
王嘉铭	B赛道	68	96	100	83	347	86.8	1
李若萱	B赛道	78	82	93	83	336	84.0	5
张若涵	B赛道	93	88	71	73	325	81.3	9
黄子轩	B赛道	72	76	99	64	311	77.8	14
康晓娟	B赛道	81	81	69	70	301	75.3	15
吴泽宇	B赛道	60	85	63	90	298	74.5	17
B赛道 平均值							79.9	
魏语诺	C赛道	85	93	85	83	346	86.5	2

图 3-110 "大学生创新创业大赛成绩表 03.xlsx"工作簿的参考效果（部分）

能力拓展

（一）使用切片器实现快速筛选

Excel 2021 为用户提供了切片器功能，使用切片器不仅能筛选数据，还能快速且直观地查看筛选信息。切片器其实是一组筛选按钮，包括切片器标题、筛选按钮列表、"清除筛选器"按钮 🔽 、"多选"按钮 ⥥ 等，如图 3-111 所示。

图 3-111 切片器的组成

- 切片器标题：切片器标题用于显示数据透视表的行区域中的字段名称。
- 筛选按钮列表：筛选按钮列表用于显示数据透视表中的项目类别。其中，深蓝色按钮表示对应项目处于筛选状态；白色按钮表示对应项目未处于筛选状态。
- "清除筛选器"按钮：单击该按钮可以清除筛选按钮列表中的筛选状态。
- "多选"按钮：单击该按钮可以同时选中切片器中的多个筛选按钮，若未单击该按钮，则只能选择切片器筛选按钮列表中的一个筛选按钮。

使用切片器的方法如下：在工作表中创建一张数据透视表或数据透视图，再选择数据透视表区域中的任意一个单元格，在"插入"/"筛选器"组中单击"切片器"按钮 📑 ，打开"插入切片器"对话框，在其中选择要为其创建切片器的数据透视表字段对应的复选框后，单击 确定 按钮。返回工作表后，系统将为所选字段创建一个切片器，在切片器中单击要筛选的项目便可实现快速筛选，如图 3-112 所示。

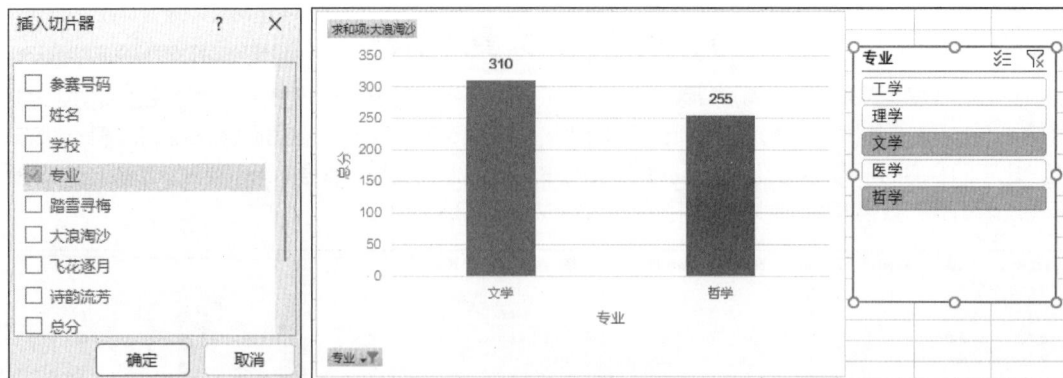

图 3-112　使用切片器实现快速筛选

（二）在图表中添加图片

在使用 Excel 生成图表时，如果希望图表能更加生动、美观，可以使用图片来填充默认的单色数据系列。为图表中的数据系列填充图片的方法如下：在 Excel 中插入一张图片，按"Ctrl+C"组合键复制，选择图表中的一组数据系列，按"Ctrl+V"组合键粘贴。设置效果如图 3-113 所示。接着在该数据系列上单击鼠标右键，在弹出的快捷菜单中选择"设置数据系列格式"选项，打开"设置数据系列格式"任务窗格，单击"填充与线条"按钮◇，展开"填充"选项，选中"层叠"单选按钮，此时数据系列中的图片便会以层叠的方式显示，效果如图 3-114 所示。

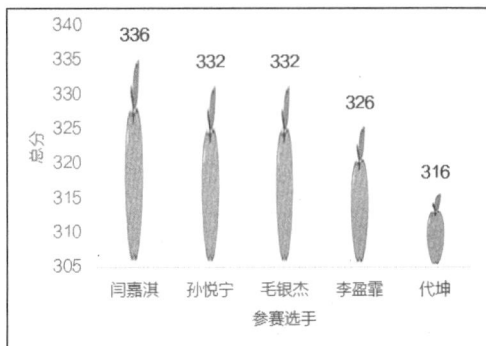

图 3-113　复制图片并粘贴

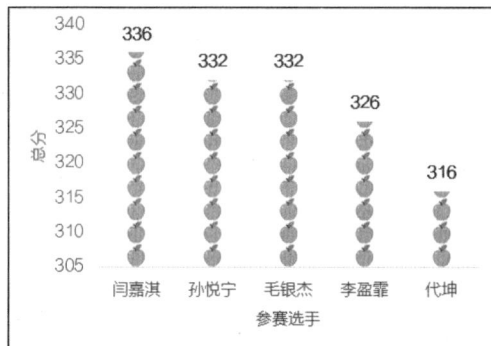

图 3-114　设置层叠显示方式

提示　在对插入的图表进行美化时，除了可以为图表添加图片，还可以为图片设置渐变或纹理效果。其方法与添加图片类似，即在弹出的快捷菜单中选择"填充"/"渐变"或"填充"/"纹理"选项，并按需求做进一步设置。

任务 3.4　保护并打印中华诗词大赛统计表

任务洞察

对于重要的表格数据而言，用户可以使用 Excel 提供的工作簿、工作表、单元格保护功能对其进行加密设置，以达到保护文件的目的。当需要使用数据时，也可以通过打印的方式将其打印出来进行浏览。下面利用这些功能对中华诗词大赛统计表进行加密保护和打印处理。

知识赋能

（一）工作簿、工作表和单元格的保护

为避免电子表格中的重要数据被恶意修改或破坏，Excel 提供了全面的数据保护功能，包括工作簿的保护、工作表的保护及单元格的保护等。下面介绍实现这些数据保护功能的操作方法。

1. 保护工作簿

保护工作簿是指将工作簿设为保护状态，禁止他人访问、查看和修改。对工作簿进行保护设置可以防止他人随意调整工作表窗口的大小或更改工作表标签。保护工作簿的方法如下：打开要进行保护的工作簿，选择"文件"/"信息"命令，打开"信息"界面，单击"保护工作簿"下拉按钮🔓，在弹出的下拉列表中选择"用密码进行加密"选项，打开"加密文档"对话框，输入密码后，单击 确定 按钮，打开"确认密码"对话框，输入相同的密码，单击 确定 按钮，完成工作簿的保护设置，设置过程如图 3-115 所示。

对工作簿进行保护后，再次打开该工作簿时，系统会自动打开一个"密码"对话框，提示用户当前工作簿有密码保护，需要输入正确的密码后才能打开该工作簿。

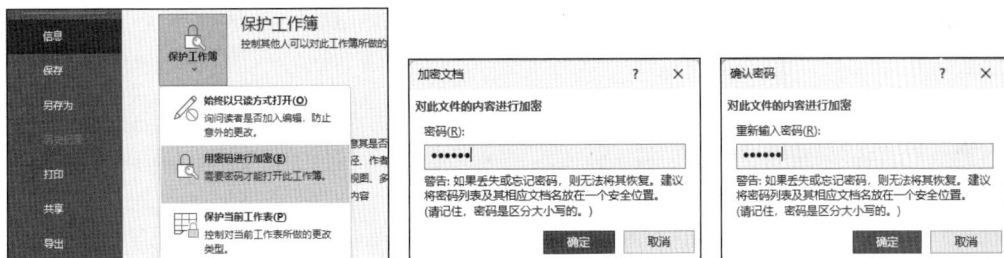

图 3-115　保护工作簿的设置过程

2. 保护工作表

保护工作表实质上是为工作表设置一些限制条件，从而起到保护工作表内容的作用，其方法如下：选择要保护的工作表，在"审阅"/"保护"组中单击"保护工作表"按钮，打开"保护工作表"对话框，在"取消工作表保护时使用的密码"文本框中输入密码，并选中允许用户进行的操作，如图 3-116 所示，单击 确定 按钮。打开"确认密码"对话框，输入相同密码后，单击 确定 按钮，完成工作表的保护设置。

设置完成后，当需要对工作表中的数据进行编辑时，系统将打开提示对话框，提示用户只有取消工作表保护后才能对数据进行更改，提示对话框如图 3-117 所示。

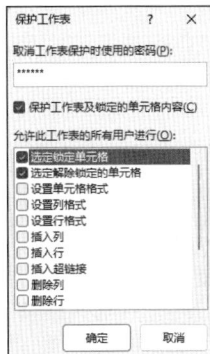

图 3-116　设置工作表保护

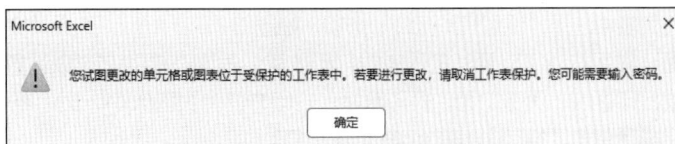

图 3-117　保护工作表的提示对话框

3. 保护单元格

制作 Excel 电子表格时，有时需要对工作表中的个别单元格进行保护，以免对其中的重要数据进行误操作。对单元格进行保护的方法如下。

（1）打开要保护单元格的工作表，单击第 1 行行号和 A 列列标相交处的"全选"按钮 ◢，全选所有单元格，在"开始"/"单元格"组中单击 圖 格式▾ 下拉按钮，在弹出的下拉列表中选择"设置单元格格式"选项。

（2）打开"设置单元格格式"对话框，选择"保护"选项卡，取消选中"锁定"复选框，如图 3-118 所示，单击 确定 按钮。

（3）返回工作表后，选择当前工作表中需要保护的单元格或单元格区域，重新打开"设置单元格格式"对话框，选择"保护"选项卡，选中"锁定"复选框，单击 确定 按钮。

（4）在"审阅"/"保护"组中单击"保护工作表"按钮，打开"保护工作表"对话框，在"取消工作表保护时使用的密码"文本框中输入密码，在"允许此工作表的所有用户进行"列表框中仅选中"选定解除锁定的单元格"复选框，如图 3-119 所示，表示用户只能在此工作表中选择没有被锁定的单元格区域，单击 确定 按钮。打开"确认密码"对话框，再次输入相同的密码后，单击 确定 按钮，完成单元格的保护设置。

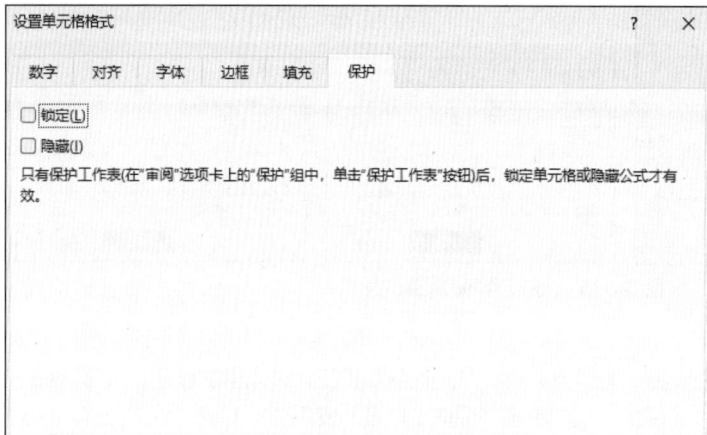

图 3-118　取消选中"锁定"复选框

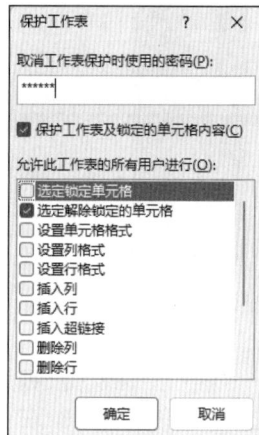

图 3-119　选中"选定解除锁定的单元格"复选框

> **提示**　单元格的保护需要和工作表的保护结合起来使用，若只保护了单元格，但未对工作表进行保护设置，则无法达到保护单元格的目的。只有为工作表和单元格同时进行保护设置后，才能实现单元格的保护。

（二）工作表的打印设置

工作表制作完成后，可以将其打印出来，但在打印之前，用户还需要设置打印区域，其方法如下：选择要打印的单元格区域，在"页面布局"/"页面设置"组中单击"打印区域"下拉按钮，在弹出的下拉列表中选择"设置打印区域"选项，如图 3-120 所示。选择"文件"/"打印"命令，打开"打印"界面，界面右侧可以预览工作表的打印效果，界面左侧除了可以设置打印份数、选择打印机外，还可以设置打印区域、页数范围、打印顺序、打印方向、页面大小、页边距等打印参数，如图 3-121 所示，设置完成后单击"打印"按钮 即可进行打印。

图 3-120　选择"设置打印区域"选项

图 3-121　设置打印参数

任务实现

本任务首先对"中华诗词大赛统计表 04.xlsx"工作簿进行美化设置，涉及对工作表背景的添加及对工作表主题和样式的应用；接着，将重点对单元格和工作表进行保护设置，对工作簿进行保护与共享设置；最后，将打印指定的数据区域。图 3-122 所示为本任务的参考效果（部分）。

	A	B	C	D	E	F	G	H	I	J	K
1	参赛号码	姓名	学校	专业	踏雪寻梅	大浪淘沙	飞花逐月	诗韵流芳	总分	平均分	排名
2	A2025005	代坤	丙大学	文学	67	85	79	85	316	79	5
3	A2025008	洪嘉豪	丙大学	医学	94	84	67	63	308	77	9
4	A2025016	王鹏程	丙大学	哲学	89	60	81	57	287	71.75	12
5	A2025012	张允严	丙大学	工学	53	71	81	80	285	71.25	13
6	A2025006	祝满怡	丙大学	工学	75	59	58	63	255	63.75	20
7			丙大学 平均值						290.2		
8	A2025014	闫嘉淇	丁大学	工学	80	73	89	94	336	84	1
9	A2025011	孙悦宁	丁大学	文学	95	73	85	79	332	83	2
10	A2025002	陈艾佳	丁大学	文学	76	93	89	55	313	78.25	7
11	A2025004	汤皓天	丁大学	医学	76	92	51	50	269	67.25	17
12	A2025019	谢利佳	丁大学	医学	70	50	61	79	260	65	18
13			丁大学 平均值						302		
14	A2025017	毛银杰	甲大学	哲学	90	71	80	91	332	83	2
15	A2025013	孙振轩	甲大学	理学	75	78	85	53	291	72.75	11
16	A2025007	李一城	甲大学	哲学	72	60	64	86	282	70.5	14
17	A2025010	郑诗琪	甲大学	理学	70	64	89	54	277	69.25	15
18	A2025003	白可欣	甲大学	哲学	80	64	59	68	271	67.75	16
19			甲大学 平均值						290.6		
20	A2025009	李盈霏	乙大学	工学	89	86	73	78	326	81.5	4
21	A2025015	张玛丽	乙大学	哲学	69	84	89	73	315	78.75	6
22	A2025001	冯锐	乙大学	理学	73	54	91	92	310	77.5	8

图 3-122　"中华诗词大赛统计表 04.xlsx"工作簿的参考效果（部分）

（一）设置工作表背景

在默认情况下，Excel 工作表中的数据呈白底黑字显示，为了使工作表更美观，用户除了可以为其填充颜色外，还可以插入图片作为背景。下面在"中华诗词大赛统计表 04.xlsx"工作簿中添加背景图片，其具体操作如下。

（1）打开"中华诗词大赛统计表 04.xlsx"工作簿（配套资源：素材\模块三\中华诗词大赛统计表 04.xlsx），选择"A 赛区"工作表，在"页面布局"/"页面设置"组中单击"背景"按钮，打开"插入图片"对话框，如图 3-123 所示，选择"从文件"选项。

（2）打开"工作表背景"对话框，选择"bj.jpg"图片（配套资源：素材\模块三\bj.jpg），单击 插入(S) 按钮。

（3）返回工作表，可查看将工作表背景设置为图片后的效果，如图 3-124 所示。

微课

设置工作表背景

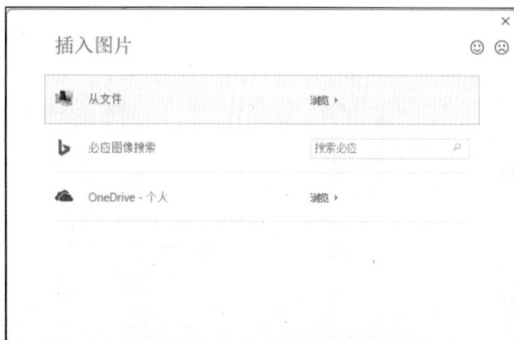

图 3-123 "插入图片"对话框

图 3-124 将工作表背景设置为图片后的效果

（二）设置工作表主题和样式

在编辑电子表格的过程中，用户除了可以对工作表中的数据进行计算与分析外，还可以对工作表的主题和样式进行设置，使表格更加美观。

1. 设置工作表主题

在 Excel 中新建一个工作簿或工作表后，显示的是 Excel 的默认主题。用户如果更换主题，则可以选择 Excel 提供的其他主题，并对该主题中的字体、格式等进行修改。下面在"中华诗词大赛统计表 04.xlsx"工作簿中为工作表设置主题效果，其具体操作如下。

（1）在"页面布局"/"主题"组中单击"主题"下拉按钮，在弹出的下拉列表中选择"柏林"选项，如图 3-125 所示，快速为工作表应用主题效果。

（2）在"页面布局"/"主题"组中单击 文 字体 下拉按钮，在弹出的下拉列表中选择"自定义字体"选项。打开"新建主题字体"对话框，在"中文"选项组中的"标题字体（中文）"下拉列表中选择"方正兰亭中黑简体"选项，在"正文字体（中文）"下拉列表中选择"宋体"选项，如图 3-126 所示，单击 保存(S) 按钮。此后，表格中应用了标题字体（中文）和正文字体（中文）的数据便将同步修改为自定义主题的字体格式。

微课
设置工作表主题

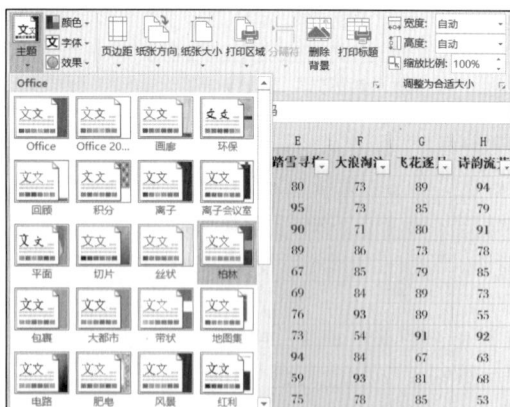

图 3-125 选择"柏林"选项

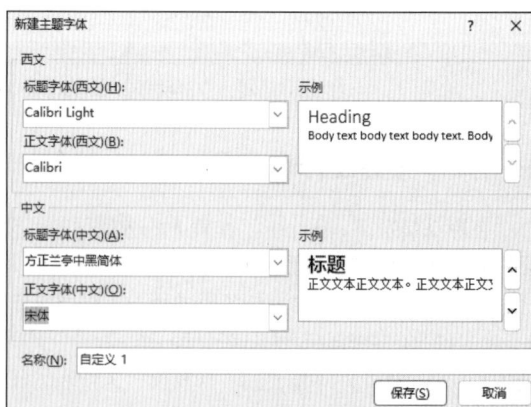

图 3-126 新建主题字体

> **提示** 直接套用 Excel 主题可快速改变当前工作表的风格。用户还可以对主题效果进行自定义，其方法如下：在"页面布局"/"主题"组中单击 效果 下拉按钮，在弹出的下拉列表中选择相应的选项，即可更改主题效果。

2. 套用表格格式

如果用户希望工作表更加美观，但又不想花费太多的时间设置工作表格式，那么可以直接套用系统中已经设置好的表格格式，其具体操作如下。

（1）切换到"分类汇总"工作表，选择 A1:K26 单元格区域，在"开始"/"样式"组中单击"套用表格格式"下拉按钮，在弹出的下拉列表中选择"浅色"选项组中的"玫瑰红，表样式浅色 16"选项，如图 3-127 所示。

（2）由于已经选择了需要套用表格格式的单元格区域，在打开的"创建表"对话框中直接单击 确定 按钮即可。

（3）返回工作表后，将自动激活"表设计"选项卡，并在表头自动添加"筛选"按钮。如果想删除"筛选"按钮，则可在"表设计"/"工具"组中单击 转换为区域 按钮，在打开的提示对话框中单击 是(Y) 按钮，将套用表格格式的单元格区域转换为普通的单元格区域，并退出工作表筛选状态，如图 3-128 所示。

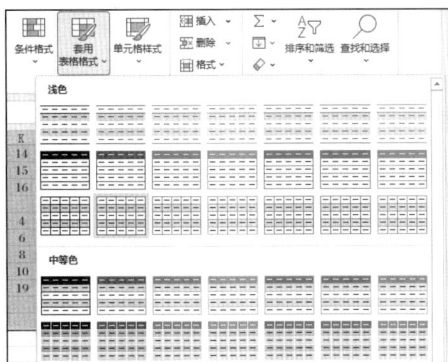

图 3-127 选择表格格式

图 3-128 转换为普通的单元格区域并退出工作表筛选状态

（三）单元格与工作表的保护

为防止他人更改单元格中的数据，用户可以选择锁定一些重要的单元格，或隐藏单元格中的计算公式。锁定单元格或隐藏公式后，还需要对工作表进行保护。下面对"中华诗词大赛统计表 04.xlsx"工作簿"分类汇总"工作表中的 A1:K26 单元格区域进行保护，其具体操作如下。

（1）在"分类汇总"工作表中单击"全选"按钮，全选所有单元格，在"开始"/"单元格"组中单击 格式 下拉按钮，在弹出的下拉列表中选择"设置单元格格式"选项。

（2）打开"设置单元格格式"对话框，选择"保护"选项卡，取消选中"锁定"复选框，单击 确定 按钮，取消所有单元格的锁定状态。

（3）返回工作表，重新选择 A1:K26 单元格区域，如图 3-129 所示。再次打开"设置单元格格式"对话框，选择"保护"选项卡，选中"锁定"复选框，单击 确定 按钮。

（4）在"审阅"/"保护"组中单击"保护工作表"按钮，打开"保护工作表"对话框，在"取消工作表保护时使用的密码"文本框中输入密码，如"123456"，在"允许此工作表的所有用户进行"列表框中仅选中"选定解除锁定的单元格"复选框，如图 3-130 所示，表示用户只能在此工作表中选择没有被锁定的单元格区域，单击 确定 按钮。

（5）打开"确认密码"对话框，再次输入相同的密码后，单击 确定 按钮，完成对单元格的保护设置。此时将无法选择 A1:K26 单元格区域，从而实现保护该单元格区域数据的目的。

图 3-129　选择 A1:K26 单元格区域（部分）

图 3-130　设置工作表保护范围

（四）工作簿的保护与共享

若想保护工作簿中的所有工作表，则需要对工作簿进行保护设置。除此之外，有时为了方便进行协同办公，多个用户可能需要共享某个工作簿，此时还可以利用 Excel 的共享功能来实现工作簿的共享。

1. 工作簿的保护

若不希望工作簿中的重要数据被他人查看或使用，则可以使用工作簿的保护功能，保证工作簿的结构和窗口不被他人修改，其具体操作如下。

（1）选择"文件"/"信息"命令，打开"信息"界面，单击"保护工作簿"下拉按钮，在弹出的下拉列表中选择"保护工作簿结构"选项，如图 3-131 所示。

（2）打开"保护结构和窗口"对话框，在"密码（可选）"文本框中输入密码，如"123456"，如图 3-132 所示，单击 确定 按钮。

微课

工作簿的保护

（3）打开"确认密码"对话框，在"重新输入密码"文本框中输入相同的密码，其余保持默认，单击 确定 按钮，完成工作簿结构的保护设置。

（4）返回工作表后，双击任意一个工作表标签，都将弹出提示信息"工作簿有保护，不能更改"。

> **提示** 若要撤销对工作表或工作簿的保护，则可在"审阅"/"保护"组中单击"保护工作表"按钮或单击"保护工作簿"按钮，在打开的对话框中输入工作表或工作簿的保护密码，输入完成后单击 确定 按钮。

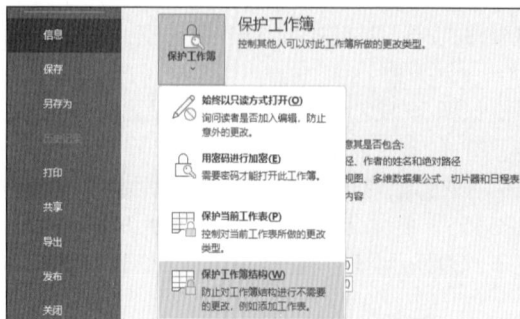

图 3-131　选择"保护工作簿结构"选项

图 3-132　输入保护密码

2. 工作簿的共享

将 Excel 工作簿共享到网络中，就可以实现多人在线同时编辑一个工作簿的操作。在对工作簿进行共享时，可以采用云共享或发送电子邮件两种方式。以共享"中华诗词大赛统计表 05.xlsx"工作簿为例，下面将其以链接的形式分享给其他用户，其具体操作如下。

微课

工作簿的共享

（1）登录 Microsoft Office 账号后，选择"文件"/"另存为"命令，打开"另存为"界面，选择"OneDrive – 个人"选项，在打开的界面中选择"OneDrive – 个人"文件夹，如图 3-133 所示。

（2）打开"另存为"对话框，保持默认的文件路径和名称，如图 3-134 所示，单击 保存(S) 按钮，上传文件至"OneDrive – 个人"文件夹。

图 3-133　选择"OneDrive – 个人"文件夹

图 3-134　上传文件至"OneDrive – 个人"文件夹

（3）成功将工作簿另存到 OneDrive 中后，选择"文件"/"共享"命令，打开"共享"界面，选择"与人共享"选项，单击"与人共享"按钮，如图 3-135 所示。

（4）返回工作表后，系统将自动打开"共享"任务窗格，在"邀请人员"文本框中输入相关人员的电子邮件地址（多个地址之间用";"分隔），在 可编辑 下拉按钮下方的文本框中输入邀请信息，单击 共享 按钮，如图 3-136 所示。

> **提示**　将要共享的工作簿成功上传至"OneDrive – 个人"文件夹中后，单击 Excel 标题栏右上角的 共享 按钮也可以打开"共享"任务窗格，以便进行共享设置。

（5）受到邀请的人员将收到一封电子邮件，其中包含指向共享文件的超链接，当其单击该超链接后，共享的工作簿将在受邀人员的 Excel 或 Excel 网页版中打开，从而达到多人在线同时编辑工作簿的目的。

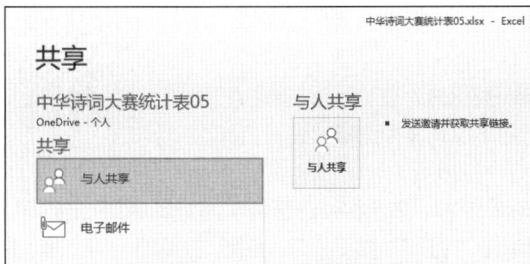

图 3-135　单击"与人共享"按钮

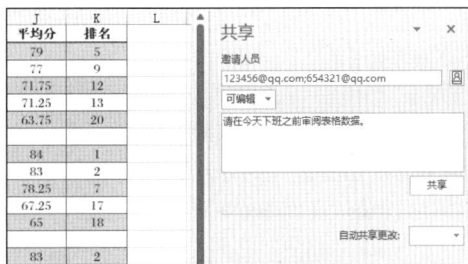

图 3-136　邀请共享人员

117

（五）工作表的设置与打印

在打印表格前，可以先预览打印效果，对效果满意后再执行打印操作。在 Excel 中，根据打印内容的不同，可将打印分为两种情况：一种是打印整张工作表；另一种是打印部分区域。

1. 设置打印参数

选择需要打印的工作表，预览其打印效果后，若对表格的内容和页面设置不满意，则可重新设置，如设置纸张方向和页边距等，设置满意后再执行打印操作。下面以"中华诗词大赛统计表 05.xlsx"工作簿为例，对其进行预览并打印，其具体操作如下。

（1）选择"分类汇总"工作表，选择"文件"/"打印"命令，打开"打印"界面，在界面右侧预览工作表的打印效果，在界面左侧"设置"选项组的"纵向"下拉列表中选择"横向"选项，如图 3-137 所示，在界面底部单击"页面设置"超链接。

（2）打开"页面设置"对话框，选择"页边距"选项卡，在"居中方式"选项组中选中"水平"复选框和"垂直"复选框，如图 3-138 所示，单击 确定 按钮。

（3）返回"打印"界面，在"份数"数值框中输入打印份数"5"，单击"打印"按钮 🖶 开始打印。

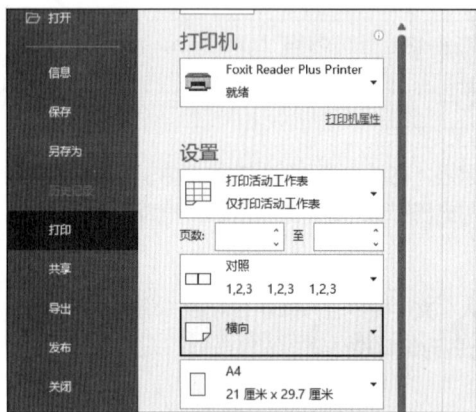

图 3-137　预览打印效果并设置纸张方向

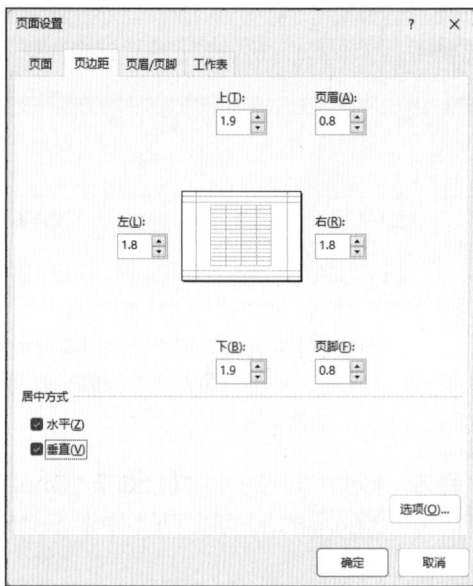

图 3-138　设置居中方式

2. 设置打印区域

当只需打印表格中的部分区域时，可先设置工作表的打印区域，再执行打印操作。下面以"中华诗词大赛统计表 05.xlsx"工作簿为例，在其中设置打印区域，其具体操作如下。

（1）切换到"A 赛区"工作表，选择 A1:K21 单元格区域，在"页面布局"/"页面设置"组中单击"打印区域"下拉按钮 🖶，在弹出的下拉列表中选择"设置打印区域"选项，如图 3-139 所示。

（2）此时，工作表的名称框中将显示"Print_Area"字样，表示将所选区域作为打印区域。选择"文件"/"打印"命令，打开"打印"界面，在其中单击"打印"按钮 🖶，如图 3-140 所示，即可打印指定区域。

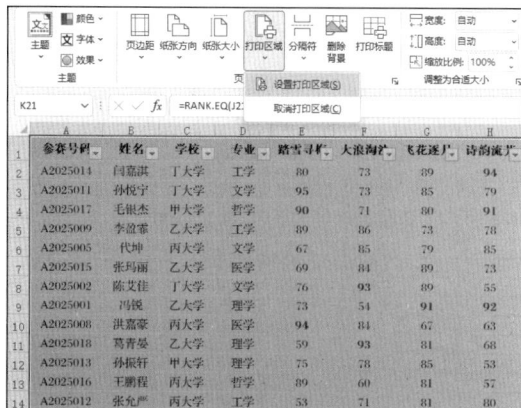

图 3-139　选择"设置打印区域"选项

图 3-140　单击"打印"按钮

动手演练——保护并打印大学生创新创业大赛成绩表

打开"大学生创新创业大赛成绩表 04.xlsx"工作簿（配套资源：素材\模块三\大学生创新创业大赛成绩表 04.xlsx），复制一个工作表，将工作表标签名称改为"打印"，删除其中的图表和图表数据源，删除分类汇总结果，并按排名升序排列数据。随后，对工作簿进行保护设置，并设置纸张方向和页边距居中方式，打印大学生创新创业大赛成绩表，参考效果（部分）如图 3-141 所示（配套资源：效果\模块三\大学生创新创业大赛成绩表 04.xlsx）。

作品号码	姓名	赛道	创新性	商业价值	答辩表现	路演展示	总成绩	平均成绩	排名
CXCY004	王嘉铭	B赛道	68	96	100	83	347	86.8	1
CXCY020	魏语诺	C赛道	85	93	85	83	346	86.5	2
CXCY003	张浩然	C赛道	90	89	99	67	345	86.3	3
CXCY007	林婉清	A赛道	67	98	77	99	341	85.3	4
CXCY002	李若萱	B赛道	78	82	93	83	336	84.0	5
CXCY011	徐安然	C赛道	84	81	71	97	333	83.3	6
CXCY019	刘子航	A赛道	70	86	97	74	327	81.8	7
CXCY010	赵明哲	A赛道	81	68	95	82	326	81.5	8
CXCY014	张若涵	B赛道	93	88	71	73	325	81.3	9
CXCY016	张文琪	A赛道	61	68	98	91	318	79.5	10
CXCY015	孙鸿轩	C赛道	88	93	64	73	318	79.5	10
CXCY001	陈思远	A赛道	75	66	90	82	313	78.3	12
CXCY009	沈心怡	C赛道	82	71	96	64	313	78.3	12
CXCY006	黄子轩	B赛道	72	76	99	64	311	77.8	14
CXCY012	高子涵	A赛道	70	85	73	73	301	75.3	15
CXCY018	康晓娟	B赛道	81	81	69	70	301	75.3	15
CXCY008	吴泽宇	B赛道	60	85	63	90	298	74.5	17

图 3-141　打印大学生创新创业大赛成绩表的参考效果（部分）

能力拓展

（一）新建表格样式

Excel 提供了多种不同类型的表格样式，如果用户对内置的表格样式不满意，则可以根据实际需求新建表格样式，其具体操作如下。

（1）选择要应用样式的工作表，在"开始"/"样式"组中单击"套用表格格式"下拉按钮，在弹出的下拉列表中选择"新建表格样式"选项。

（2）打开"新建表样式"对话框，如图 3-142 所示，在"名称"文本框中输入新建样式的名称，这里输入"工资表"；在"表元素"列表框中选择需要设置样式的对象，如"最后一列""第一列""标题行"等，这里选择"标题行"选项。

微课

新建表格样式

（3）单击 格式(F) 按钮，打开"设置单元格格式"对话框，选择"边框"选项卡，在"样式"列表框中选择第二列第五个选项，单击"边框"选项组中的"下边框"按钮 ，设置表格的边框样式，如图 3-143 所示。

图 3-142 "新建表样式"对话框

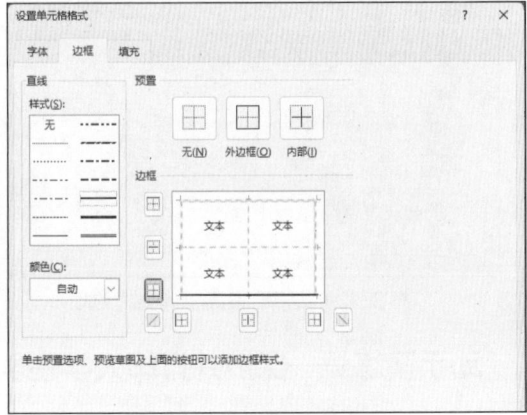

图 3-143 设置表格的边框样式

（4）选择"填充"选项卡，如图 3-144 所示，单击 填充效果(I)... 按钮。

（5）打开"填充效果"对话框，在"颜色"选项组中选中"双色"单选按钮，在"颜色 2"下拉列表中选择标准色中的橙色，在"底纹样式"选项组中选中"水平"单选按钮，设置填充效果，如图 3-145 所示，依次单击 确定 按钮。

（6）返回操作界面，再次单击"套用表格格式"按钮 ，弹出的下拉列表的"自定义"组中将显示新建的"工资表"样式，如图 3-146 所示。此时，按照套用表格格式的操作方法，为工作表应用自定义的表格样式即可。

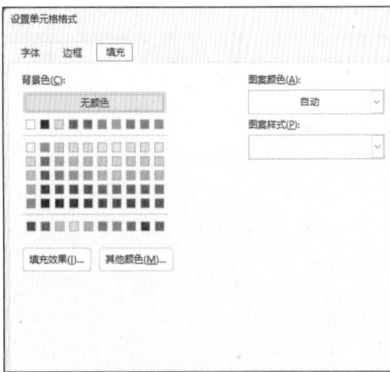

图 3-144 选择"填充"选项卡

图 3-145 设置填充效果

图 3-146 查看自定义的表格样式

（二）清除单元格样式

在对表格进行美化时，有时只需要去掉单元格格式，而保留单元格中的内容。此时，如果直接按"Delete"键，就会将单元格中的内容全部删除，而无法达到仅保留数据的目的。要想在清除单元格格式的同时保留数据，就需要利用"清除"下拉按钮 ◇ 。清除单元格样式的方法如下：选择需要清除样式的单元格或单元格区域，在"开始"/"编辑"组中单击"清除"下拉按钮 ◇ ⌄，在弹出的下拉列表中选择需要清除的对象，这里选择"清除格式"选项，如图 3-147 所示。

图 3-147　选择"清除格式"选项

各选项的作用分别如下。

- "全部清除"选项：将所选单元格中的数据全部删除，包括格式和内容。
- "清除格式"选项：将所选单元格中的格式全部删除，但保留内容。
- "清除内容"选项：将所选单元格的内容全部删除，但保留单元格应用的格式。
- "清除批注"选项：清除单元格中插入的批注内容。
- "清除超链接（不含格式）"选项：清除单元格中的超链接，但保留超链接格式。
- "删除超链接"选项：清除单元格中的超链接及超链接格式。

课后练习

一、填空题

1. 对工作簿的基本操作主要包括工作簿的＿＿＿＿＿、＿＿＿＿＿、＿＿＿＿＿和＿＿＿＿＿等。

2. 如果用户想在关闭工作簿的同时退出 Excel 软件，则应在打开的工作簿中，单击标题栏右侧的"＿＿＿＿＿"按钮。

3. 选择第 1 张工作表后，按住"＿＿＿＿＿"键不放，继续单击任意其他工作表标签，可同时选择多张不相邻的工作表。

4. Excel 中的公式即对工作表中的数据进行计算的等式，以＿＿＿＿＿开始；通过各种运算符号将值、常量、单元格引用及函数返回值等组合起来，得到公式表达式。

5. Excel 中有＿＿＿＿＿、＿＿＿＿＿和＿＿＿＿＿3 种引用方式。

6. 若要统计班级学生期末考试成绩的总分，则可运用 Excel 中的"＿＿＿＿＿"函数。

7. 在 Excel 中，单击编辑栏中的 fx 按钮可向单元格中插入＿＿＿＿＿。

二、选择题

1. 在 Excel 2021 中，默认的工作表有（　　）张。

　　A. 2　　　　　　　　B. 3　　　　　　　　C. 1　　　　　　　　D. 4

2. 在默认情况下，在 Excel 2021 的某单元格中输入数据后，按"Enter"键执行的操作是（　　）。

　　A. 换行　　　　　　　　　　　　　B. 不执行任务操作

　　C. 自动选择右侧单元格　　　　　　D. 自动选择下一个单元格

3. 对 Excel 中的工作表标签进行重命名操作后，下列说法正确的是（ ）。

    A. 只改变工作表的名称

    B. 只改变工作簿的名称

    C. 只改变工作表的内容

    D. 既改变工作表的名称，又改变工作表的内容

4. 想要对工作表的行高和列宽进行调整，应单击（ ）组中的"格式"按钮。

    A. "开始" / "样式"　　　　　　　　　　　B. "开始" / "单元格"

    C. "开始" / "编辑"　　　　　　　　　　　D. "开始" / "对齐方式"

5. 在 Excel 2021 中，进行分类汇总之前，要先对工作表进行（ ）处理。

    A. 筛选　　　　　　　B. 设置格式　　　　　C. 排序　　　　　　　D. 计算

6. 在 Excel 2021 中，下列关于自动套用表格格式的表述中，正确的是（ ）。

    A. 对表格自动套用表格格式后，不能再对表格进行任何修改

    B. 在对旧表格自动套用表格格式时，必须选中整张表格

    C. 可在生成新表格时自动套用表格格式，或在插入表格后自动套用表格格式

    D. 只能直接用自动套用表格格式生成表格

7. 在 Excel 中找出学生成绩表中所有数学成绩在 95 分以上（包括 95 分）的学生，最适合使用（ ）命令。

    A. 查找　　　　　　　B. 分类汇总　　　　　C. 定位　　　　　　　D. 筛选

8. 在 Excel 中，公式"=AVERAGE(D6:D8)"等价于（ ）。

    A. "=(D6+D7+D8)*3"　　　　　　　　　B. "=D6+D7+D8/3"

    C. "=D6+D7+D8"　　　　　　　　　　　D. "=(D6+D7+D8)/3"

9. 某学生想对近 4 个月的成绩变化进行分析，则适合使用的图表类型是（ ）。

    A. 树状图　　　　　　B. 柱形图　　　　　　C. 散点图　　　　　　D. 饼图

10. 在 Excel 2021 中，如果需要表达不同类别占总类别的百分比，则适合使用的图表类型是（ ）。

    A. 条形图　　　　　　B. 柱形图　　　　　　C. 折线图　　　　　　D. 饼图

11. 下列关于工作簿、工作表、单元格的表述中，正确的是（ ）。

    A. 工作簿结构的保护是指用户不能插入、删除、隐藏、重命名、复制或移动工作表

    B. 保护工作表后不可以增加新的工作表

    C. 仅进行单元格的保护也有实际意义

    D. 工作簿的保护是限制其他用户对工作表的操作，同时受保护的工作表内的单元格不可以被修改

12. 在 Excel 中建立数据透视表时，默认的字段汇总方式是（ ）。

    A. 最小值　　　　　　B. 平均值　　　　　　C. 求和　　　　　　　D. 最大值

三、操作题

1. 启动 Excel 2021，按照下列要求对文档进行操作，其参考效果（部分）如图 3-148 所示。

（1）借助 DeepSeek 了解员工档案表一般包含哪些结构，并结合实际情况确定表格的各个项目。

（2）新建"员工档案表.xlsx"工作簿，也可直接打开本书提供的"员工档案表.xlsx"工作簿（配套资源：素材模块三\员工档案表.xlsx），利用数据验证功能，以选择输入的方式输入"学历""专业""职务"项目的内容。其中，"学历"包括"研究生""大学本科""大学专科"，"专业"包括"营销""统计""金融""工商管理"，"职务"包括"员工""主管""经理"。

（3）将表格中数据的格式设置为"方正宋三简体""10""居中""垂直居中"，加粗显示项目文本，并适当调整单元格的行高与列宽。

编号	姓名	性别	出生年月	学历	专业	职务	家庭住址
1	张敏	女	1995年4月17日	大学本科	营销	员工	凤鸣小区
2	宋子丹	男	1994年8月8日	大学专科	统计	员工	东大街18号
3	黄晓霞	女	1990年2月9日	大学本科	营销	员工	万华社区387号
4	刘伟	男	1985年6月30日	研究生	金融	经理	兰庭小区
5	郭建军	男	1992年9月15日	大学本科	营销	员工	东湖逸景
6	邓荣芳	女	1992年3月6日	大学专科	工商管理	员工	龙城社区
7	孙莉	女	1994年8月19日	大学本科	统计	员工	西江月4栋
8	黄俊	男	1990年5月26日	大学专科	营销	员工	人民路19号
9	陈子豪	男	1988年12月18日	大学本科	工商管理	员工	星光社区
10	蒋科	男	1993年4月9日	大学专科	营销	员工	南皋路52号
11	万涛	男	1996年1月18日	大学本科	工商管理	员工	绿洲小区
12	李强	男	1988年3月18日	研究生	金融	主管	绿盛家园
13	李雪莹	女	1987年10月20日	研究生	工商管理	主管	创新城19栋
14	赵文峰	男	1991年7月12日	大学本科	营销	员工	南江路28号
15	汪洋	男	1992年10月29日	大学专科	工商管理	员工	江花国际
16	王彤彤	女	1985年11月19日	大学本科	营销	员工	蝴蝶谷5号
17	刘明亮	男	1994年6月30日	大学专科	统计	员工	光明南路19号
18	宋健	男	1990年11月20日	大学专科	营销	员工	沿河大厦7楼

图 3-148 “员工档案表.xlsx”工作簿的参考效果（部分）

（4）对工作簿及工作表进行保护设置，要求他人不能选择数据所在的单元格区域，不能更改工作表的结构。其中，工作表的保护密码为“000”，工作簿的保护密码为“111”（配套资源：效果\模块三\员工档案表.xlsx）。

2. 打开素材文件“员工固定奖金表.xlsx”工作簿（配套资源：素材\模块三\员工固定奖金表.xlsx），按照下列要求对表格进行操作，其参考效果（部分）如图 3-149 所示。

（1）调整列宽和行高，并设置表格的格式，包括单元格边框、填充颜色、数字格式等。

（2）利用自动求和函数 SUM 计算各员工的工资合计（“总计/元”）。

（3）利用排名函数 RANK.EQ 分析员工排名情况，在对该函数中的“ref”参数进行设置时，所引用的单元格地址要为绝对引用地址。

（4）对 E 列单元格区域中的数据进行降序排列，然后使用 Excel AI 分析本月的员工的奖金收入情况（配套资源:效果\模块三\员工固定奖金表.xlsx）。

员工每月固定奖金表

姓名	固定奖金/元	工作年限奖金/元	其他津贴/元	总计/元	排名
梁爱诗	2000.00	1571.00	891.00	4462.00	1
周楠	2000.00	1592.00	870.00	4462.00	1
刘帅	2000.00	1552.00	897.00	4449.00	3
马玲	2000.00	1575.00	794.00	4369.00	4
宁静	2000.00	1559.00	779.00	4338.00	5
周萌萌	2000.00	1591.00	677.00	4268.00	6
童叶庚	2000.00	1562.00	694.00	4256.00	7
唐永明	2000.00	1576.00	577.00	4153.00	8
彭兆荪	2000.00	1564.00	584.00	4148.00	9
周文娟	2000.00	1554.00	571.00	4125.00	10
孙水林	2000.00	1571.00	377.00	3948.00	11
王永胜	2000.00	1569.00	362.00	3931.00	12
王丹妮	2000.00	1587.00	287.00	3874.00	13
李江涛	2000.00	1598.00	261.00	3859.00	14

图 3-149 “员工固定奖金表.xlsx”工作簿的参考效果（部分）

3. 打开“产品销量记录表.xlsx”工作簿（配套资源:素材\模块三\产品销量记录表.xlsx），按照下列要求对表格进行操作，其参考效果（部分）如图 3-150 所示。

（1）打开已经创建并编辑完成的"产品销量记录表.xlsx"工作簿，对其中的数据进行自定义排序，排序方式为"空调,电视机,冰箱,洗衣机"。

（2）复制排序后的工作表"Sheet1"，并将复制后的工作表重命名为"高级筛选"，对"高级筛选"工作表中的数据按照 C23:D24 单元格区域中的条件进行高级筛选。

（3）复制"Sheet1"工作表，并将其重命名为"分类汇总"，对"产品名称"字段进行分类汇总，其中汇总方式为"求和"，汇总项为"销售额/元"。

（4）再次以"最大值"汇总方式汇总数据，但不替换之前汇总的数据。

（5）为"Sheet1"工作表添加背景图片"01.jpg"。

（6）使用 Excel AI 了解如何通过查找日期返回对应的"产品名称""销售额/元""销售员"。

（7）在"分类汇总"工作表中建立不同产品的销售额占比图（配套资源:效果\模块三\产品销量记录表.xlsx）。

	A	B	C	D	E	F	G	H	I	J	K
1			产品销量记录表								
2	日期	产品名称	单价/元	销售量/台	销售额/元	销售员		日期	产品名称	销售额/元	销售员
3	2025/10/8	电视机	5888.00	5	29440.00	张顺发		2025/10/26	电视机	35328	谢小芸
4	2025/10/10	冰箱	6880.00	4	27520.00	孙斌					
5	2025/10/11	空调	2588.00	6	15528.00	张顺发					
6	2025/10/12	电视机	4800.00	5	24000.00	孙斌					
7	2025/10/13	洗衣机	1080.00	12	12960.00	谢小芸					
8	2025/10/15	冰箱	3880.00	5	19400.00	赵涛					
9	2025/10/17	空调	5888.00	16	94208.00	张顺发					
10	2025/10/18	冰箱	3599.00	9	32391.00	孙斌					
11	2025/10/19	电视机	1280.00	10	12800.00	谢小芸					
12	2025/10/20	洗衣机	2880.00	8	23040.00	赵涛					
13	2025/10/21	空调	4850.00	3	14550.00	孙斌					
14	2025/10/24	电视机	3599.00	8	28792.00	谢小芸					
15	2025/10/25	空调	4599.00	8	36792.00	赵涛					
16	2025/10/26	电视机	5888.00	6	35328.00	谢小芸					
17	2025/10/27	冰箱	4088.00	3	12264.00	赵涛					
18	2025/10/28	电视机	3880.00	5	19400.00	谢小芸					
19	2025/10/29	冰箱	6850.00	10	68500.00	赵涛					
20	2025/10/30	洗衣机	1280.00	6	7680.00	张顺发					
21											
22											
23			单价/元	销售额/元							
24			>2000	>30000							
25											

图 3-150 "产品销量记录表.xlsx"工作簿的参考效果（部分）

< > | Sheet1 | 高级筛选 | 分类汇总 | +

模块四
演示文稿制作与智能演示优化

04

人们常说"字不如表，表不如图"，而在信息时代下，这句话后面还可以加上一句"图不如多媒体"。越视觉化的信息，越接近自然界里的事物，就越容易被大家所理解和接受。尤其是多媒体所传达的内容，相对于文字、表格、图片，显得更加立体、形象、逼真。演示文稿就是因为具有这种优势才逐渐成为用户首选的演示制作方案。无论是个人简介、工作计划、教学课件，还是商业计划书、投标书等各种专业文档，用演示文稿来制作和实现都会得到很好的演示效果。

课堂学习目标

- **知识目标：** 掌握演示文稿和幻灯片的基本操作，掌握在幻灯片中编辑文本和插入对象的方法，掌握美化演示文稿、添加动画，以及放映演示文稿的各种操作。

- **技能目标：** 能够熟练运用 PowerPoint 制作和编辑演示文稿。

- **素质目标：** 加强美学素养，提升对美的认知与感悟，具备对演示文稿内容与版面的设计能力。

任务 4.1 创建"端午节活动策划"演示文稿并统一风格

任务洞察

活动策划能够通过科学调研和创意设计，明确活动目标，并围绕目标制订可执行的方案，确保活动方向不偏离。下面利用 PowerPoint 2021 创建"端午节活动策划"演示文稿并统一它的风格，重点介绍演示文稿、幻灯片和文本的基本操作，以及主题、背景、模板等功能的使用方法。

知识赋能

（一）熟悉 PowerPoint 2021 的操作界面

单击"开始"按钮■■，在弹出的"开始"菜单上方的搜索框中输入"PowerPoint"，在显示的列表中选择"PowerPoint"选项即可启动 PowerPoint 2021，在显示的界面中选择"空白演示文稿"选项，将打开 PowerPoint 2021 的操作界面，如图 4-1 所示。

PowerPoint 2021 的操作界面特有的组成部分是幻灯片浏览窗格和幻灯片编辑区，其他组成部分的作用和使用方法与 Word 2021 及 Excel 2021 的类似。

- "幻灯片"浏览窗格："幻灯片"浏览窗格位于幻灯片编辑区左侧，用于显示当前演示文稿中所有幻灯片的缩略图。单击某张幻灯片的缩略图可以跳转到该幻灯片，并在右侧的幻灯片编辑区中显示该幻灯片中的内容。

- 幻灯片编辑区：幻灯片编辑区用于显示和编辑幻灯片的内容。在默认情况下，标题幻灯片包含一个主标题占位符和一个副标题占位符，而内容幻灯片包含一个标题占位符和一个内容占位符。

图 4-1　PowerPoint 2021 的操作界面

提示　启动 PowerPoint 2021 后，就可以对 PowerPoint 文件（演示文稿）进行操作了。演示文稿的基本操作包括新建、打开、保存、关闭等，这些操作与 Word 文档和 Excel 工作簿的操作类似。

（二）幻灯片的基本操作

幻灯片是演示文稿的重要组成部分，因此，编辑幻灯片是制作演示文稿的主要操作之一。

1. 新建幻灯片

当演示文稿中的幻灯片不够用时，用户可手动新建幻灯片。

- 在"幻灯片"浏览窗格中新建：在"幻灯片"浏览窗格中的空白区域或已有幻灯片的缩略图上单击鼠标右键，在弹出的快捷菜单中选择"新建幻灯片"命令；也可单击某张幻灯片的缩略图，按"Enter"键完成新建操作。
- 通过"幻灯片"组新建：在"开始"/"幻灯片"组中单击"新建幻灯片"按钮 下侧的下拉按钮 ，在弹出的下拉列表中选择需要的幻灯片版式。

2. 应用幻灯片版式

如果对新建的幻灯片版式不满意，则可随时更改。其方法如下：在"开始"/"幻灯片"组中单击 下拉按钮，在弹出的下拉列表中选择需要的幻灯片版式。

3. 选择幻灯片

选择幻灯片是编辑幻灯片的前提，选择幻灯片主要有以下 3 种方法。

- 选择单张幻灯片：在"幻灯片"浏览窗格中单击幻灯片缩略图将选择当前幻灯片。
- 选择多张幻灯片：在"幻灯片"浏览窗格中按住"Shift"键并单击其他幻灯片缩略图将选择多张连续的幻灯片，按住"Ctrl"键并单击其他幻灯片缩略图将选择多张不连续的幻灯片。
- 选择全部幻灯片：在"幻灯片"浏览窗格中按"Ctrl+A"组合键将选择全部幻灯片。

4. 移动和复制幻灯片

当用户需要调整某张幻灯片的顺序时，可直接移动该幻灯片；当用户需要使用某张幻灯片中已有的版式或内容时，可直接复制该幻灯片并进行更改，以提高工作效率。

- 通过拖曳鼠标操作：在"幻灯片"浏览窗格中选择某一张幻灯片缩略图，在其上按住鼠标左键并将其拖曳到目标位置后释放鼠标左键，可完成移动幻灯片的操作；若按住"Ctrl"键进行拖曳，则可实现复制幻灯片的操作。

- 通过右键菜单操作：在"幻灯片"浏览窗格中选择某一张幻灯片缩略图，在其上单击鼠标右键，在弹出的快捷菜单中选择"剪切"或"复制"命令，在"幻灯片"浏览窗格中定位至目标位置，单击鼠标右键，在弹出的快捷菜单中选择"粘贴"命令，可完成幻灯片的移动或复制操作。
- 通过快捷键操作：在"幻灯片"浏览窗格中选择某一张幻灯片缩略图，按"Ctrl+X"组合键进行剪切或按"Ctrl+C"组合键进行复制，在"幻灯片"浏览窗格中定位至目标位置，按"Ctrl+V"组合键进行粘贴，完成幻灯片的移动或复制操作。

5. 删除幻灯片

删除幻灯片的方法有以下两种。

- 在"幻灯片"浏览窗格中选择要删除的幻灯片缩略图，并按"Delete"键。
- 在"幻灯片"浏览窗格中选择要删除的幻灯片缩略图，在其上单击鼠标右键，在弹出的快捷菜单中选择"删除幻灯片"命令。

（三）幻灯片文本的设计原则

文本是演示文稿中最重要的元素之一，文本不仅要设计美观，还要满足观众在观看方面的需求，如字体不能潦草、字号不能太小等。

1. 字体设计原则

字体设计效果与演示文稿的可读性和感染力息息相关。实际上，字体设计也有一定的原则可循，下面介绍 3 个常用的字体设计原则。

- 幻灯片标题字体最好选用容易阅读的、较粗的字体，正文则使用比标题细的字体，以区分主次。
- 在搭配字体时，标题和正文尽量选择常用的字体，且要考虑标题字体和正文字体的搭配效果。
- 在商业培训等相对正式的场合，可使用常规字体，如标题使用方正粗黑宋简体、黑体和方正综艺简体等，正文可使用微软雅黑、方正细黑简体和宋体等。在一些相对轻松的场合，字体可随意一些，如使用方正中文简体、楷体（加粗）和方正卡通简体等，但不建议选用行书、草书等字体（特殊情况除外）。

2. 字号设计原则

在演示文稿中，字号不仅会影响观众接收信息时的体验，还会从侧面反映出演示文稿的专业度，因此字号的设计也非常重要。

字号的设计需根据演示文稿使用的场合和环境来决定，因此在选用字号时要注意以下两点。

- 如果演示的场合较正式，观众较多，则幻灯片中文字的字号应该较大，以保证最远位置的观众都能看清幻灯片中的文字。此时，标题可考虑使用 36 号以上的字号，正文可考虑使用 28 号以上的字号。为了使观众更易查看，一般情况下，演示文稿中的字号不应小于 30 号。
- 同类型和同级别的标题及文本内容要设置为同样大小的字号，这样可以保证内容的连贯与文本的统一，让观众更容易将信息归类，也更容易理解和接收信息。

（四）各种母版视图的区别

PowerPoint 提供了 3 种母版视图，分别是幻灯片母版、讲义母版和备注母版，在"视图"/"母版视图"组中单击相应的按钮可进入对应的视图模式。下面介绍它们的作用。

- 幻灯片母版：在幻灯片母版中可以统一设置幻灯片及其对象的内容和格式。PowerPoint 有多种母版，也就是说，如果只对某个母版进行设置，则只有应用了该母版的幻灯片才会同步应用对应的效果。当然，也可以在幻灯片母版视图中对所有幻灯片的格式和内容进行统一设置。
- 讲义母版：讲义是指在演讲时打印出来使用的文件。因此，讲义母版的主要作用是在幻灯片打印为讲义时设置内容显示方向（纸张方向）、幻灯片大小、每页讲义包含的幻灯片数量、页眉与页脚的内容等，也可设置幻灯片的主题样式和背景效果。

- 备注母版：备注是幻灯片放映和演讲者演讲时的附加内容，其作用是提醒演讲者在放映该幻灯片或演讲该幻灯片的内容时需要注意的事项。备注母版的作用与讲义母版相似，可以设置幻灯片备注页的内容显示方向、幻灯片大小、页眉与页脚的内容，以及幻灯片的主题样式和背景效果。

任务实现

本任务创建的"端午节活动策划"演示文稿的参考效果（部分）如图4-2所示。其中，通过对演示文稿、幻灯片的基本操作，以及文本的输入来构建该演示文稿的基本内容框架。

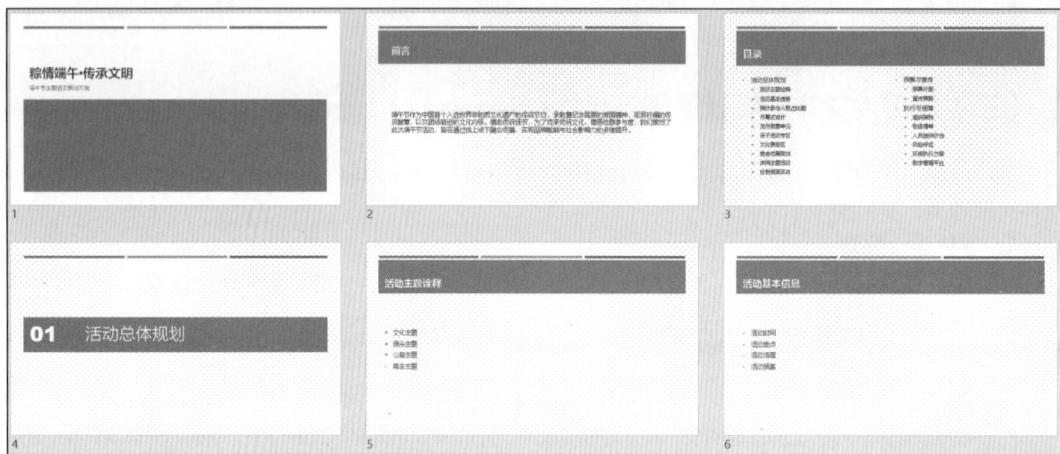

图4-2 "端午节活动策划"演示文稿的参考效果（部分）

（一）利用 DeepSeek 了解演示文稿的大纲内容

如果不太清楚端午节活动策划应该包含哪些内容，可以借助人工智能工具进行了解。下面利用 DeepSeek 来了解端午节活动策划需要准备的具体事项，其具体操作如下。

（1）访问并登录 DeepSeek，开启"深度思考（R1）"功能，关闭"联网搜索"功能，在文本框中输入"端午节活动策划的演示文稿大纲应包含哪些内容？需要兼顾文化效应与商业效果。"，如图4-3所示，然后按"Enter"键提交需求。

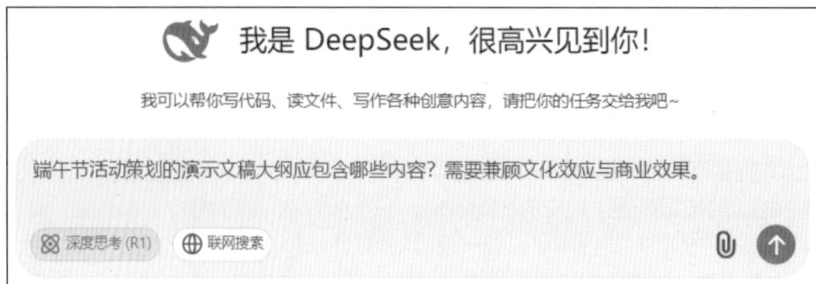

图4-3 输入端午节活动策划的演示文稿大纲相关需求

（2）DeepSeek 通过智能推理，生成符合用户需求的内容，如图4-4所示，查看生成的内容，了解端午节活动策划演示文稿的大纲情况，并结合实际情况来初步确定大纲内容。

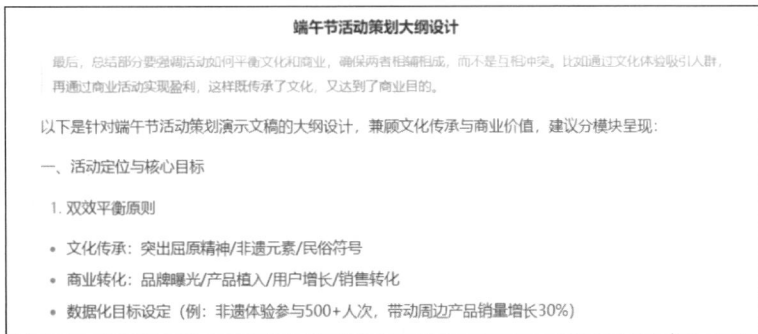

图 4-4　生成符合用户需求的内容

（二）新建并保存演示文稿

下面新建一个空白演示文稿，然后将其以"端午节活动策划"为名保存到计算机中，其具体操作如下。

（1）启动 PowerPoint 2021，打开"开始"界面，如图 4-5 所示，选择"空白演示文稿"选项。

（2）系统将新建一个名为"演示文稿 1"的空白演示文稿，如图 4-6 所示，在 PowerPoint 操作界面中单击快速访问工具栏中的"保存"按钮📊。

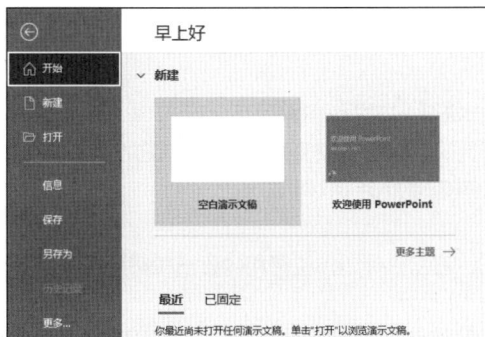

微课

新建并保存
演示文稿

图 4-5　"开始"界面

图 4-6　空白演示文稿

（3）打开"另存为"界面，如图 4-7 所示，选择"浏览"选项。

（4）打开"另存为"对话框，在左侧的导航窗格中选择文件的保存位置，在"文件名"下拉列表中输入"端午节活动策划"，如图 4-8 所示，单击 保存(S) 按钮。

图 4-7　"另存为"界面

图 4-8　设置文件的名称和保存位置

（三）新建幻灯片并输入文本

新建并保存演示文稿后，接下来就需要完成新建幻灯片并输入文本的操作，创建出演示文稿的内容框架了。接下来利用 DeepSeek 中提供的内容来新建幻灯片并输入文本，其具体操作如下。

微课
新建幻灯片
并输入文本

（1）在默认幻灯片的标题占位符中（显示了"单击此处添加标题"字样的占位符）单击以定位文本插入点，切换到中文输入法，输入标题"粽情端午·传承文明"，按照相同的方法在副标题占位符中输入副标题文本，如图 4-9 所示。

（2）在"幻灯片"浏览窗格中选择默认的幻灯片缩略图，按"Enter"键新建幻灯片，如图 4-10 所示。

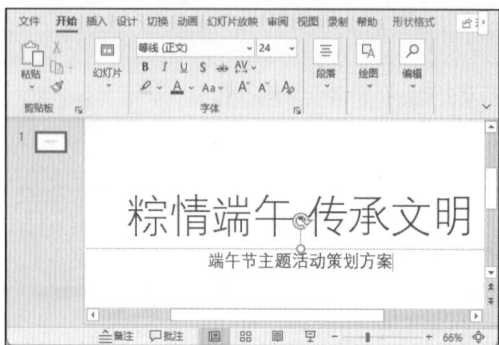

图 4-9　输入标题

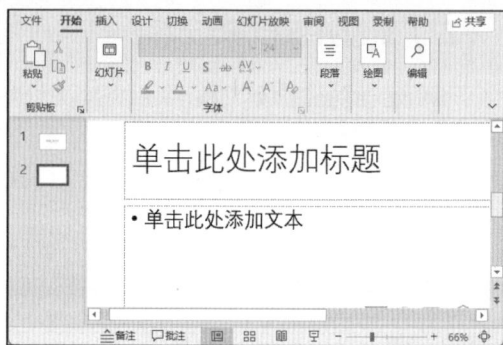

图 4-10　新建幻灯片

> **提示**　幻灯片中常见的占位符包括标题占位符、副标题占位符、内容占位符和文本占位符 4 种。其中，标题占位符、副标题占位符和文本占位符主要用于输入幻灯片的标题、副标题和正文内容；内容占位符既可以输入正文内容，又可以通过单击相应按钮插入所需对象。

（3）新建幻灯片的版式默认为"标题和内容"版式，它包含标题占位符和内容占位符两个对象，分别在这两个占位符中输入幻灯片的标题和正文，如图 4-11 所示。

（4）按照相同的方法再次新建幻灯片，在"开始"/"幻灯片"组中单击"版式"按钮，弹出"版式"下拉列表，如图 4-12 所示，在其中选择"两栏内容"选项。

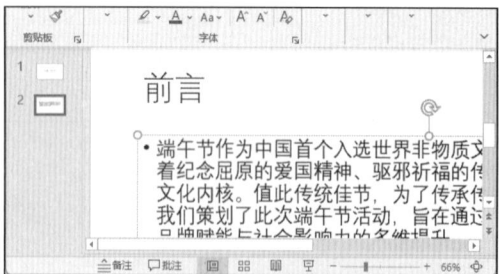

图 4-11　输入文本

图 4-12　"版式"下拉列表

（5）分别在左右两个内容占位符中输入相应的文本内容，在占位符中按"Enter"键换行时会自动添加默认的项目符号。

（6）选择左侧内容占位符中的"活动主题诠释"段落，按"Tab"键将所选段落降为二级文本，并按照相同的方法处理其他文本段落的级别，效果如图 4-13 所示。

（7）按照相同的方法创建其他幻灯片，并在其中的占位符中输入相应的标题和正文内容，如图 4-14 所示。若想提高学习和操作效率，则可使用本书配套资源中提供的已经创建好的演示文稿框架（配套资源：素材\模块四\端午节活动策划 01.pptx）。

> **提示** 不同级别的文本将应用不同级别的格式，因此在输入和设置正文内容时，一定要保证文本级别正确。另外，如果要升级文本，则可以按"Shift+Tab"组合键。

图 4-13 降级文本的效果

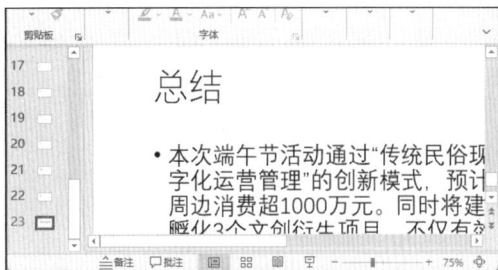

图 4-14 创建其他幻灯片并输入文本

> **提示** 学习知识的过程没有捷径，建议读者在初次使用 PowerPoint 时，尽量自己建立演示文稿的内容框架，通过这个过程来逐步熟悉 PowerPoint 的操作。

（四）复制并移动幻灯片

如果幻灯片的版式和内容有相似或相同之处，则完全可以通过复制并移动等操作来提高演示文稿的制作效率。下面通过复制并移动幻灯片来进一步完善"端午节活动策划"演示文稿的内容，其具体操作如下。

（1）在"幻灯片"浏览窗格中选择第 1 张幻灯片缩略图，依次按"Ctrl+C"组合键和"Ctrl+V"组合键完成幻灯片的复制操作，效果如图 4-15 所示。

（2）对当前第 2 张幻灯片中的标题占位符和副标题占位符中的内容进行修改，效果如图 4-16 所示。

图 4-15 复制幻灯片的效果

图 4-16 修改文本的效果

（3）在"幻灯片"浏览窗格中选择第 2 张幻灯片缩略图，按"Ctrl+X"组合键剪切该幻灯片，并在"幻灯片"浏览窗格的最后单击以定位插入点，如图 4-17 所示。

（4）按"Ctrl+V"组合键，此时第 2 张幻灯片便被移至最后，效果如图 4-18 所示。

131

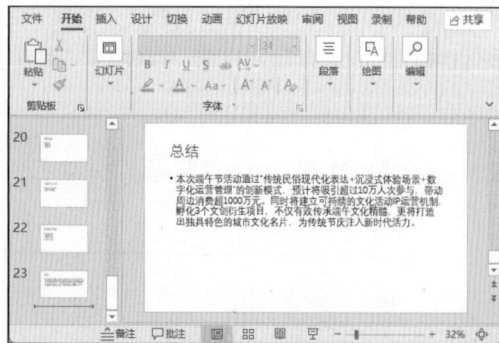

图 4-17　剪切幻灯片

图 4-18　移动幻灯片（1）

（5）在"幻灯片"浏览窗格中选择第 4 张幻灯片缩略图，按"Ctrl+C"组合键复制幻灯片，并按两次"Ctrl+V"组合键粘贴出两张幻灯片，效果如图 4-19 所示。

（6）依次修改当前第 5 张幻灯片和第 6 张幻灯片中的内容，效果如图 4-20 所示。

图 4-19　复制幻灯片

图 4-20　修改幻灯片

（7）在第 5 张幻灯片缩略图上按住鼠标左键，将其拖曳到第 16 张幻灯片缩略图的下方，完成幻灯片的移动操作，如图 4-21 所示。

（8）按照相同的方法将当前第 5 张幻灯片移动至第 18 张幻灯片缩略图的下方，如图 4-22 所示。

图 4-21　移动幻灯片（2）

图 4-22　移动幻灯片（3）

（五）应用并设置幻灯片主题

幻灯片主题是一系列属性的集合，包括颜色、字体、效果、背景样式等。为幻灯片应用主题，不仅能提高编辑效率，从专业度和统一度来看，对新手也有很大的帮助。下面继续为演示文稿中的幻灯片应用并设置主题，其具体操作如下。

（1）在"设计"/"主题"组的"样式"下拉列表中选择"红利"选项，如图4-23所示。

（2）此时所有幻灯片都将应用所选的主题效果，在"设计"/"变体"组的"变体样式"下拉列表中选择"颜色"/"绿色"选项，更改主题颜色，如图 4-24所示。

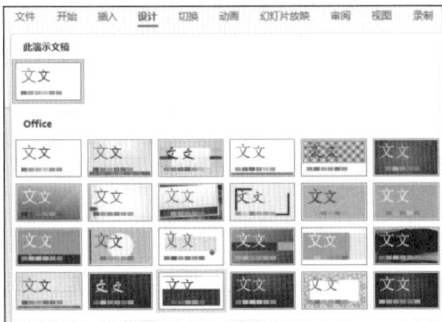

图4-23　选择主题效果

图4-24　更改主题颜色

（3）在"设计"/"变体"组的"变体样式"下拉列表中选择"字体"/"自定义字体"选项，如图4-25所示。

（4）打开"新建主题字体"对话框，在"西文"选项组的"标题字体（西文）"下拉列表中选择"Arial Black"选项，在"正文字体（西文）"下拉列表中选择"Arial"选项；在"中文"选项组的"标题字体（中文）"下拉列表中选择"方正兰亭中黑简体"选项，在"正文字体（中文）"下拉列表中选择"方正兰亭刊黑_GBK"选项，在"名称"文本框中输入"端午"，如图4-26所示，单击 保存(S) 按钮。

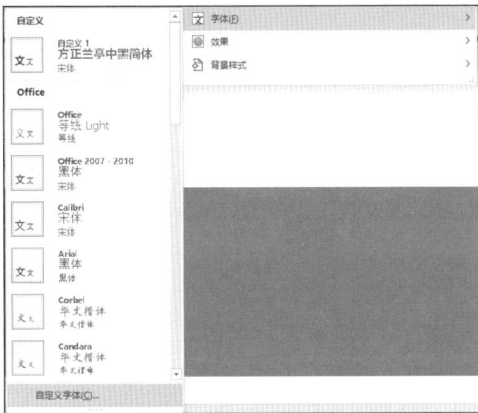

图4-25　选择"自定义字体"选项

图4-26　指定中英文字体

（5）查看幻灯片中标题、正文的字体效果，发现均自动完成了相应调整，如图4-27所示。

图4-27　查看字体效果

（六）设置幻灯片背景

为了进一步美化幻灯片，用户可以适当设置幻灯片的背景，如为幻灯片背景添加渐变效果、图片、纹理等。下面为演示文稿中的部分幻灯片添加图案背景，其具体操作如下。

（1）在"幻灯片"浏览窗格中按住"Shift"键，同时选择第 2～25 张幻灯片，在"设计"/"自定义"组中单击"设置背景格式"按钮，如图 4-28 所示。

（2）打开"设置背景格式"任务窗格，在"填充"选项组中选中"图案填充"单选按钮，在"图案"选项组中选择第一个图案选项，如图 4-29 所示，单击"关闭"按钮 × 关闭该任务窗格。

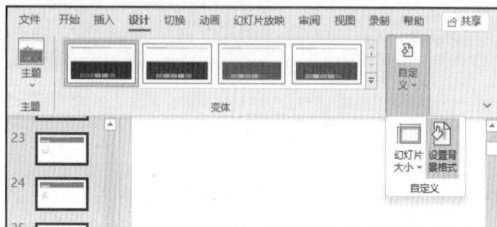

微课
设置幻灯片背景

图 4-28 设置多张幻灯片的背景

图 4-29 设置图案样式

（七）编辑幻灯片母版

幻灯片主题可以控制字体格式，但如果想进一步统一标题和各级正文的字号、字体颜色等其他属性，就需要依靠幻灯片母板来实现。下面进入幻灯片母版视图，在其中进一步统一演示文稿的风格，其具体操作如下。

（1）在"视图"/"母版视图"组中单击"幻灯片母版"按钮，如图 4-30 所示，进入幻灯片母版视图。

（2）在"幻灯片"浏览窗格中选择第 1 张幻灯片缩略图，再选择幻灯片编辑区中的"二级"文本，在"开始"/"字体"组中将其字体设置为"方正兰亭黑_GBK"，字号设置为"16"，如图 4-31 所示。

微课
编辑幻灯片母版

图 4-30 单击"幻灯片母版"按钮

图 4-31 设置二级正文的字体和字号

（3）在"幻灯片"浏览窗格中选择第 2 张幻灯片缩略图，在"幻灯片母版"/"母版版式"组中取消选中"页脚"复选框，如图 4-32 所示。

（4）选择标题占位符中的文本，在"开始"/"字体"组中单击"字体颜色"按钮 A 右侧的下拉按钮，在弹出的下拉列表中选择"绿色,个性色 1,深色 50%"选项，设置字体颜色，如图 4-33 所示。

（5）在"幻灯片"浏览窗格中选择第 3 张幻灯片缩略图，在"幻灯片母版"/"母版版式"组中取消选中"页脚"复选框，如图 4-34 所示。

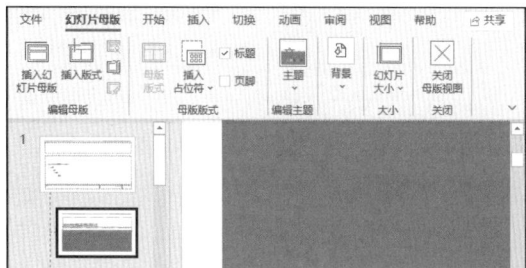

图 4-32　取消页脚（1）

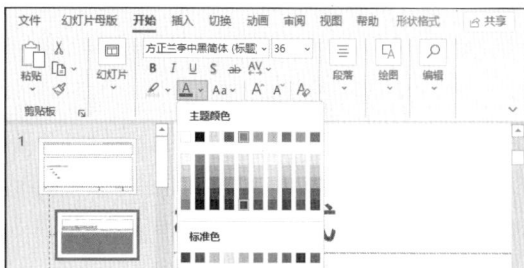

图 4-33　设置字体颜色

（6）在"幻灯片"浏览窗格中选择第 5 张幻灯片缩略图，在"幻灯片母版"/"母版版式"组中取消选中"页脚"复选框，如图 4-35 所示。

图 4-34　取消页脚（2）

图 4-35　取消页脚（3）

（7）在"幻灯片"浏览窗格中选择第 7 张幻灯片缩略图，在幻灯片编辑区中选择标题占位符及其下方的矩形对象，按"Ctrl+C"组合键进行复制，如图 4-36 所示。

（8）在"幻灯片"浏览窗格中选择第 8 张幻灯片缩略图，按"Ctrl+V"组合键粘贴复制的对象，并按住"Shift"键向下拖曳复制得到的对象，使其居中显示；选择标题占位符中的文本，将其字号调整为"60"，如图 4-37 所示。

图 4-36　复制对象

图 4-37　粘贴复制的对象并调整文本字号

（9）拖曳标题占位符右侧边框中间的控制点，减小占位符的宽度，使其仅能显示两个字符，如图 4-38 所示。

（10）在"幻灯片母版"/"母版版式"组中单击"插入占位符"按钮 下侧的下拉按钮，在弹出的下拉列表中选择"内容"选项，如图 4-39 所示。

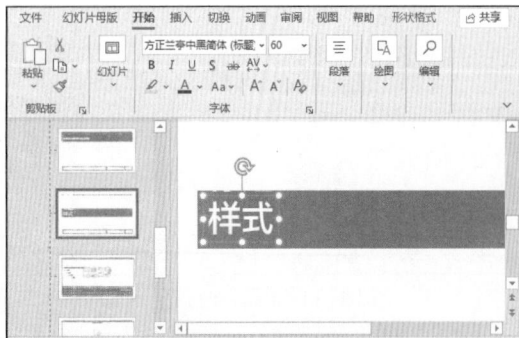

图 4-38　调整占位符的宽度

图 4-39　插入内容占位符

（11）在标题占位符右侧绘制内容占位符，并删除内容占位符中的项目符号和内容占位符中二级及以下的正文内容，将保留的正文内容的字号调整为"48"，字体颜色设置为"白色，背景1"，如图 4-40 所示。

（12）在"幻灯片母版"/"关闭"组中单击"关闭母版视图"按钮⊠，退出母版视图，如图 4-41 所示。

图 4-40　设置内容占位符

图 4-41　退出母版视图

（13）按住"Ctrl"键，在"幻灯片"浏览窗格中依次选择第 4 张、第 15 张、第 18 张幻灯片缩略图，在"开始"/"幻灯片"组中单击囗版式﹀下拉按钮，在弹出的下拉列表中选择"空白"选项，如图 4-42 所示。

（14）所选幻灯片同时应用了在母版视图中设置的"空白"版式，效果如图 4-43 所示（配套资源：效果\模块四\端午节活动策划 01.pptx）。

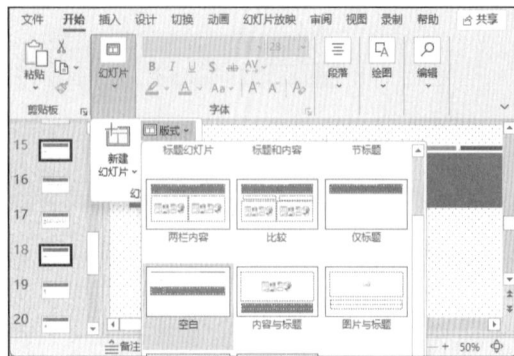

图 4-42　修改多张幻灯片的版式

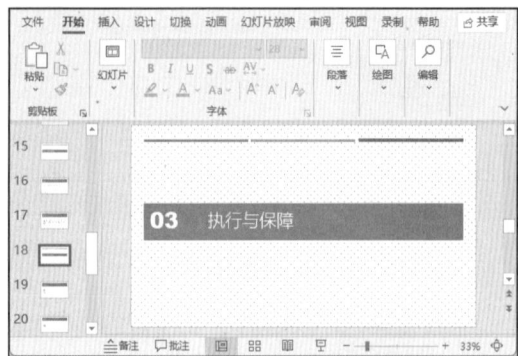

图 4-43　应用版式后的效果

动手演练——编辑"大美江南"演示文稿

打开"大美江南01.pptx"演示文稿（配套资源：素材\模块四\大美江南01.pptx），将主题字体更改为"标题-隶书，正文-华文楷书"的样式。然后复制第1张幻灯片至末尾，输入结尾幻灯片的标题和副标题内容，分别为"感谢观看"和"诚挚地邀请世界各地的朋友来江南体验这片土地的独特魅力！"编辑后的演示文稿参考效果（部分）如图4-44所示（配套资源：效果\模块四\大美江南01.pptx）。

图4-44 "大美江南01.pptx"演示文稿的参考效果（部分）

能力拓展

（一）在同一演示文稿中应用多个主题

当演示文稿中的幻灯片重新应用主题时，原主题效果将会被取代。如果想在同一演示文稿中应用多个主题，则需要在幻灯片母版视图中进行设置。其方法如下：进入幻灯片母版视图后，在最后一张幻灯片版式缩略图下方单击以定位文本插入点，在"幻灯片母版"/"编辑主题"组中单击"主题"按钮，在弹出的下拉列表中选择其他主题样式，此时，"幻灯片"浏览窗格中将同时显示两套主题的版式效果，如图4-45所示。需要为幻灯片应用不同主题时，在"开始"/"幻灯片"组中单击回版式下拉按钮，在弹出的下拉列表中选择不同主题的版式即可。

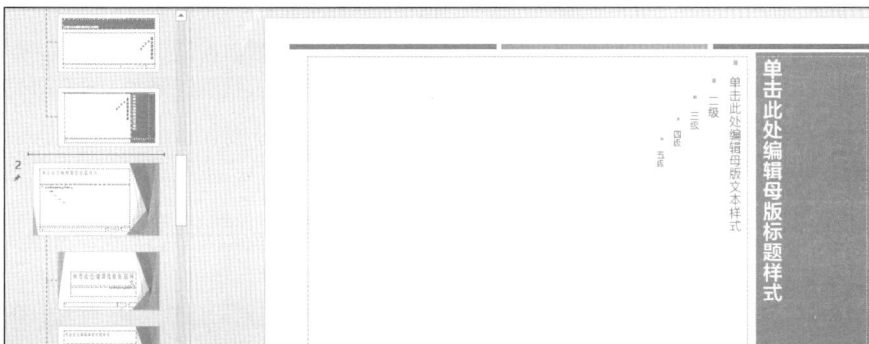

图4-45 两套主题的版式效果

（二）重新应用幻灯片和主题

PowerPoint提供了"重用幻灯片"功能，当需要重新制作相同或相似的幻灯片时，就可利用该功能进行快速制作。其方法如下：在"开始"/"幻灯片"组中单击"新建幻灯片"按钮 下侧的下拉按钮 ，在弹出的下拉列表中选择"重用幻灯片"选项，打开"重用幻灯片"任务窗格，单击 浏览 按钮，打开"浏览"对话框，在其中选择作为参考的演示文稿后，单击 打开(O) 按钮；返回演示文稿，"重用幻灯片"任务窗格中将显示所选演示文稿中的各张幻灯片；选择某张幻灯片便可重新使用该幻灯片中的对象，包括文本、形状等对象，即重新应用内容，如图 4-46 所示。如果需要重新应用主题样式，则可在某张幻灯片上单击鼠标右键，在弹出的快捷菜单中选择"将主题应用于选定的幻灯片"命令或"将主题应用于所有幻灯片"命令，如图 4-47 所示。

图 4-46　重新应用内容

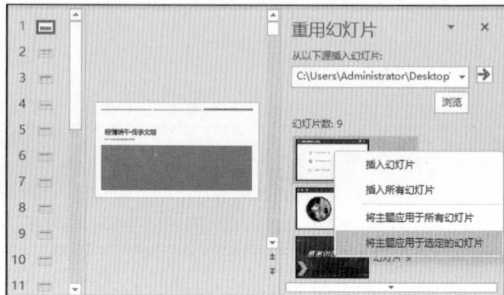

图 4-47　重新应用主题样式

任务 4.2　丰富"端午节活动策划"演示文稿

任务洞察

演示文稿的特点是内容生动，但如果幻灯片中只有枯燥无味的文本，就不能体现出演示文稿的优势。因此，在编辑演示文稿时，应主动思考如何将单调的内容转换为生动有趣的内容。本任务将把"端午节活动策划"演示文稿中的文本对象转换为各种生动的对象，以充分展现和发挥演示文稿的特色及优势。

知识赋能

（一）幻灯片对象的布局原则

幻灯片中除了可以包含文本，还可以包含图片、形状和表格等对象。合理、有效地将这些对象布局到各张幻灯片中，不仅可以增强演示文稿的表现力，还可以增强演示文稿的说服力。分布排列幻灯片中的各个对象时，应遵循以下 5 个原则。

- 画面平衡。布局幻灯片时，应尽量保持幻灯片页面平衡，使整个幻灯片画面协调，避免出现左重右轻、右重左轻及头重脚轻的情况。
- 布局简单。虽然一张幻灯片是由多种对象组合而成的，但一张幻灯片中的对象不宜过多，否则幻灯片会显得很拥挤，不利于传递信息。
- 统一协调。演示文稿中各张幻灯片标题文本的位置应统一，文字采用的字体、字号、颜色和页边距等应尽量统一，不能随意设置，以免破坏幻灯片的整体效果。
- 强调主题。为了让观众能快速、深刻地对幻灯片所表达的内容产生共鸣，可通过颜色、字体及样式等强调幻灯片中要表达的核心内容，以引起观众注意。
- 内容简练。幻灯片只是辅助演讲者传递信息的一种方式，且观众在短时间内可接收并记住的信息并不多，因此，在一张幻灯片中只需列出要点或核心内容。

（二）插入媒体文件

在 PowerPoint 中插入图片、形状、SmartArt 图形、表格等对象的操作方法，与在 Word 中插入这些对象的操作方法大致相似。插入对象后，用户可以直接在幻灯片中随意调整其位置，相对于在 Word 中需要将对象的环绕方式设置为"浮于文字上方"而言，在 PowerPoint 中设置对象的操作方法更加简便。下面重点介绍在 PowerPoint 中插入音频和视频等文件的方法。

1. 插入音频文件

根据实际需要，用户既可以在幻灯片中直接插入已有的音频文件，又可以通过录音得到需要的音频文件。

- 插入计算机中的音频文件。选择需要插入音频文件的幻灯片，在"插入"/"媒体"组中单击"音频"按钮◁)），在弹出的下拉列表中选择"PC 上的音频"选项，打开"插入音频"对话框，在其中选择需要插入的音频文件后，单击 插入(S) ▼ 按钮。需要注意的是，音频文件被插入幻灯片以后，将以喇叭标记◁ 的形式出现，拖曳该标记可调整其位置，选择该标记后可在显示的工具栏中播放音频，如图 4-48 所示。另外，选择该标记后，在"播放"选项卡中可以对音频文件进行更多设置，如剪裁、淡化、调整音量、设置播放参数等，如图 4-49 所示。

图 4-48　音频标记与工具栏

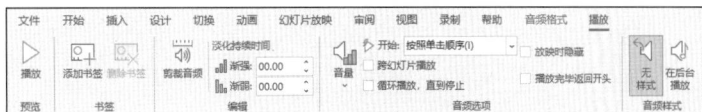

图 4-49　"播放"选项卡

- 录制音频。选择幻灯片，在"插入"/"媒体"组中单击"音频"按钮◁)），在弹出的下拉列表中选择"录制音频"选项，打开"录制声音"对话框，在"名称"文本框中可设置该音频的名称。单击"录制"按钮◉可开始录音（需确保计算机中连接有麦克风等音频输入设备），如图 4-50 所示。单击"停止"按钮□可停止录音，单击 确定 按钮可完成录制操作，所录制的音频同样将以喇叭标记◁ 的形式显示在幻灯片中。

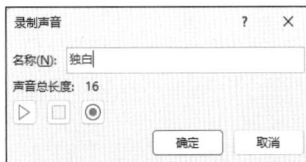

图 4-50　"录制声音"对话框

2. 插入视频文件

视频文件的插入方法与音频文件的插入方法类似，用户可以在 PowerPoint 中插入计算机中的视频文件或联机视频。

- 插入计算机中的视频文件。在"插入"/"媒体"组中单击"视频"按钮囗，在弹出的下拉列表中选择"此设备"选项，打开"插入视频文件"对话框，在其中选择需要插入的视频文件后，单击 插入(S) ▼ 按钮便可成功插入视频文件，效果如图 4-51 所示。对于插入幻灯片中的视频对象，用户可以通过拖曳的方式调整其位置，也可以通过拖曳控制点的方式调整其尺寸。同样，可以利用"播放"选项卡对视频文件进行剪裁、淡化、调整音量、设置播放参数等操作。
- 插入库存视频。在"插入"/"媒体"组中单击"视频"按钮囗，在弹出的下拉列表中选择"库存视频"选项，在打开的图 4-52 所示的对话框中选择或搜索视频对象，单击 插入 (1) 按钮即可插入视频对象。

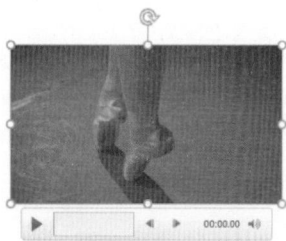

图 4-51　插入视频文件后的效果

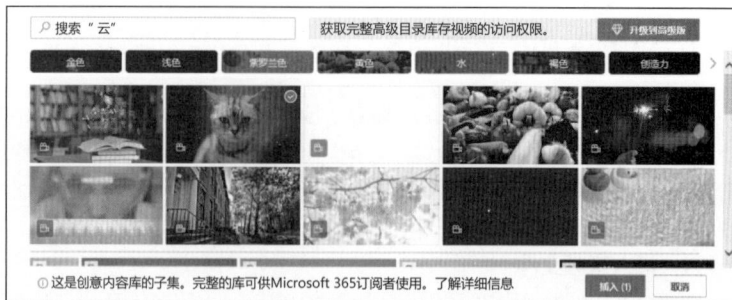

图 4-52　选择库存视频

任务实现

本任务将对"端午节活动策划"演示文稿中的内容进行设置，其参考效果（部分）如图 4-53 所示。其中，将充分利用图片、形状、图表、表格等对象，并使用动作按钮、超链接等对象在幻灯片中创建超链接，这样不仅能使整个演示文稿更加生动有趣，又能方便制作者在放映过程中灵活控制播放流程，提升演示的互动性与用户体验。

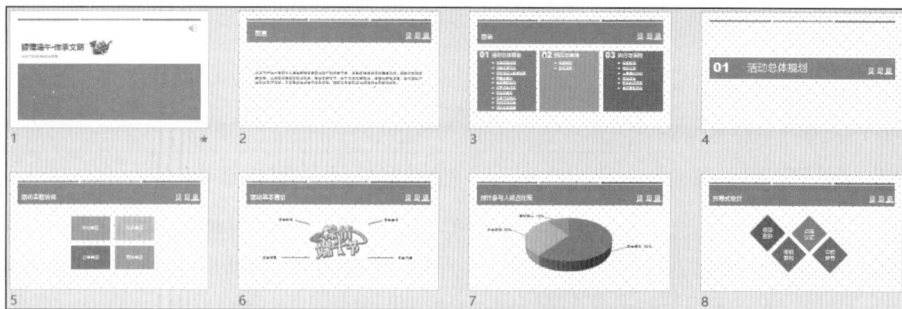

图 4-53　丰富"端午节活动策划"演示文稿后的参考效果（部分）

（一）插入形状和文本框

丰富多样的形状可以让幻灯片变得生动有趣，文本框则可以更好地布局文本，它们都是幻灯片中经常使用的对象。下面在"端午节活动策划 02.pptx"演示文稿中插入形状和文本框，其具体操作如下。

（1）打开"端午节活动策划 02.pptx"演示文稿（配套资源：素材\模块四\端午节活动策划 02.pptx），选择第 3 张幻灯片，在"插入"/"插图"组中单击"形状"按钮，在弹出的下拉列表中选择"矩形"/"矩形"选项，如图 4-54 所示。

（2）在幻灯片中单击以插入矩形，在"形状格式"/"大小"组中将矩形的高度和宽度均设置为"10 厘米"，如图 4-55 所示。

微课

插入形状和
文本框

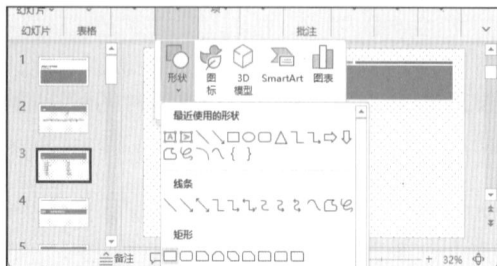

图 4-54　选择形状

图 4-55　设置形状大小

（3）保持该矩形处于选择状态，在"形状格式"/"形状样式"组中单击"形状轮廓"下拉按钮 ✎ ⌄ ，在弹出的下拉列表中选择"无轮廓"选项，如图4-56所示。

（4）在"插入"/"文本"组中单击"文本框"按钮 Ⓐ 下方的下拉按钮ᵗᵉˣᵗ，下拉列表中选择"绘制横排文本框"选项，如图4-57所示。

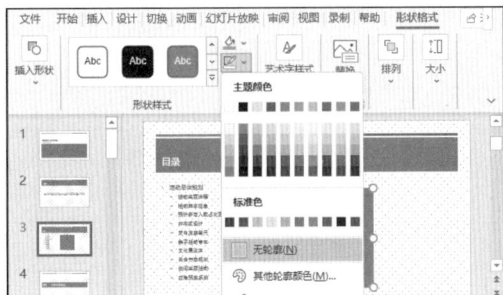

图4-56　选择"无轮廓"选项

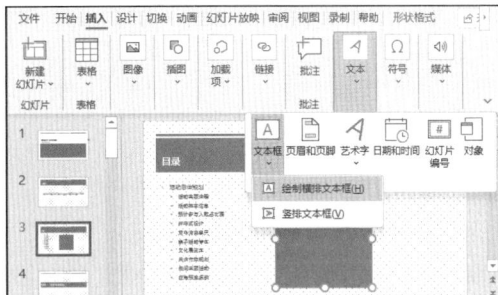

图4-57　选择文本框类型

（5）在幻灯片的空白区域单击以插入文本框，并在其中输入"01"，如图4-58所示。

（6）在"开始"/"字体"组中将输入文本的字体格式设置为"Arial Black (标题)；36号；白色，背景1"，并将文本框移动至矩形的左上角，效果如图4-59所示。

图4-58　输入文本

图4-59　设置文本格式并移动文本框

（7）按住"Ctrl"键并向右拖曳文本框边框，复制出一个新的文本框，利用"Ctrl+C"组合键和"Ctrl+V"组合键将文本占位符中的"活动总体规划"文本复制到新的文本框中，并将其字体格式设置为"方正兰亭中黑简体 (标题)；24号；白色，背景1"，效果如图4-60所示。

（8）继续复制文本框，将文本占位符中"活动总体规划"文本下的所有二级文本复制到该文本框中，并将其设置为"方正兰亭黑_GBK (正文)；18号；白色，背景1"。选择文本，在"开始"/"段落"组中单击"项目符号"按钮 ⯑ 右侧的下拉按钮 ⌄ ，在弹出的下拉列表中选择"带填充效果的大方形项目符号"选项，如图4-61所示。

图4-60　复制并修改文本框（1）

图4-61　复制并修改文本框（2）

（9）保持文本处于选择状态，在"开始"/"段落"组中单击右下角的"对话框启动器"按钮，打开"段落"对话框，在"缩进和间距"选项卡的"缩进"选项组中将"文本之前"设置为"0厘米"，在"行距"下拉列表中选择"多倍行距"选项，将"设置值"数字框中的参数设置为"1.2"，如图4-62所示，单击 确定 按钮。

（10）拖曳文本框边框，将项目符号左侧与上方文本框的文本左侧对齐，如图4-63所示。

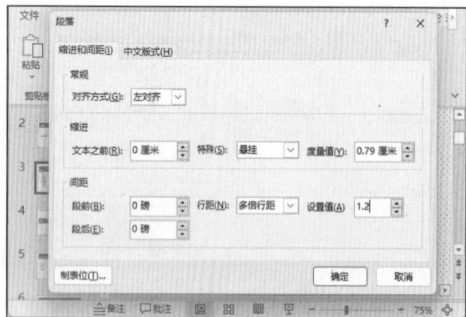

图4-62 设置段落格式

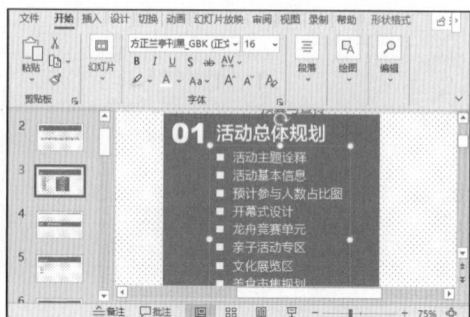

图4-63 移动文本框

> **提示** 在幻灯片中移动对象时，PowerPoint会根据对象所处的实时位置自动显示出智能辅助线，以帮助用户更好地确定对象的位置和距离。一般来说，智能辅助线有两种类型：样式为虚线无箭头的智能辅助线，表示当前对象位于幻灯片页面或某个参考对象的中央（包括水平和垂直两个方向）；样式为虚线带双箭头的智能辅助线，表示当前对象的位置与其他某个参考对象的位置的间距相等。合理使用智能辅助线，可以减少排列和分布功能的使用，从而提高幻灯片的编辑效率。

（11）先拖曳鼠标框选矩形及其中的3个文本框，按"Ctrl+C"组合键进行复制，再按"Ctrl+V"组合键进行粘贴，同时移动复制的多个对象，使它们相互不重叠，接着将文本占位符中的相关文本复制到相应的文本框中，并修改和设置文本内容。按相同方法制作目录的第3个部分，最后删除幻灯片中原有的文本占位符，效果如图4-64所示。

（12）选择第2个矩形，在"形状格式"/"形状样式"组中单击"形状填充"下拉按钮，在弹出的下拉列表中选择"酸橙色，个性色2"选项，按照相同的方法将第3个矩形的填充颜色设置为"深青，个性色4"，效果如图4-65所示。

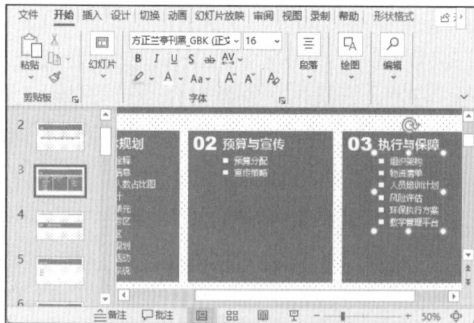

图4-64 复制并修改对象后的效果

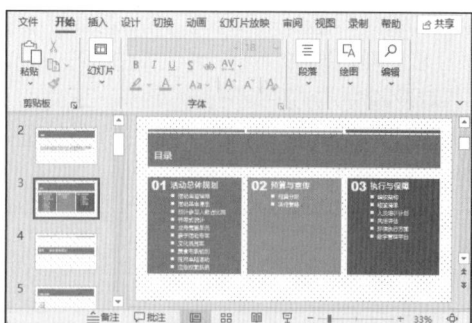

图4-65 调整矩形的填充颜色后的效果

（13）拖曳鼠标框选第1个矩形及其中的3个文本框，在"形状格式"/"排列"组中单击 组合 下拉按钮，在弹出的下拉列表中选择"组合"选项，将它们组合为一个对象，如图4-66所示。

（14）按照相同的方法将另外两组对象分别组合为一个对象，以便后续调整这3个组合对象在幻灯片中的位置，如图4-67所示。

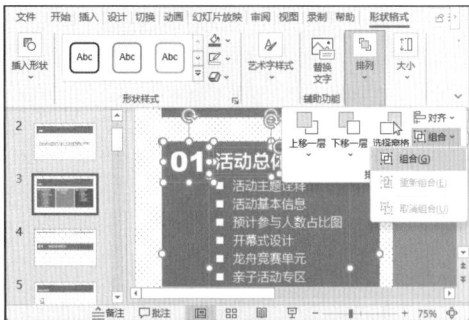

图 4-66　组合对象（1）　　　　　　　　图 4-67　组合对象（2）

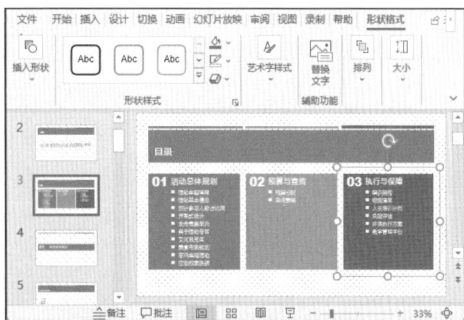

（15）以"目录"文本所在矩形的左右两侧为参考，分别移动蓝色组合对象、绿色组合对象和灰色组合对象至该矩形的下方。

（16）按住"Ctrl"键的同时选择该幻灯片中的 3 个组合对象，在"形状格式"/"排列"组中单击 对齐 下拉按钮，在弹出的下拉列表中选择"横向分布"选项，再次在该下拉列表中选择"垂直居中"选项，以快速调整对象的位置，如图 4-68 所示。

（17）保持 3 个组合对象处于选择状态，在"形状格式"/"排列"组中单击 组合 下拉按钮，在弹出的下拉列表中选择"取消组合"选项，便于后续分别为各个对象添加动画效果，如图 4-69 所示。

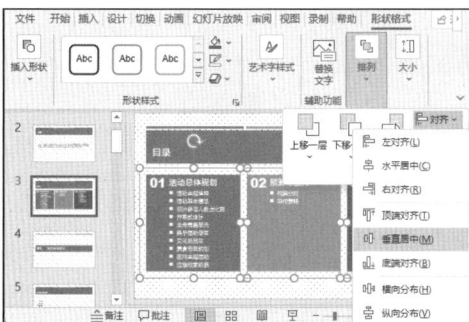

图 4-68　分布与排列组合对象　　　　　　图 4-69　取消组合

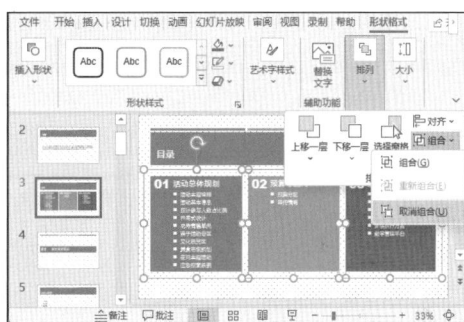

> **提示**　在编辑幻灯片或进行其他工作时，应该养成考虑后续工作环节的习惯。例如，上面为了后续能够为各个对象添加不同的动画效果，会考虑将已组合的对象取消组合。养成这种习惯，无论是在工作、学习还是在生活中，都会给我们带来许多好处，使后续工作能够顺利开展，使我们能够有条不紊、游刃有余地完成各种任务。

（二）使用即梦 AI 生成并插入图片

图片（如照片、插图等）能够反映形状无法反映的信息。在幻灯片中合理使用图片，不仅能丰富幻灯片的内容，还能通过更加形象的方式向观众展示需要表达的内容。若没有合适的图片，还可以利用人工智能工具生成。下面借助即梦 AI 工具，在"端午节活动策划 02.pptx"演示文稿中插入图片，其具体操作如下。

（1）访问并登录即梦 AI，单击页面中的 图片生成 按钮，在"图片生成"选项下的文本框中输入提示词，如图 4-70 所示。

（2）拖曳"精细度"栏中的滑块调整生成图片的精细度，在"图片比例"栏中选择"4:3"选项，如图 4-71 所示，单击 立即生成 ◎ 1 按钮。

微课

使用即梦 AI 生成
并插入图片

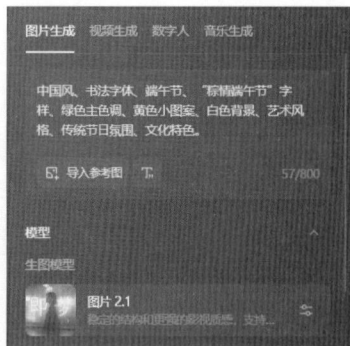

图 4-70　输入提示词

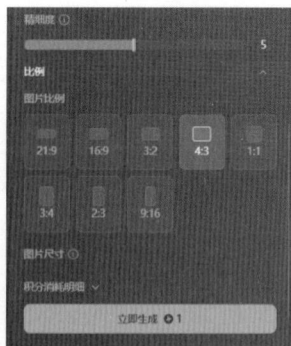

图 4-71　设置精细度和图片比例

（3）稍后即梦 AI 将根据提示词生成 4 张图片，若不满意的效果，可以根据结果重新调整提示词并再次生成。若满意生成的某张图片，可将鼠标指针移至其上，出现"下载"按钮 ，如图 4-72 所示，单击按钮即可下载图片。

（4）打开"新建下载任务"对话框，设置图片的名称和保存位置，如图 4-73 所示，单击 下载 按钮。

图 4-72　查看图片及"下载"按钮

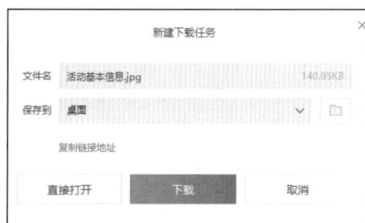

图 4-73　设置图片的名称和保存位置

（5）选择第 6 张幻灯片，在"插入"/"图像"组中单击"图片"按钮 ，在弹出的下拉列表中选择"此设备"选项，如图 4-74 所示。

（6）打开"插入图片"对话框，选择"活动基本信息.jpg"图片文件（配套资源：素材\模块四\活动基本信息.jpg），如图 4-75 所示，单击 插入(S) 按钮。

图 4-74　插入图片

图 4-75　选择图片

（7）拖曳图片右下角的控制点，适当缩小图片尺寸，在图片上按住鼠标左键，将其拖曳到幻灯片的中央，如图 4-76 所示。

（8）复制文本占位符中的第 1 段文本，在幻灯片空白区域绘制出一个适当大小的横排文本框，如图 4-77 所示。

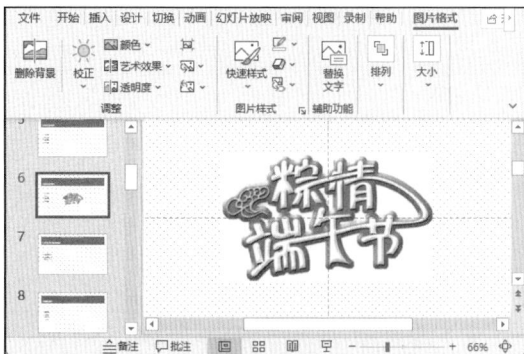

图 4-76　调整图片的大小和位置

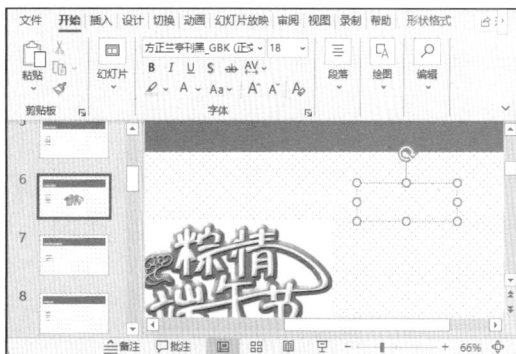

图 4-77　绘制文本框

（9）在文本框中粘贴已复制的文本，并将其字体格式设置为"方正兰亭刊黑_GBK（正文），18 号"，如图 4-78 所示。

（10）复制出 3 个文本框，并将文本占位符中其他 3 段内容分别粘贴到这 3 个文本框中，删除原有的文本占位符，并调整各文本框的位置，如图 4-79 所示。

图 4-78　复制文本并设置字体格式

图 4-79　复制文本框、修改文本内容及调整文本框的位置

（11）在"插入"/"插图"组中单击"形状"按钮，在弹出的下拉列表中选择"线条"选项组中的"直线"选项，如图 4-80 所示。

（12）在幻灯片中按住鼠标左键并拖曳鼠标以绘制线条，在"形状格式"/"形状样式"组中的"快速样式"下拉列表中选择"主题样式"选项组中的"细线 - 强调颜色 4"选项，如图 4-81 所示。

图 4-80　选择形状

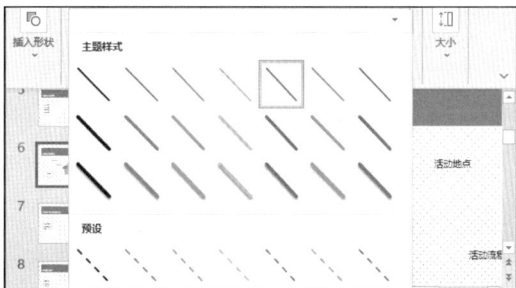

图 4-81　绘制并设置线条

（13）拖曳线条两端的控制点，调整其位置，如图 4-82 所示。

（14）在线条上按住"Ctrl"键的同时拖曳鼠标以复制线条，拖曳其两端的控制点调整其位置，如图 4-83 所示。

图 4-82 调整线条位置

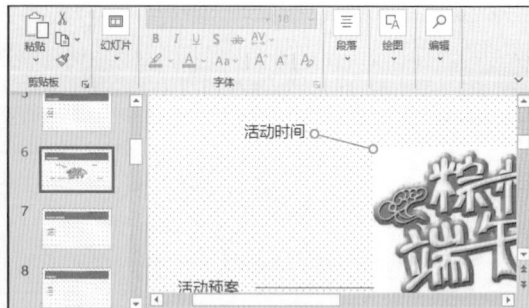

图 4-83 复制线条并调整其位置（1）

（15）按照相同的方法复制其余线条，并调整线条的位置，如图 4-84 所示。

（16）选择第 13 张幻灯片，通过删除段落标记的方法将文本占位符中的多段文本调整为 1 行，在"开始"/"段落"组中单击"项目符号"按钮，取消项目符号，如图 4-85 所示。

图 4-84 复制线条并调整其位置（2）

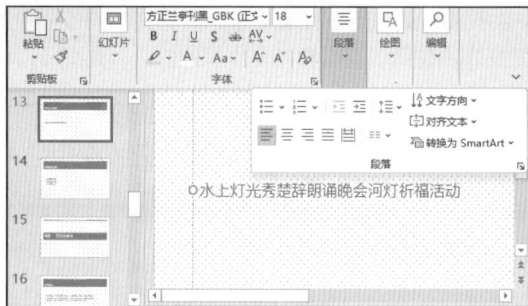

图 4-85 设置文本

（17）在"插入"/"图像"组中单击"图片"按钮，在弹出的下拉列表中选择"此设备"选项，打开"插入图片"对话框，按住"Ctrl"键的同时选择"夜间主题活动 01.jpg""夜间主题活动 02.jpg""夜间主题活动 03.jpg"这 3 张图片（配套资源：素材\模块四\夜间主题活动 01.jpg、夜间主题活动 02.jpg、夜间主题活动 03.jpg），如图 4-86 所示，单击 插入(S) 按钮。

（18）调整图片的大小和位置，并将文本占位符缩小，移动至图片上方，如图 4-87 所示。

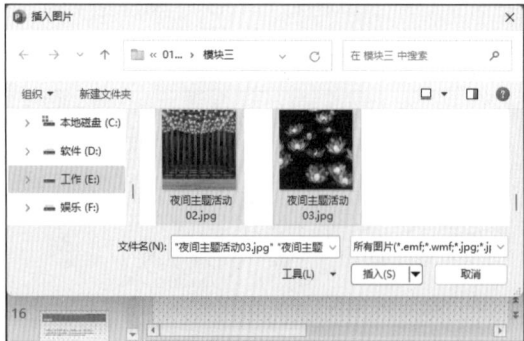

图 4-86 选择图片

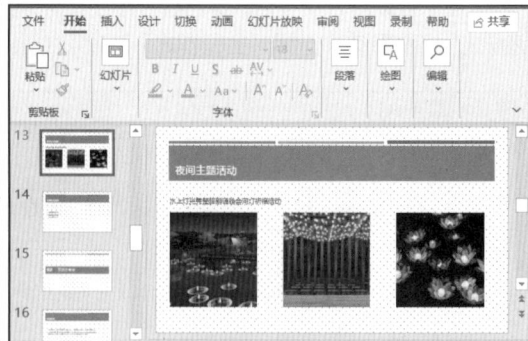

图 4-87 调整图片的大小和位置

（19）在文本占位符中的"水上灯光秀"和"楚辞朗诵晚会"文本后分别按多次"Space"键，调整文本位置，使其与下方的图片左对齐，如图 4-88 所示。

（20）选择第 24 张幻灯片，复制文本占位符中的第 1 段文本，绘制一个矩形，取消轮廓色。然后在矩形上单击鼠标右键，在弹出的快捷菜单中选择"编辑文字"命令，如图 4-89 所示。

图 4-88　调整文本位置

图 4-89　选择"编辑文本"命令

（21）按"Ctrl+V"组合键粘贴文本，设置其为"方正兰亭刊黑_GBK（正文），18 号，白色"，如图 4-90 所示。

（22）复制矩形，将文本占位符中的其他文本依次复制到这些矩形中，将这些矩形的填充颜色分别修改为"酸橙色，个性色 3""深青，个性色 4""青绿，个性色 6"，并调整各矩形的位置，如图 4-91所示。

图 4-90　粘贴文本并设置其字体格式

图 4-91　复制矩形、修改文本及调整矩形的位置

（23）删除文本占位符，插入"数字管理平台.jpg"图片（配套资源：素材\模块四\数字管理平台.jpg），在"图片格式"/"大小"组中单击"裁剪"按钮，拖曳裁剪边框中间的控制点，裁剪部分图片区域，如图 4-92 所示。

（24）单击幻灯片其他区域以确认裁剪，在"图片格式"/"图片样式"组中单击"图片边框"下拉按钮，在弹出的下拉列表中选择"绿色，个性色 1"选项，以添加图片边框，如图 4-93 所示。

图 4-92　插入并裁剪图片

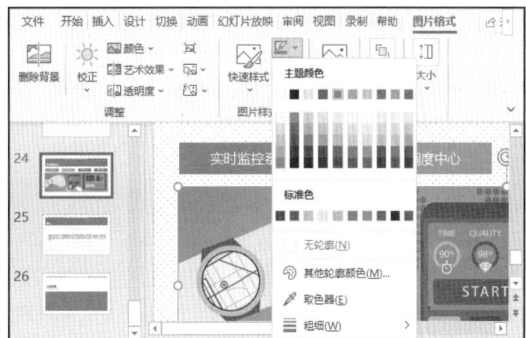

图 4-93　添加图片边框

（三）插入艺术字

艺术字同时具有文本的属性和形状的属性，非常适合在需要突出内容、强调重点时使用。下面在"端午节活动策划 02.pptx"演示文稿中插入艺术字，其具体操作如下。

（1）选择第 14 张幻灯片，在"插入"/"文本"组中单击"艺术字"按钮 ，在弹出的下拉列表中选择"填充：绿色，个性色 1；阴影"选项，如图 4-94 所示。

（2）在插入的艺术字文本框中输入"全方位应急方案"，如图 4-95 所示。

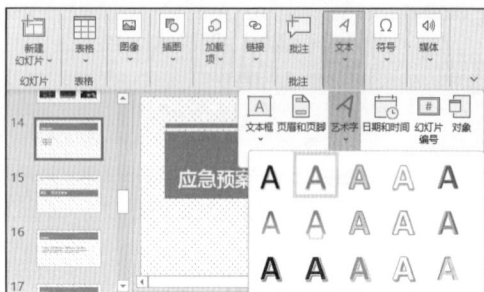

图 4-94　选择艺术字样式

图 4-95　输入艺术字内容

（3）选择"全方位"文本，将其设置为"88 号，加粗"，如图 4-96 所示。

（4）选择艺术字文本框的边框，拖曳"旋转"标记 ，适当旋转艺术字，如图 4-97 所示。

图 4-96　设置文本格式

图 4-97　旋转艺术字

（四）插入 SmartArt 图形

SmartArt 图形是形状和文字的可视化表示形式，它具有层次分明、条理清晰、信息表现力强等诸多优点，非常适合展示文字少、层次较明显的文本。下面在"端午节活动策划 02.pptx"演示文稿中插入 SmartArt 图形，其具体操作如下。

（1）选择第 5 张幻灯片，在"插入"/"插图"组中单击"SmartArt"按钮 ，如图 4-98 所示。

（2）打开"选择 SmartArt 图形"对话框，在左侧的列表框中选择"列表"选项，在右侧的列表框中选择"基本列表"选项，如图 4-99 所示，单击 确定 按钮。

（3）单击 SmartArt 图形左侧边框上的"展开"按钮 ，打开"在此处键入文字"文本窗格，将文本占位符中的所有文本复制到该文本窗格中，并删除文本占位符，如图 4-100 所示。

（4）关闭"在此处键入文字"文本窗格，拖曳 SmartArt 图形边框上的控制点以调整其大小，如图 4-101 所示。

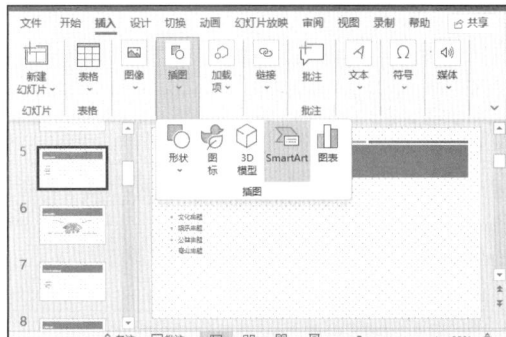

图 4-98　插入 SmartArt 图形

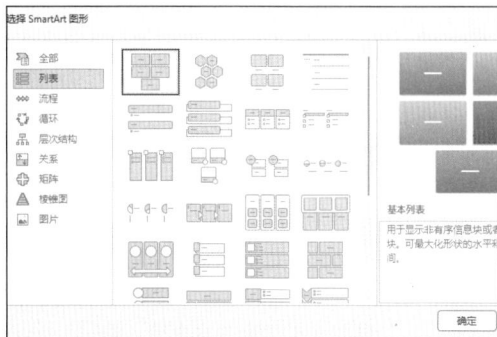

图 4-99　选择 SmartArt 样式（1）

图 4-100　复制文本（1）

图 4-101　调整 SmartArt 图形的大小

（5）在"SmartArt 设计"/"SmartArt 样式"组中单击"更改颜色"按钮，在弹出的下拉列表中选择"彩色"选项组中的"彩色-个性色"选项，然后将字号缩小为"20"，如图 4-102 所示。

（6）选择第 10 张幻灯片，在"插入"/"插图"组中单击"SmartArt"按钮，打开"选择 SmartArt 图形"对话框，在左侧的列表框中选择"全部"选项，在右侧的列表框中选择"梯形列表"选项，如图 4-103 所示，单击 确定 按钮。

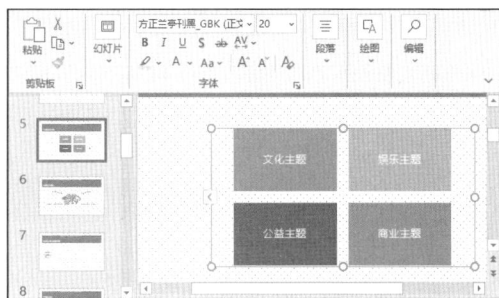

图 4-102　设置 SmartArt 图形的颜色（1）

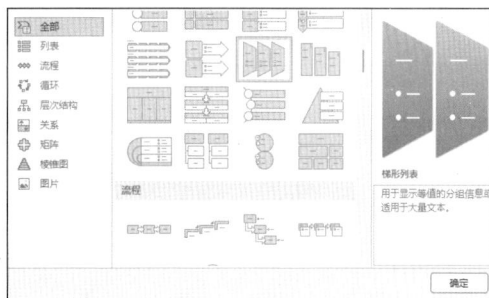

图 4-103　选择 SmartArt 样式（2）

（7）单击 SmartArt 图形左侧边框上的"展开"按钮，打开"在此处键入文字"文本窗格，将文本占位符中的所有文本复制到该窗格中，并删除文本占位符，如图 4-104 所示。

（8）关闭"在此处键入文字"文本窗格，适当调整 SmartArt 图形的大小，并在"SmartArt 设计"/"SmartArt 样式"组中单击"更改颜色"按钮，在弹出的下拉列表中选择"彩色"选项组中的"彩色范围-个性色 3 至 4"选项，然后将字号缩小为"20"，如图 4-105 所示。

（9）选择第 11 张幻灯片，按照相同的方法插入类型为"垂直图片重点列表"样式的 SmartArt 图形，将文本占位符中的文本复制到"在此处键入文字"文本窗格中后，删除文本占位符，调整 SmartArt 图形的大小，并为其应用"彩色-个性色"样式的颜色，效果如图 4-106 所示。

149

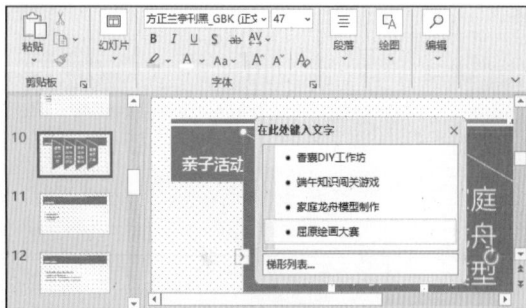

图 4-104　复制文本（2）

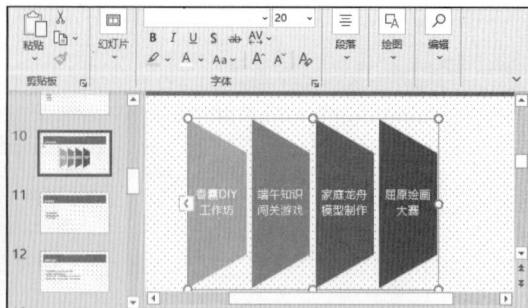

图 4-105　设置 SmartArt 图形的颜色（2）

（10）单击 SmartArt 图形中的第一个（最上方）"图片"标记🖼，打开"插入图片"对话框，如图 4-107 所示，选择"来自文件"选项。

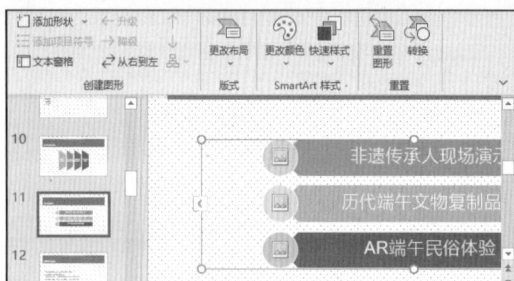

图 4-106　插入并调整 SmartArt 图形后的效果

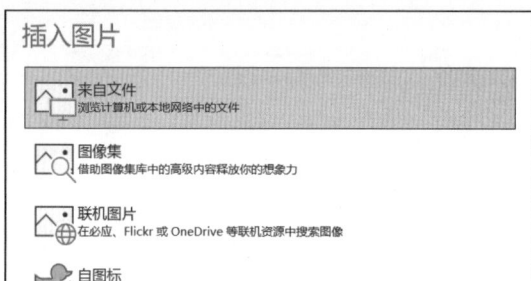

图 4-107　"插入图片"对话框

（11）打开"插入图片"对话框，选择"文化展览区 01.png"图片文件（配套资源：素材\模块四\文化展览区 01.png），如图 4-108 所示，单击 插入(S) 按钮。

（12）按照相同的方法在其余两个 SmartArt 图形中利用"图片"标记🖼依次添加"文化展览区 02.png"和"文化展览区 03.png"图片文件（配套资源：素材\模块四\文化展览区 02.png、文化展览区 03.png），效果如图 4-109 所示。

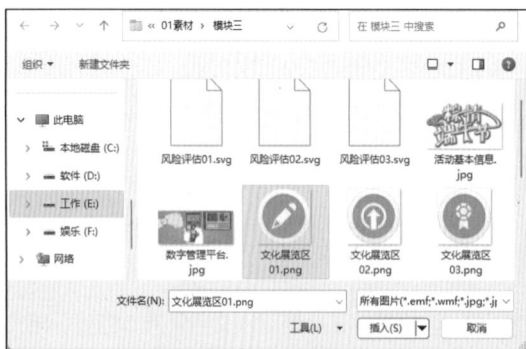

图 4-108　选择图片

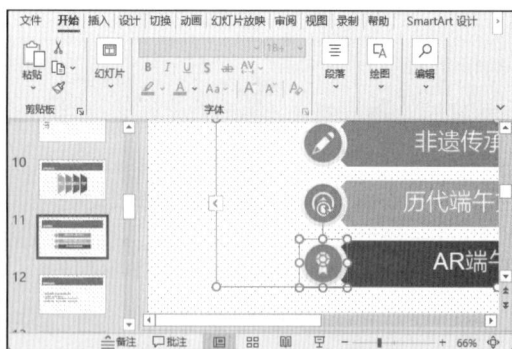

图 4-109　插入图片后的效果

（13）选择第 1 张图片，在"图片格式"/"大小"组中将其高度和宽度均设置为"1.5 厘米"，如图 4-110 所示。

（14）按照相同的方法调整另外两张图片的大小，重新选择第 1 张图片，在"图片格式"/"调整"组中单击"颜色"按钮🖼，在弹出的下拉列表中选择"重新着色"选项组中的"酸橙色，个性色 2 深色"选项，使其与右侧对应的形状拥有相同的主题色，如图 4-111 所示。

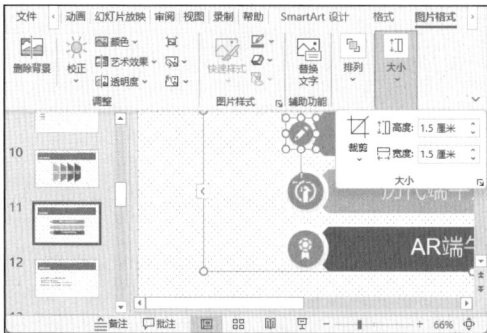
图 4-110　调整图片大小

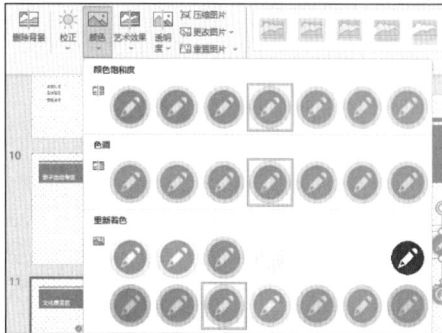
图 4-111　设置图片颜色

> **提示**　选择 SmartArt 图形，在"SmartArt 设计"/"版式"组中的"样式"下拉列表中可重新更改 SmartArt 图形的类型。在"SmartArt 设计"/"重置"组中单击"重置图形"按钮 🔁，可将其还原为默认的格式；单击"转换"按钮 🔁，在弹出的下拉列表中选择相应的选项，可将 SmartArt 图形转换为文本或形状。

（15）在"图片格式"/"图片样式"组中单击"图片边框"下拉按钮 ✐ ∨，在弹出的下拉列表中选择"酸橙色，个性色 2"选项，如图 4-112 所示。

（16）选择第 2 张图片，按照相同的方法设置其颜色为"酸橙色，个性色 3 深色"，边框颜色为"酸橙色，个性色 3"，效果如图 4-113 所示。

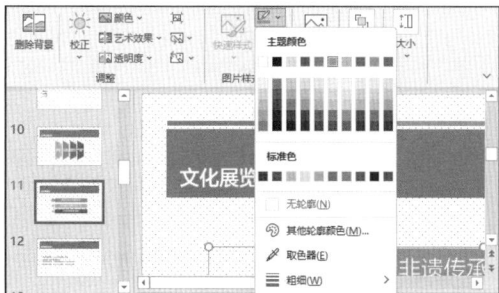
图 4-112　添加图片边框

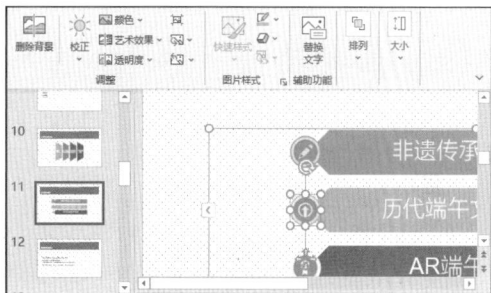
图 4-113　图片效果（1）

（17）设置第 3 张图片的颜色为"深青，个性色 4 深色"，边框颜色为"深青，个性色 4"，效果如图 4-114 所示。

（18）选择第 12 张幻灯片，插入类型为"垂直块列表"样式的 SmartArt 图形，将文本占位符中的文本复制到"在此处键入文字"文本窗格中（注意删除""号，并利用"Tab"键将它后面的文本降级处理），删除文本占位符，调整 SmartArt 图形的大小，并为其应用"彩色范围-个性色 3 至 4"样式的颜色，字号缩小为"20"，效果如图 4-115 所示。

（19）选择第 16 张幻灯片，插入类型为"线型列表"样式的 SmartArt 图形，将文本占位符中的文本复制到"在此处键入文字"文本窗格中后，删除文本占位符，调整 SmartArt 图形的大小，并为其应用"彩色-个性色"样式的颜色，将字号缩小为"20"，效果如图 4-116 所示。

（20）选择第 17 张幻灯片，插入类型为"垂直重点列表"样式的 SmartArt 图形，将文本占位符中的文本复制到"在此处键入文字"文本窗格中（注意删除""号，并利用"Tab"键将它后面的文本降级处理），删除文本占位符，调整 SmartArt 图形的大小，并为其应用"彩色范围-个性色 3 至 4"样式的颜色，将字号缩小为"20"，并在此基础上进一步将 3 个彩色矩形内的文本字号缩小为"16"，效果如图 4-117 所示。

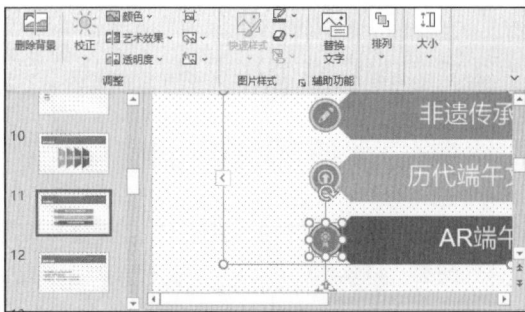

图 4-114　图片效果（2）

图 4-115　插入 SmartArt 图形的效果（1）

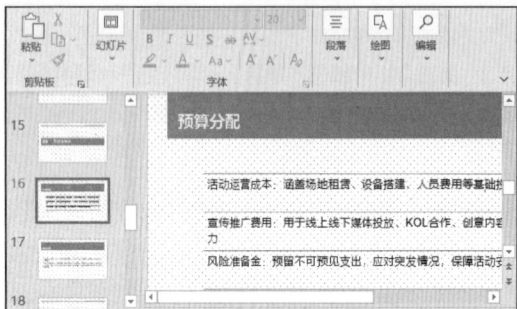

图 4-116　插入 SmartArt 图形的效果（2）

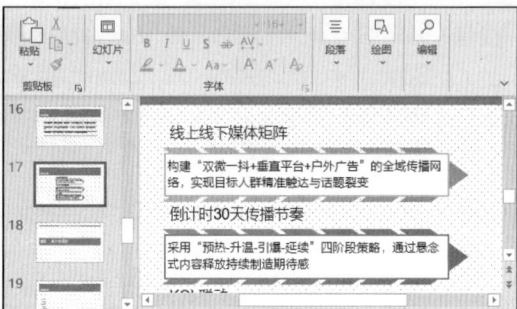

图 4-117　插入 SmartArt 图形的效果（3）

（五）插入表格

表格是编辑幻灯片时较为常用的一种工具，它能够较好地对比和汇总数据信息，将枯燥的内容变得简单、易懂。下面在"端午节活动策划 02.pptx"演示文稿中插入表格，其具体操作如下。

微课

插入表格

（1）选择第 21 张幻灯片，删除原有的文本占位符，在"插入"/"表格"组中单击"表格"按钮 ▦，在弹出的下拉列表中将鼠标指针定位至表示"3×5 表格"的位置，如图 4-118 所示，单击即可插入表格。

（2）在表格的单元格中单击以定位文本插入点，输入文本占位符中的文本，如图 4-119 所示。这里也可直接复制"人员培训计划表.txt"文件（配套资源：素材\模块四\人员培训计划表.txt）的内容以提高操作效率。

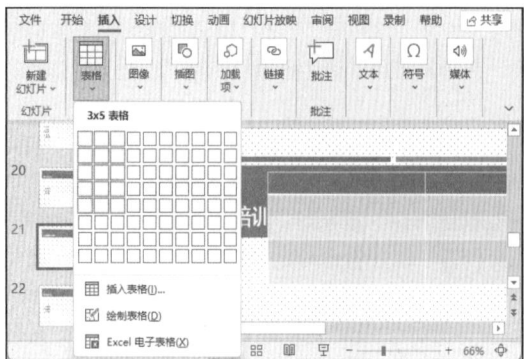

图 4-118　选择表格

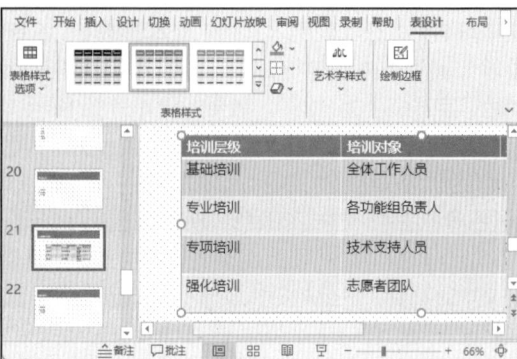

图 4-119　输入文本

（3）拖曳表格四周的白色控制点，调整表格尺寸，使其宽度与上方绿色矩形框的宽度一致。然后拖曳表格内白色的竖线（即列分隔线），调整各列的列宽，参考效果如图 4-120 所示。

（4）在"表设计"/"表格样式"组中的"表格样式"下拉列表中选择"浅色"选项组中的"浅色样式 3 - 强调 2"选项，如图 4-121 所示。

图 4-120　调整表格布局

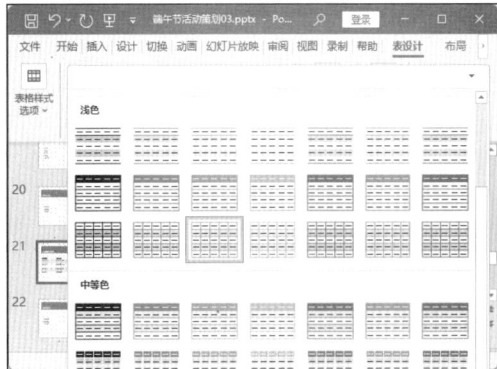

图 4-121　应用表格样式

（5）在"布局"/"对齐方式"组中单击"垂直居中"按钮，调整单元格中文本的对齐方式，如图 4-122 所示。

（6）拖曳鼠标选择除表格第一行以外的所有单元格，将文本字号调整为"16"，如图 4-123 所示。

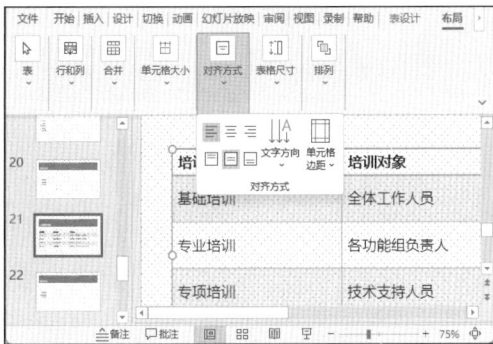

图 4-122　调整文本对齐方式

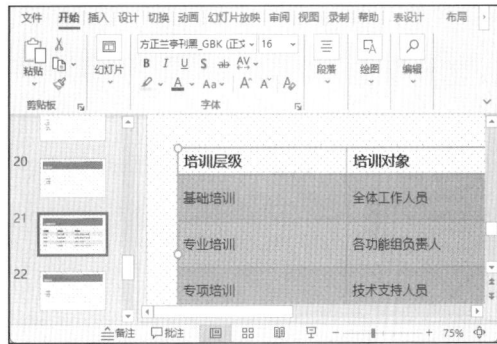

图 4-123　调整文本字号

（六）插入图表

图表是展示数据的有效手段，无论是对比数据大小，还是查看数据占比、分析数据变化趋势等，利用图表都能得到直观的效果。下面在"端午节活动策划 02.pptx"演示文稿中插入图表，其具体操作如下。

（1）选择第 7 张幻灯片，在"插入"/"插图"组中单击"图表"按钮，如图 4-124 所示。

（2）打开"插入图表"对话框，在左侧的列表框中选择"饼图"选项，在右侧上方选择"三维饼图"选项，如图 4-125 所示，单击[　确定　]按钮。

（3）此时 PowerPoint 将在插入饼图的同时自动打开"Microsoft PowerPoint 中的图表"窗口，其中显示了一些默认的文本和数据。根据所选幻灯片中文本占位符的内容修改其中的数据，删除第 5 行中多余的数据，并拖曳 B5 右下角的蓝色直角标记至 B4 单元格，调整图表的数据区域，如图 4-126 所示，完成后将其关闭。

微课

插入图表

153

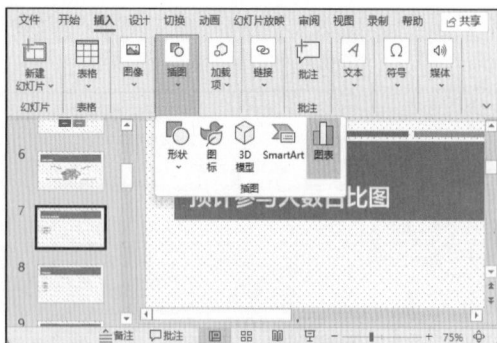

图 4-124　插入图表

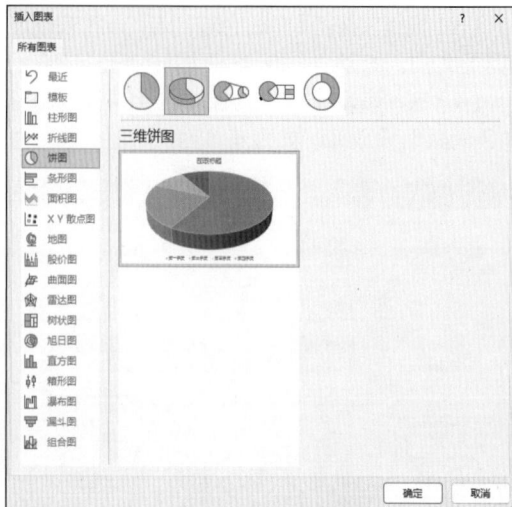

图 4-125　选择图表类型

（4）删除文本占位符，并删除图表中的标题和图例等对象，拖曳图表边框上的控制点，调整图表大小，如图 4-127 所示。

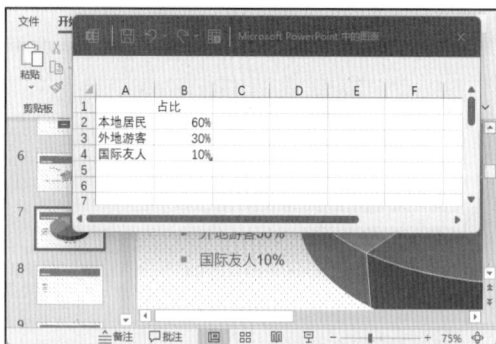

图 4-126　修改数据

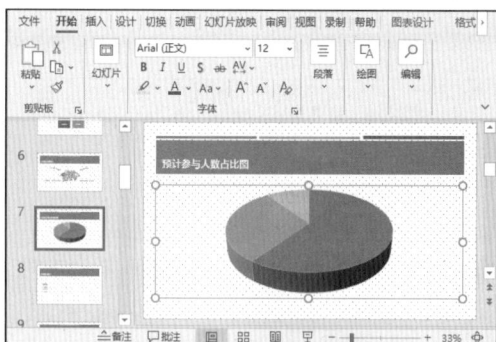

图 4-127　调整图表大小

（5）在"图表设计"/"图表布局"组中单击"添加图表元素"按钮，在弹出的下拉列表中选择"数据标签"/"其他数据标签选项"选项，如图 4-128 所示。

（6）打开"设置数据标签格式"任务窗格，在"标签选项"选项组中选中"类别名称"复选框（"值"复选框为默认选中的状态），并关闭该任务窗格，如图 4-129 所示。

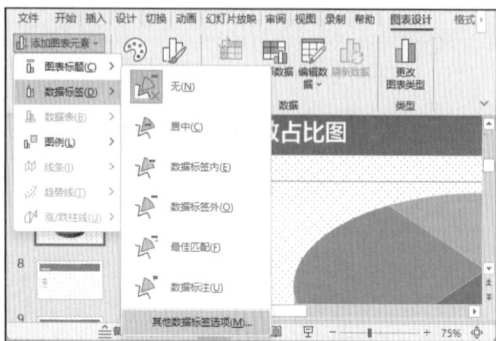

图 4-128　添加数据标签

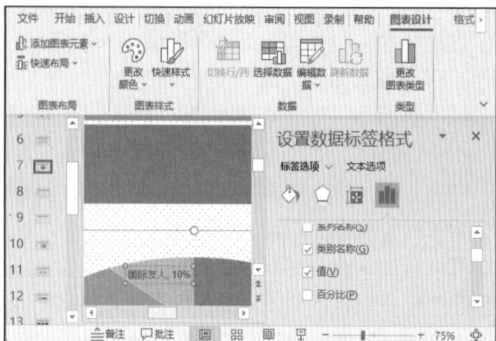

图 4-129　设置标签格式

（7）选择添加的数据标签对象，将其字体格式设置为"方正兰亭刊黑_GBK（正文）"，字号设置为"18"，如图4-130所示。

（8）选择某个数据标签，在其边框上按住鼠标左键并向左进行拖曳，以调整其位置，如图4-131所示。

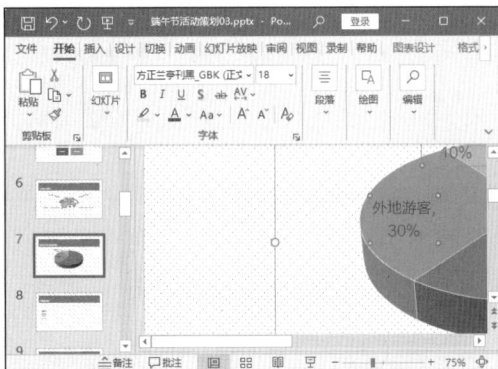

图4-130　设置数据标签的字体格式

图4-131　调整数据标签位置（1）

（9）按照相同的方法调整其他数据标签的位置，使它们均显示出引导线，如图4-132所示。

（10）在"图表设计"/"图表样式"组中单击"更改颜色"按钮，在弹出的下拉列表中选择"彩色"选项组中的"彩色调色板2"选项，设置图表颜色，如图4-133所示。

图4-132　调整数据标签位置（2）

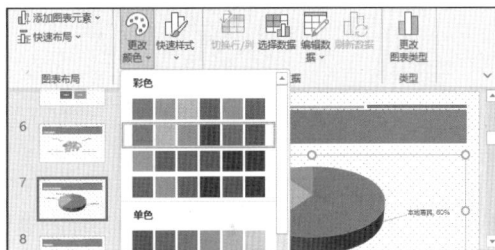

图4-133　设置图表颜色

（七）丰富其他幻灯片

熟悉形状、文本框、图片、艺术字、SmartArt图形、表格、图表等对象在幻灯片中的使用方法后，接下来继续利用其中的部分对象来丰富"端午节活动策划02.pptx"演示文稿中的其他幻灯片，其具体操作如下。

（1）选择第8张幻灯片，在其中插入填充颜色为"深绿色，文字2"且无轮廓的菱形，并将菱形的高度和宽度均设置为"6厘米"，如图4-134所示。

（2）在菱形上添加文本，内容为文本占位符中的"领导致辞"，将字号设置为"24"，如图4-135所示。

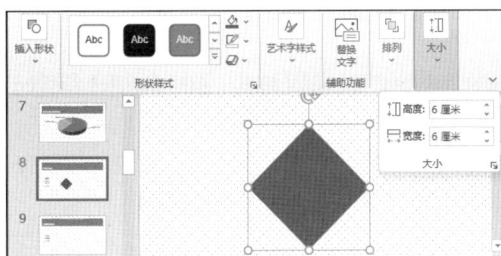

图4-134　插入菱形

图4-135　复制文本（1）

155

（3）复制出 3 个菱形，并将它们按图 4-136 所示的效果进行排列。

（4）按照文本占位符中的内容修改其余 3 个菱形中的文本对象，删除文本占位符，如图 4-137 所示。

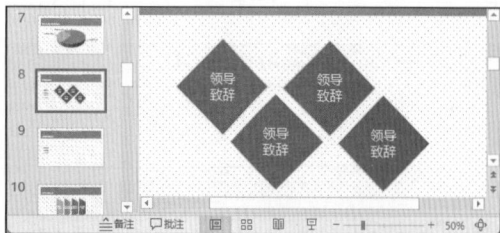

图 4-136　复制菱形

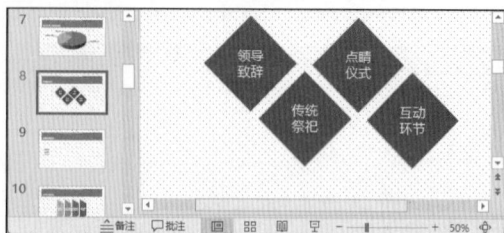

图 4-137　复制文本（2）

（5）将复制出的 3 个菱形的填充颜色分别设置为"深青，个性色 4""绿色，个性色 1""青绿，个性色 6"，效果如图 4-138 所示。

（6）选择第 9 张幻灯片，在其中插入一个无轮廓的正方形（大小为"3×3"）和一个文本框，在文本框中添加文本占位符中的第一段文本，并将这两个对象水平居中对齐，如图 4-139 所示。

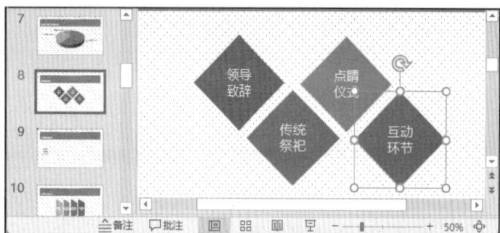

图 4-138　设置菱形的填充颜色

图 4-139　插入正方形和文本框

（7）复制这两组对象，结合文本占位符中的文本修改文本框中的内容，删除文本占位符，并调整这 3 组对象的位置，再分别修改其余两个正方形的填充颜色为"深青，个性色 4""酸橙色，个性色 3"，如图 4-140 所示。

（8）在当前幻灯片中插入"龙舟竞赛单元 01.png""龙舟竞赛单元 02.png""龙舟竞赛单元 03.png"图片文件（配套资源：素材\模块四\龙舟竞赛单元 01.png、龙舟竞赛单元 02.png、龙舟竞赛单元 03.png），按图 4-141 所示的效果适当缩小图片大小，并将其放置于各正方形的中央。

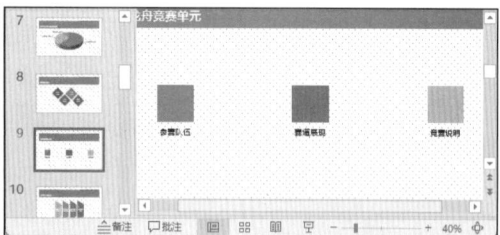

图 4-140　复制并修改对象

图 4-141　在第 9 张幻灯片中插入图片

> **提示**　PowerPoint 支持 JPG、PNG、SVG 等目前使用较为广泛的图片格式。相对于 JPG 格式而言，PNG 格式的图片可以保留透明度信息，若用户想在 PowerPoint 中将图片的背景透明显示，则使用 PNG 格式的图片更为合适。而 SVG 格式的图片包含形状的基本属性，可以在 PowerPoint 中对其填充颜色、轮廓色等进行设置。

（9）选择第 19 张幻灯片，在其中插入无轮廓的空心弧形状，将其填充色设置为"茶色，背景 2"，拖曳黄色控制点以调整其粗细，并将其放置于幻灯片下方，如图 4-142 所示。

（10）在幻灯片中继续创建无轮廓的圆形（大小为"3×3"），并利用该圆形复制出 4 个圆形，将它们放置在空心弧上，分别设置复制出的 4 个圆形的填充色为"酸橙色，个性色 2""酸橙色，个性色 3""深青，个性色 4""水绿色，个性色 5"，如图 4-143 所示。

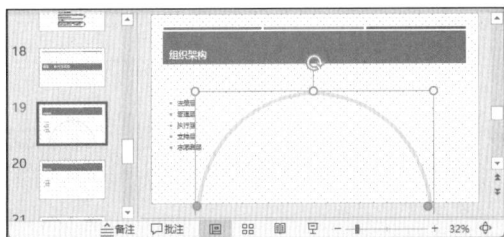

图 4-142　插入空心弧形状

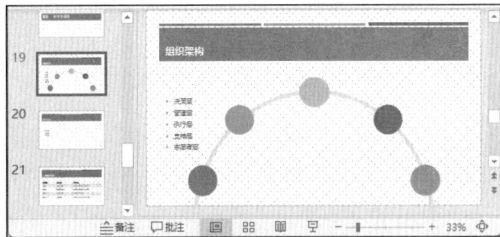

图 4-143　创建并复制圆形

（11）插入"组织架构 01.svg"～"组织架构 05.svg"图片文件（配套资源：素材\模块四\组织架构 01.svg～组织架构 05.svg），按照图 4-144 所示的效果调整图片大小，并将其放置于各圆形的中央。

（12）结合文本占位符中的内容插入 5 个文本框，删除文本占位符，并调整各文本框的位置，如图 4-145 所示。

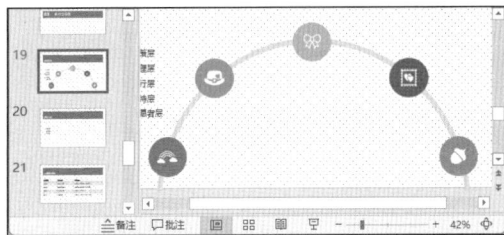

图 4-144　在第 19 张幻灯片中插入图片

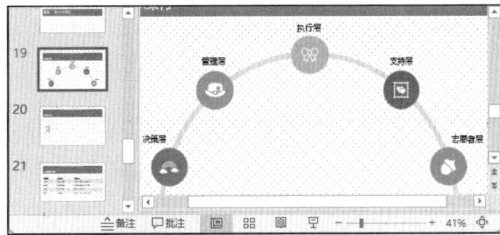

图 4-145　插入文本框

（13）选择第 20 张幻灯片，在其中插入一个无轮廓的单圆角矩形（大小为"5×5"）和一个文本框，复制文本占位符中的第一段文本并将其粘贴到文本框中，再将文本字体颜色设置为"白色，背景 1"，最后适当调整两个对象的位置，如图 4-146 所示。

（14）复制出另外两组对象，再结合文本占位符中的文本修改文本框中的内容，删除文本占位符，并分别修改其余两个形状的填充颜色为"深青，个性色 4""深绿色，文字 2"，如图 4-147 所示。

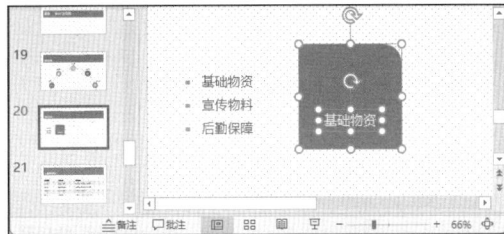

图 4-146　插入形状和文本框

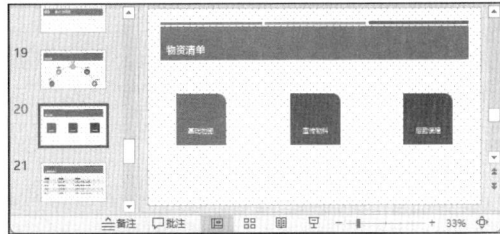

图 4-147　复制并设置对象

（15）调整 3 组对象的位置，插入"物资清单 01.svg"～"物资清单 03.svg"图片文件（配套资源：素材\模块四\物资清单 01.svg～物资清单 03.svg），按图 4-148 所示的效果调整图片的位置。

（16）同时选择 3 个单圆角矩形，在"形状格式"/"形状样式"组中单击 形状效果 下拉按钮，在弹出的下拉列表中选择"阴影"选项组中的"透视"/"透视：右上"选项，如图 4-149 所示。

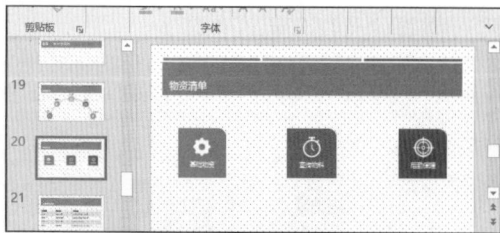

图 4-148　调整对象位置并插入图片

图 4-149　设置阴影效果

（17）选择第 22 张幻灯片，按照相同的方法插入并处理圆角矩形、圆形、文本框和图片（配套资源：素材\模块四\风险评估 01.svg～风险评估 03.svg），此幻灯片文本框中的文本颜色与形状颜色应保持统一，如图 4-150 所示。

（18）选择第 23 张幻灯片，在其中使用文本框、圆形（其中一个圆形无填充颜色，另一个圆形无轮廓色）来呈现相应的内容，效果如图 4-151 所示。

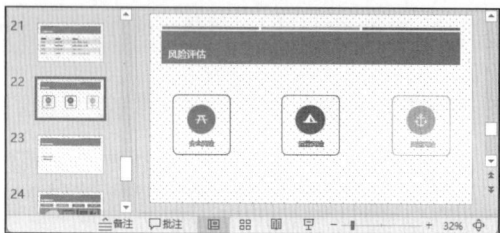

图 4-150　创建对象并插入图片

图 4-151　创建文本框和圆形

（19）在幻灯片中继续创建半径大小与外圆相等的弧形，将其轮廓粗细设置为"4.5 磅"（利用"形状格式"/"形状样式"组中的"形状轮廓"下拉列表中的"粗细"选项进行设置），通过旋转的方式将其放置在外圆上，如图 4-152 所示。

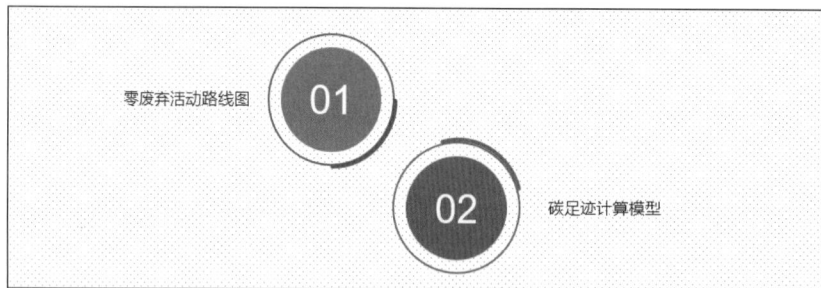

图 4-152　创建弧形

（八）插入音频

为了能在放映演示文稿的过程中播放背景音乐，下面在"端午节活动策划 02.pptx"演示文稿中插入并设置音频文件，其具体操作如下。

（1）选择第 1 张幻灯片，在"插入"/"媒体"组中单击"音频"按钮，在弹出的下拉列表中选择"PC 上的音频"选项，如图 4-153 所示。

（2）打开"插入音频"对话框，选择"背景音乐.mp3"音频文件（配套资源：素材\模块四\背景音乐.mp3），如图 4-154 所示，单击 插入(S) 按钮。

（3）拖曳"音频"标记 至幻灯片右上方，如图 4-155 所示。

微课

插入音频

图 4-153　选择 "PC 上的音频" 选项

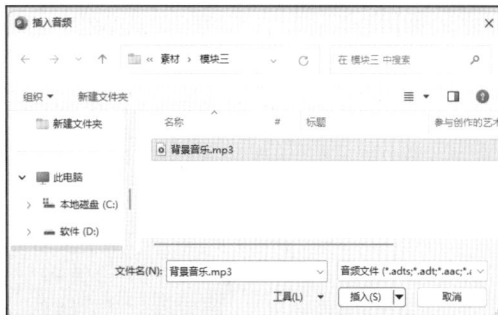

图 4-154　选择音频文件

（4）在"播放"/"音频选项"组中的"开始"下拉列表中选择"自动"选项，再依次选中"跨幻灯片播放""循环播放，直到停止""放映时隐藏"复选框，如图 4-156 所示。

图 4-155　移动音频标记

图 4-156　设置音频参数

（九）借助即梦 AI 生成并插入视频

在演示文稿中插入视频可以丰富幻灯片内容，也能提升观众的兴趣。随着人工智能技术的不断进步，用户可以充分借助人工智能工具来生成更具创意的视频对象。下面便利用即梦 AI 生成视频，然后在"端午节活动策划 02.pptx"演示文稿中插入该视频对象并进行适当设置，其具体操作如下。

（1）访问并登录即梦 AI，单击页面上方的 视频生成 按钮，并在页面左侧单击 上传图片 按钮，如图 4-157 所示。

（2）打开"打开"对话框，选择"龙舟.jpg"图片文件（配套资源：素材\模块四\龙舟.jpg），如图 4-158 所示，单击 打开(O) 按钮。

微课

借助即梦 AI 生成
并插入视频

图 4-157　上传图片

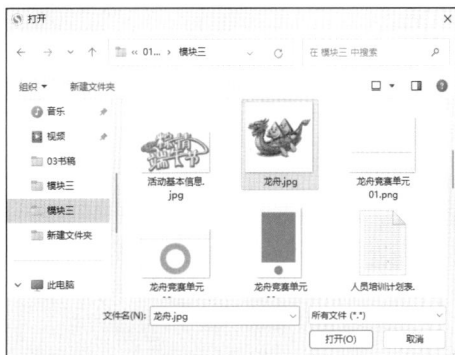

图 4-158　选择图片文件

（3）图片上传完成后，在下方的文本框中输入提示词，说明对视频内容的具体需求，如图4-159所示，然后单击 生成视频 ▶5 按钮。

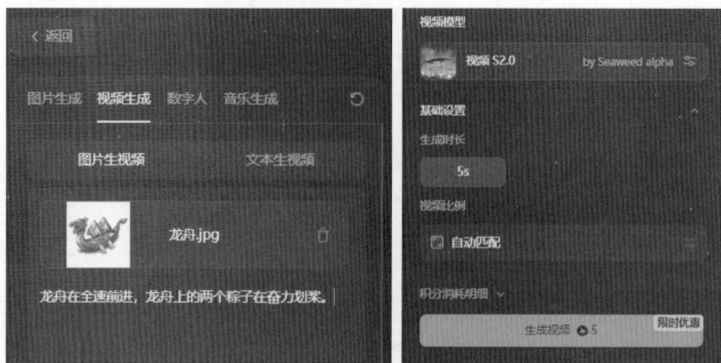

图4-159　输入提示词并准备生成视频

（4）即梦AI开始生成视频，完成后将显示生成的内容。将鼠标指针移至视频画面上方可以自动预览效果，如图4-160所示，确认无误后单击 山下载 按钮，将该视频对象以"龙舟竞赛.mp4"为名下载到计算机中（配套资源：效果\模块四\龙舟竞赛.mp4）。

图4-160　预览视频

（5）选择第1张幻灯片，在"插入"/"媒体"组中单击"视频"按钮，在弹出的下拉列表中选择"此设备"选项，打开"插入视频文件"对话框，在其中选择下载的"龙舟竞赛.mp4"视频文件，单击 插入(S) ▼ 按钮。

（6）拖曳视频右下角的白色控制点，适当缩小视频对象，并将其拖曳至标题右侧，如图4-161所示。

（7）在"视频格式"/"调整"组中单击"更正"按钮，在弹出的下拉列表中选择"亮度/对比度"选项组中的"亮度：0（正常）对比度：+20%"选项，如图4-162所示。

图4-161　调整视频对象

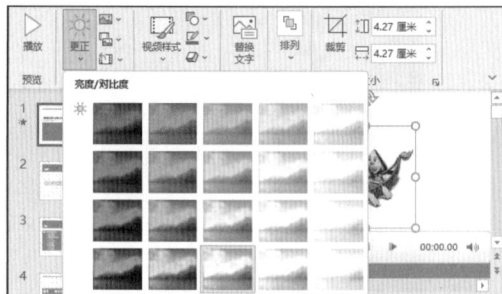

图4-162　设置亮度和对比度

（8）在"播放"/"视频选项"组中的"开始"下拉列表中选择"自动"选项，选中"循环播放，直到停止"复选框，如图4-163所示。

图4-163　设置放映参数

（十）插入超链接

超链接的作用是在放映演示文稿时跳转到指定的幻灯片，从而达到自主控制演示文稿放映过程的目的。下面在"端午节活动策划02.pptx"演示文稿中为幻灯片对象插入超链接，其具体操作如下。

微课
插入超链接

（1）选择第3张幻灯片，再选择"01"文本框，在"插入"/"链接"组中单击"链接"按钮🔗，如图4-164所示。

（2）打开"插入超链接"对话框，在"链接到"列表框中选择"本文档中的位置"选项，在"请选择文档中的位置"列表框中选择"4.01"选项，如图4-165所示，单击 确定 按钮。

图4-164　创建超链接（1）

图4-165　指定链接目标（1）

（3）选择该幻灯片中的"活动总体规划"文本框，在"插入"/"链接"组中单击"链接"按钮🔗，如图4-166所示。

（4）打开"插入超链接"对话框，在"链接到"列表框中选择"本文档中的位置"选项，在"请选择文档中的位置"列表框中选择"4.01"选项，如图4-167所示，单击 确定 按钮。放映演示文稿时，单击"01"文本框或"活动总体规划"文本框都将放映"01"幻灯片。

（5）选择"活动主题诠释"文本（注意，不是选择该文本框），在"插入"/"链接"组中单击"链接"按钮🔗，如图4-168所示。

（6）打开"插入超链接"对话框，在"链接到"列表框中选择"本文档中的位置"选项，在"请选择文档中的位置"列表框中选择"5.活动主题诠释"选项，如图4-169所示，单击 确定 按钮。

图 4-166　创建超链接（2）

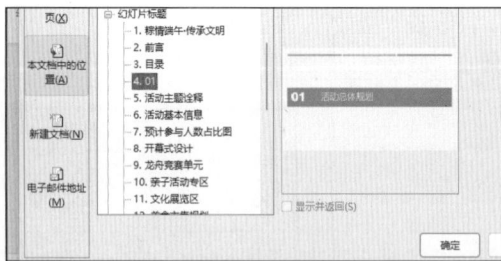

图 4-167　指定链接目标（2）

图 4-168　创建超链接（3）

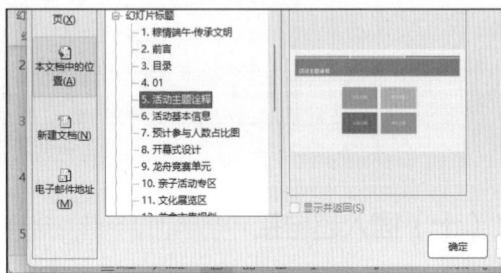

图 4-169　指定链接目标（3）

（7）保持文本处于选择状态，将其文本颜色设置为"白色，背景1"，如图 4-170 所示。

（8）按照相同的方法将"目录"幻灯片中的其他对象链接到当前演示文稿中对应的幻灯片，并将超链接文本的颜色修改为"白色，背景1"，如图 4-171 所示。

图 4-170　设置文本颜色

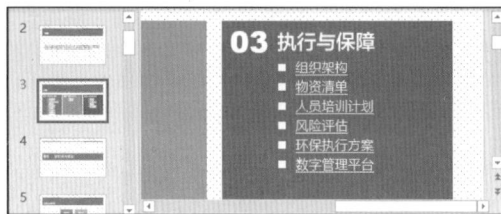

图 4-171　创建超链接并设置文本颜色

（十一）插入动作按钮

动作按钮是一种具备超链接功能的形状，在放映演示文稿时，单击动作按钮，可以跳转到指定的目标幻灯片，便于演讲者控制演讲过程。下面在"端午节活动策划02.pptx"演示文稿中插入动作按钮，其具体操作如下。

微课

插入动作按钮

（1）进入幻灯片母版视图，选择第3张幻灯片，在"插入"/"插图"组中单击"形状"按钮，在弹出的下拉列表中选择"动作按钮"选项组中的"动作按钮：后退或前一项"选项，如图 4-172 所示。

（2）在幻灯片中单击进行绘制，将自动打开"操作设置"对话框，将"单击鼠标"选项卡中的"超链接目标"设置为"上一张幻灯片"，说明单击该动作按钮将跳转至上一张幻灯片，如图 4-173 所示，保持默认设置，单击 确定 按钮。

（3）将动作按钮的宽度和高度均设置为"0.7 厘米"，取消填充色，将轮廓色设置为"茶色，背景2"，粗细设置为"0.25 磅"，并将其移至幻灯片右上方，如图 4-174 所示。

（4）在动作按钮下方创建文本框，输入"上一张"文本，将字号设置为"10"，字体颜色设置为"白色，背景1"，并为文本框创建链接目标为"上一张幻灯片"的超链接，如图 4-175 所示。

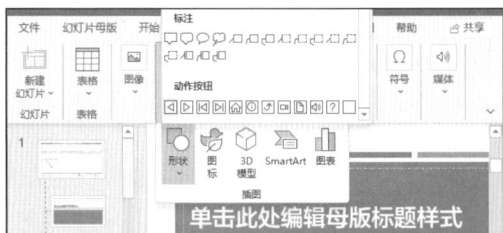

图 4-172　选择动作按钮

图 4-173　指定链接目标

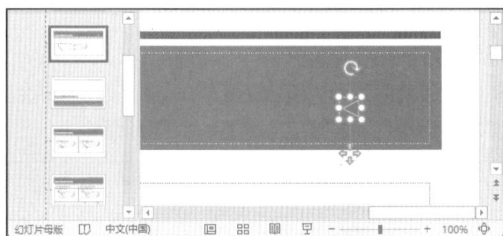

图 4-174　设置动作按钮（1）

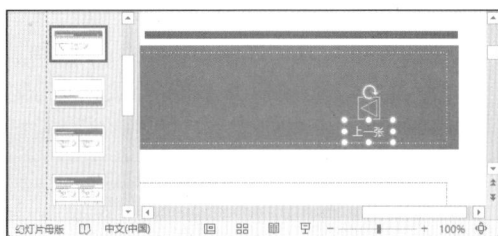

图 4-175　创建文本框和超链接（1）

> **提示**　打开"插入超链接"对话框，在"链接到"列表框中选择"本文档中的位置"选项，在"请选择文档中的位置"列表框中选择"上一张幻灯片"选项，可链接到上一张幻灯片。

（5）创建"动作按钮：前进或下一项"动作按钮，将其链接目标设置为"下一张幻灯片"，并按照相同的方法设置动作按钮的形状样式和大小，再将其移至"上一张"动作按钮的右侧，如图 4-176 所示。

（6）复制"上一张"文本框，修改其中的文本为"下一张"，并将其放置在"动作按钮：前进或下一项"动作按钮下方，单击"插入"/"链接"组中的"链接"按钮🔗，重新将该文本框的链接目标修改为"下一张幻灯片"，如图 4-177 所示。

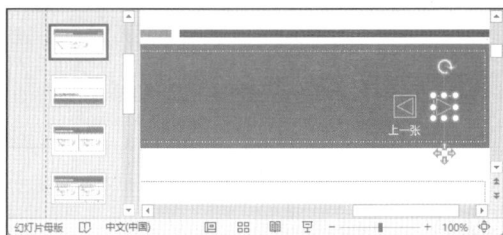

图 4-176　创建动作按钮

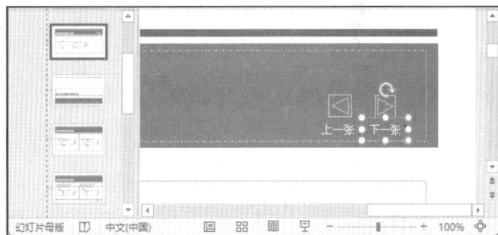

图 4-177　创建文本框和超链接（2）

（7）继续插入"动作按钮：转到主页"形状，在幻灯片中单击进行绘制，将自动打开"操作设置"对话框，在"单击鼠标"选项卡中的"超链接到"下拉列表中选择"幻灯片…"选项，如图 4-178 所示。

（8）打开"超链接到幻灯片"对话框，在"幻灯片标题"列表框中选择"3.目录"选项，如图 4-179 所示，依次单击 确定 按钮。

> **提示**　动作按钮的原理实际上与超链接相同，都可以通过单击操作跳转到指定目标。而它们的区别在于：动作按钮不仅可以设置单击时的动作，还可以设置定位鼠标指针时的动作，即在"操作设置"对话框的"鼠标悬停"选项卡中设置当鼠标指针移至对象上时可以发生什么动作；超链接则无法实现这种操作，要想为文本框、形状等其他对象设置定位鼠标指针时发生某个动作，则需要借助"插入"/"链接"组中的"动作"按钮☆来实现。

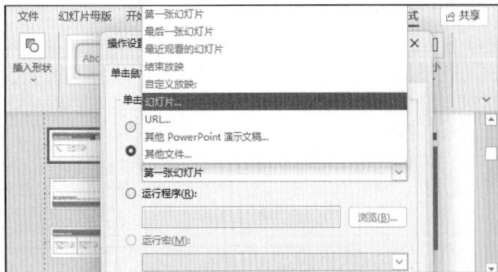

图 4-178　设置超链接目标

图 4-179　指定链接到的幻灯片

（9）设置该动作按钮的大小和样式，并将其放置在前两个动作按钮的右侧，如图 4-180 所示。

（10）复制"下一张"文本框，修改其中的文本为"返回目录"，并将其放置于"动作按钮：转到主页"动作按钮下方，再重新将该文本框的链接目标修改为"目录"幻灯片，如图 4-181 所示。

图 4-180　设置动作按钮（2）

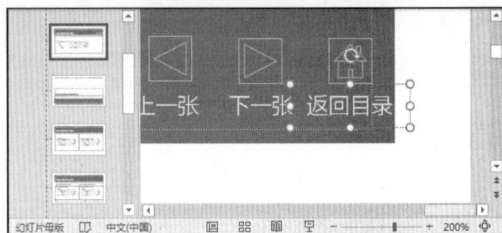

图 4-181　创建文本框和超链接（3）

（11）拖曳鼠标框选创建的所有动作按钮和文本框，适当微调位置，按"Ctrl+C"组合键进行复制，再选择第 5 张幻灯片，按"Ctrl+V"组合键粘贴对象，如图 4-182 所示。

（12）选择第 8 张幻灯片，按"Ctrl+V"组合键粘贴对象，将其移至绿色矩形右侧，并退出幻灯片母版视图，如图 4-183 所示（配套资源：效果\模块四\端午节活动策划 02.pptx）。

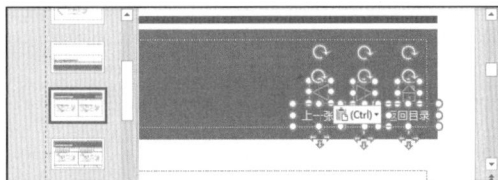

图 4-182　复制对象（1）

图 4-183　复制对象（2）

动手演练——丰富"大美江南"演示文稿

打开"大美江南 02.pptx"演示文稿（配套资源：素材\模块四\大美江南 02.pptx），为目录幻灯片中的内容添加超链接，在第 9 张幻灯片中插入文本框并输入相应的传统艺术和手工艺内容，并在第 5、6、8、11 和 12 张幻灯片中插入相应的图片（配套资源：素材\模块四\周庄.jpg、同里.jpg、乌镇.jpg……），编辑后的演示文稿参考效果（部分）如图 4-184 所示（配套资源：效果\模块四\大美江南 02.pptx）。

图 4-184　"大美江南 02.pptx"演示文稿的参考效果（部分）

能力拓展

（一）将图片裁剪为形状

在对插入的图片进行裁剪操作时，除了可以拖曳裁剪框上的控制点进行裁剪外，还可以利用"裁剪为形状"功能将图片裁剪为各种形状，以得到更丰富、有趣的图片效果。将图片裁剪为形状的方法如下：选择需要裁剪的图片，在"图片格式"/"大小"组中单击"裁剪"按钮 ⬚ 下侧的下拉按钮 ⌄ ，在弹出的下拉列表中选择"裁剪为形状"选项，在弹出的子列表中选择所需形状，如图 4-185 所示。

图 4-185　将图片裁剪为指定的形状

（二）为艺术字填充渐变效果

用户除了可以为艺术字填充普通的颜色，还可以为其填充渐变、纹理、图片等效果。下面以填充渐变效果为例进行说明，其方法如下：选择艺术字对象，在"形状格式"/"艺术字样式"组中单击 文本填充 ⌄ 下拉按钮，在弹出的下拉列表中选择"渐变"/"其他渐变"选项，打开"设置形状格式"任务窗格，选中"渐变填充"单选按钮，设置渐变效果的各个参数，如图 4-186 所示。

图 4-186　设置渐变效果的各个参数

- 方向：在该下拉列表中可选择渐变方向。
- 角度：在"角度"数值框中可设置渐变效果的显示角度。
- 渐变光圈：拖曳"渐变光圈"选项组中的滑块可调整各种渐变颜色的产生位置；单击"添加渐变光圈"按钮 可增加新的颜色；单击"删除渐变光圈"按钮 可删除已选择的渐变颜色。
- 设置渐变光圈：选择某个渐变光圈后，可在"颜色"下拉列表中设置光圈的颜色，并在"位置""透明度""亮度"数值框中设置该光圈的产生位置、透明度和亮度等属性。

任务 4.3　为"端午节活动策划"演示文稿设置动画

任务洞察

丰富了"端午节活动策划"演示文稿的内容后，如果没有特殊要求，此时的幻灯片实际上已经可以放映了，但为了进一步体现 PowerPoint 的优势，以及强化演示文稿生动形象的特点，用户还可以对演示文稿进行动画设置。下面介绍设置"端午节活动策划"演示文稿中幻灯片切换时的动画效果，以及每张幻灯片中各对象的动画效果。

知识赋能

（一）PowerPoint 动画的基本设置原则

PowerPoint 动画包括幻灯片切换动画和对象动画两大类，而对象动画又有"强调"动画、"进入"动画、"退出"动画和"动作路径"动画之分。在设计时，应该怎样使用动画才能提升演示文稿的放映效果呢？这里有 4 个基本设置原则可供参考。

- 宁缺毋滥。PowerPoint 毕竟不是专业的动画制作软件，虽然动画是演示文稿的特色之一，能够将静态事物以动态的形式展示，但如果这个动态效果并不理想，或者只是为了使用动画而使用动画，就有可能无法发挥出这种优势，因此不如放弃对动画的设置。虽然少了动态效果，但如果幻灯片版面、颜色、文字、表格、图表、形状的质量较高，也能使演示文稿展现出生动直观、丰富多彩的效果。对一些商业的演示文稿而言，"宁缺毋滥"这个原则更应当受到重视。
- 繁而不乱。在一些精美的幻灯片中，虽然一张幻灯片中就可能存在上百个动画效果，但整体效果的呈现却相得益彰。反之，一些只有几个动画效果的幻灯片，呈现出的效果却是杂乱无章的。究其原因，就是乱用动画。在使用动画时，无论动画效果多与少，都要秉承统一、自然、适当的理念，使用数量依情况决定，但一定不能让动画不受控制，这样不仅会降低演示文稿的质量，还会让观众反感和厌弃。
- 突出重点。动画的作用不仅是让演示文稿生动形象，更重要的是让观众能接收到幻灯片需要传达的重点内容。因此，在设计动画时，一定要遵循"突出重点"这个原则，有目的地让动画效果为内容服务，而不单是为了取悦观众。例如，若要强调今年销售额突破新高，则可以在最高数值处添加强调动画，从而引导观众明白这个数据的重要性和意义。
- 适当创新。PowerPoint 仅有 4 种动画类型，单独使用的效果比较普通，要想设计出让人耳目一新的动画效果，就需要借助这些简单的动画进行创新。例如，巧妙地组合"强调"动画、"进入"动画、"退出"动画或"动作路径"动画，并通过触发器、计时等功能创造出更具交互性的动画等。只要我们多加思考，留心细节，就能制作出富有新意的动画效果。

（二）PowerPoint 中的动画类型

前面说过，PowerPoint 中的对象动画有"强调"动画、"进入"动画、"退出"动画和"动作路径"动画之分，这 4 种动画类型的区别如下。

- "强调"动画。这类动画的特点是在放映演示文稿时，通过指定方式突出显示添加了动画的对象，无论动画是在放映前、放映中，还是在放映后，应用了"强调"动画的对象都会始终显示在幻灯片中。图 4-187 所示为在圆形编号对象上应用的"强调"动画效果，该对象使用了类似轻微摇摆的动画（编号部分），以提醒观众正式进入第二部分的学习。

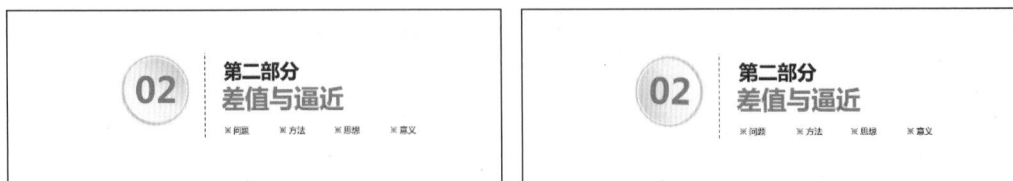

图 4-187 "强调"动画效果展示

- "进入"动画。这类动画的特点是从无到有，即在放映幻灯片时，开始并不会出现应用了"进入"动画的对象，而会在特定时间或特定操作下，如显示了指定的内容或单击后，才会在幻灯片中以动画的方式显示出该对象。图 4-188 所示的幻灯片利用"进入"动画动态显示了手机机身、引导线和说明文字。

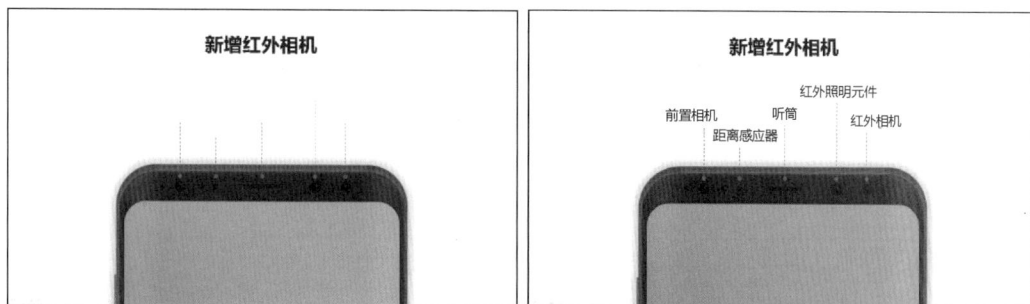

图 4-188 "进入"动画效果展示

- "退出"动画。这类动画的特点与"进入"动画刚好相反，通过动画使幻灯片中的某个对象消失。图 4-189 所示为标题占位符上的矩形对象从遮挡住标题文本的状态，慢慢向左侧退出直到仅显示一小部分的效果。该"退出"动画的目的是强调标题文本，也就是说，"退出"动画一般可以应用在辅助对象上，以帮助引导主体对象或强调主体对象出现。在整个动画过程中，主体对象虽然始终处于静止状态，但由于辅助对象的"退出"，它也产生了类似"动态出现"的效果。

图 4-189 "退出"动画效果展示

- "动作路径"动画。这类动画的特点是使对象在动画放映时产生位置变化，并能控制具体的变化路线。图 4-190 所示为对菱形后面的对象添加了从左到右做直线运动的"动作路径"动画的效果，其中最右侧的图片显示的是运动情况。

图 4-190 "动作路径"动画效果展示

任务实现

本任务将对"端午节活动策划"演示文稿中的幻灯片及幻灯片中的各种对象添加动画效果。其中，幻灯片切换时的动画效果采用随机动画，相同对象（如标题占位符等）的动画效果相同。图 4-191 所示为"端午节活动策划"演示文稿的幻灯片效果（部分）。

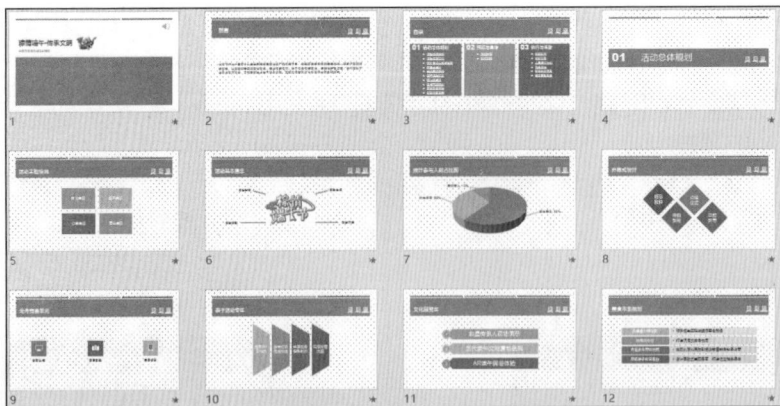

图 4-191 "端午节活动策划"演示文稿的幻灯片效果（部分）

（一）设置幻灯片切换动画

幻灯片切换动画即放映演示文稿时，当一张幻灯片的内容播放完成后，进入下一张幻灯片时的动画效果。为演示文稿添加幻灯片切换动画，可以使幻灯片切换时更加自然和生动。下面为"端午节活动策划 03.pptx"演示文稿中的所有幻灯片设置"随机线条"切换效果，并设置切换声音为"照相机"，其具体操作如下。

（1）打开"端午节活动策划 03.pptx"演示文稿（配套资源：素材\模块四\端午节活动策划 03.pptx），在"切换"/"切换到此幻灯片"组的"切换效果"下拉列表中选择"细微"选项组中的"随机线条"选项，如图 4-192 所示。

（2）在"切换"/"计时"组中的"声音"下拉列表中选择"照相机"选项，选中"单击鼠标时"复选框，单击 应用到全部 按钮，如图 4-193 所示。

微课

设置幻灯片
切换动画

图 4-192 选择切换动画

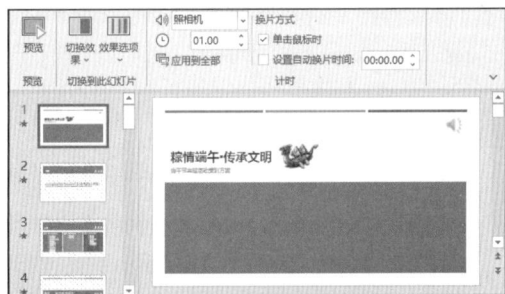

图 4-193 设置并应用切换动画

（二）设置幻灯片中各对象的动画效果

为了避免动画出现杂乱无章的现象，下面主要利用"浮入""淡化""飞入"等少量动画效果依次为"端午节活动策划 03.pptx"演示文稿中各张幻灯片中的对象添加动画。为了提高设置效率，还将使用动画刷和"动画窗格"任务窗格等工具，其具体操作如下。

（1）选择第 1 张幻灯片中的标题占位符，在"动画"/"动画"组中的"动画"下拉列表中选择"进入"选项组中的"浮入"选项，如图 4-194 所示。

（2）在该组中单击"效果选项"按钮↑，在弹出的下拉列表中选择"下浮"选项，如图 4-195 所示。

微课

设置幻灯片中各
对象的动画效果

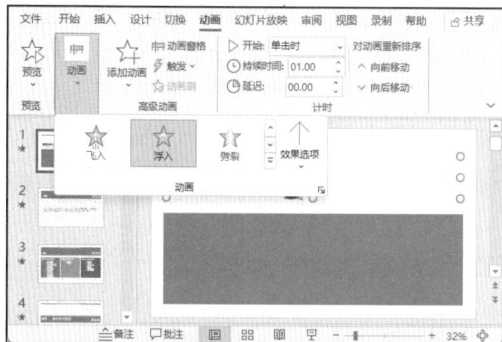

图 4-194　选择进入动画

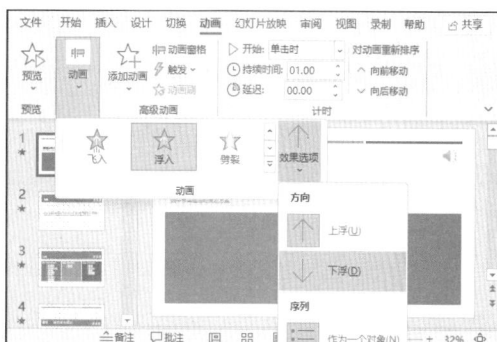

图 4-195　设置动画方向

（3）重新选择标题占位符，在"动画"/"高级动画"组中双击 ☆ 动画刷 按钮，如图 4-196 所示。

（4）此时鼠标指针将变为 形状，选择第 2 张幻灯片，在标题占位符中单击，为其应用与第 1 张幻灯片标题相同的动画效果，如图 4-197 所示。

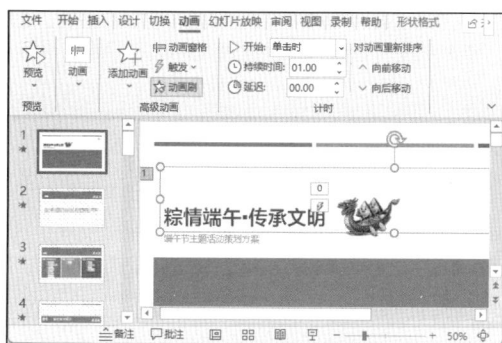

图 4-196　双击"动画刷"按钮

图 4-197　复制动画（1）

> **提示**　"动画"/"动画"组中的"动画样式"下拉列表中提供了一些 PowerPoint 预设的动画效果，如果在其中无法找到合适的动画效果，则可以选择其中的选项，如选择"更多进入效果"选项，在打开的对话框中选择更多的动画。

（5）依次选择其他各张幻灯片中的标题占位符（排除第 4、15、18 张过渡页幻灯片），为其应用与第 1 张幻灯片标题相同的动画效果，设置完成后按"Esc"键退出复制动画的状态，如图 4-198 所示。

（6）选择第 4 张幻灯片，选择"活动总体规划"文本占位符，在"动画"/"动画"组中的"动画"下拉列表中选择"进入"选项组中的"飞入"选项，如图 4-199 所示。

图 4-198　复制动画（2）

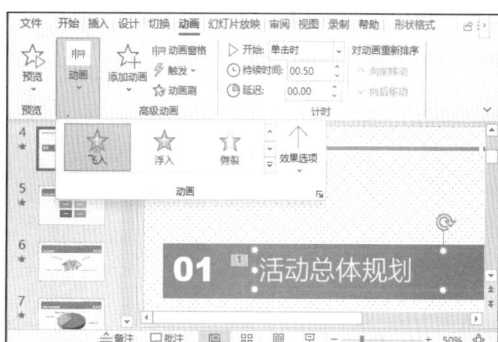

图 4-199　添加动画（1）

（7）在该组中单击"效果选项"按钮↑，在弹出的下拉列表中选择"自左侧"选项，在"动画"/"计时"组中的"开始"下拉列表中选择"上一动画之后"选项，在"持续时间"数值框中输入"01.30"，如图4-200所示。

（8）在"动画"/"高级动画"组中双击 ☆ 动画刷 按钮，将该文本占位符中的动画效果复制到第15张幻灯片和第18张幻灯片的文本占位符中，并退出复制动画的状态。复制动画格式后的效果如图4-201所示。

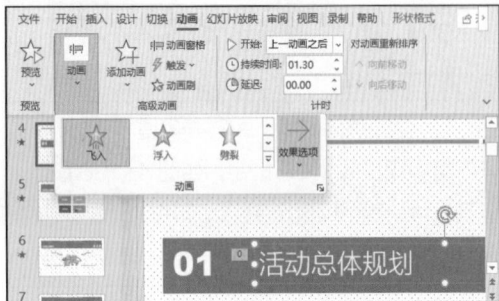

图4-200　设置动画方向和参数

图4-201　复制动画（3）

（9）选择第1张幻灯片中的副标题占位符，为其应用"进入"/"淡化""上一动画之后"动画效果，结果如图4-202所示。

（10）选择第2张幻灯片中的文本占位符，为其应用"进入"/"浮入""上一动画之后"动画效果，如图4-203所示。

图4-202　添加动画（2）

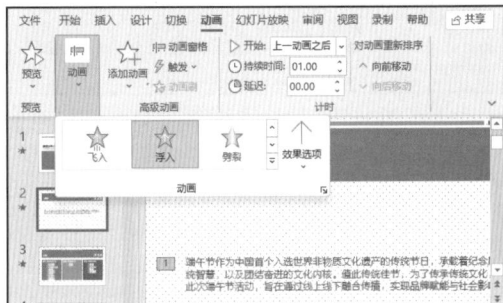

图4-203　添加动画（3）

（11）选择第3张幻灯片，按住"Ctrl"键的同时选择3个矩形对象，为它们应用"进入"/"淡化"动画效果，如图4-204所示。

（12）同时选择9个文本框对象，为它们应用"进入"/"浮入"动画效果，如图4-205所示。

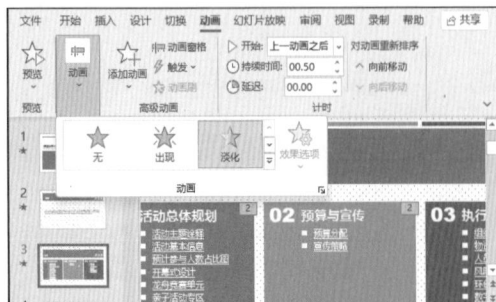

图4-204　同时为多个矩形对象添加动画

图4-205　同时为多个文本框对象添加动画

（13）在"动画"/"高级动画"组中单击 动画窗格 按钮，打开"动画窗格"任务窗格，选择"矩形
8"选项（对应幻灯片中间的矩形对象），在"动画"/"计时"组中的"开始"下拉列表中选择"上一动
画之后"选项，在"持续时间"数值框中输入"01.30"，如图 4-206 所示。

（14）在"动画窗格"任务窗格中选择"矩形 12"选项，在"动画"/"计时"组中的"开始"下拉
列表中选择"上一动画之后"选项，在"持续时间"数值框中输入"01.30"，如图 4-207 所示。

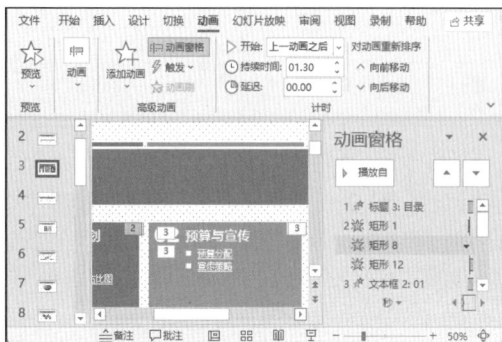

图 4-206　设置动画开始时间（1）

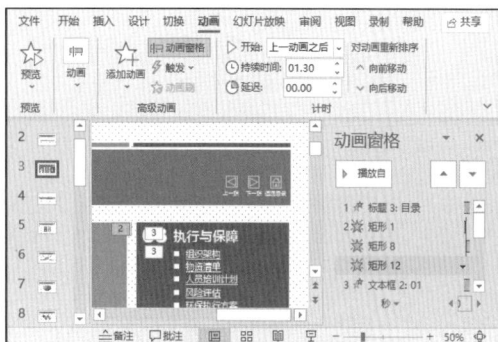

图 4-207　设置动画开始时间（2）

（15）在"动画窗格"任务窗格中选择"文本框 6:活动总体规划"选项，在"动画"/"计时"组中
的"开始"下拉列表中选择"上一动画之后"选项，在"持续时间"数值框中输入"01.00"，如图 4-208
所示。

（16）在"动画窗格"任务窗格中选择"文本框 7:活动主题诠释"选项，在"动画"/"计时"组中
的"开始"下拉列表中选择"上一动画之后"选项，在"持续时间"数值框中输入"01.00"，如图 4-209
所示。

图 4-208　设置动画开始时间（3）

图 4-209　设置动画开始时间（4）

（17）按照相同的方法在"动画窗格"任务窗格中选择对象并设置动画开始时间（可通过直接在动画
窗格中拖曳动画选项来快速调整播放顺序）。其效果如下：单击出现标题动画，单击出现 3 个矩形对象动
画，单击依次在第 1 个矩形上出现 3 个文本框动画，再次单击依次在第 2 个矩形上出现 3 个文本框动画，
以此类推，如图 4-210 所示。

（18）在"动画窗格"任务窗格中选择"文本框 7:活动主题诠释"选项，在"动画"/"动画"组中
单击"效果选项"按钮↑，在弹出的下拉列表中选择"按段落"选项，如图 4-211 所示。

（19）在"动画窗格"任务窗格中按住"Shift"键，同时选择"活动主题诠释"选项至"应急预案系
统"选项这 10 个选项（利用下拉按钮展开原有的选项即可选择），在"动画"/"计时"组中的"开始"
下拉列表中选择"上一动画之后"选项，如图 4-212 所示。

图 4-210　设置其他文本框动画的开始时间

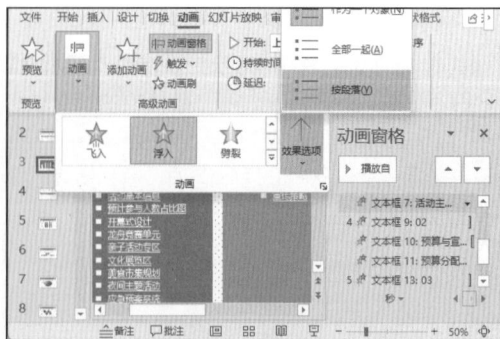

图 4-211　设置动画序列

（20）在"动画窗格"任务窗格中选择"文本框 11:预算分配 宣传策略"选项，将其设置为"按段落"播放，然后按住"Shift"键，同时选择"预算分配"选项和"宣传策略"选项，在"动画"/"计时"组中的"开始"下拉列表中选择"上一动画之后"选项，如图 4-213 所示。

图 4-212　设置动画开始时间（5）

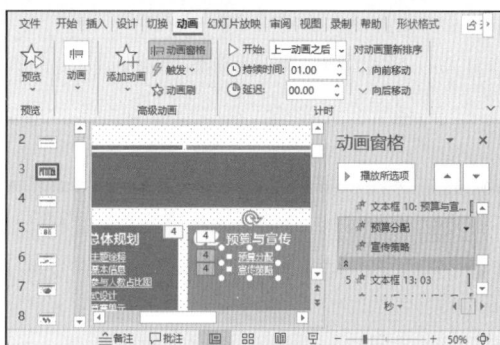

图 4-213　设置其他段落动画的开始时间

> **提示**　"动画窗格"任务窗格是管理动画的有效工具，通过其中的编号、排列顺序等可以直观地了解该幻灯片中动画的播放顺序和效果。另外，在其中选择某个动画选项后，单击"向前移动"按钮▲或"向后移动"按钮▼，可调整动画的播放顺序。当然，直接拖曳动画选项也能调整动画播放的顺序。若单击▶ 播放所选项按钮，则将播放所选对象的动画。

（21）在"动画窗格"任务窗格中选择"文本框 15:组织架构"选项，将其设置为"按段落"播放，按住"Shift"键，同时选择"组织架构"选项至"数字管理平台"选项这 6 个选项，在"动画"/"计时"组中的"开始"下拉列表中选择"上一动画之后"选项，如图 4-214 所示。

图 4-214　同时设置多个段落动画的开始时间和效果

（22）选择第 5 张幻灯片中的 SmartArt 图形对象，为其应用"进入"/"浮入""上浮""逐个"动画效果，如图 4-215 所示。

（23）选择第 6 张幻灯片中的 4 个线条对象，为它们应用"进入"/"淡化"动画效果，选择除左侧线条外的其余 3 个线条对象，将动画开始时间调整为"与上一动画同时"，如图 4-216 所示。

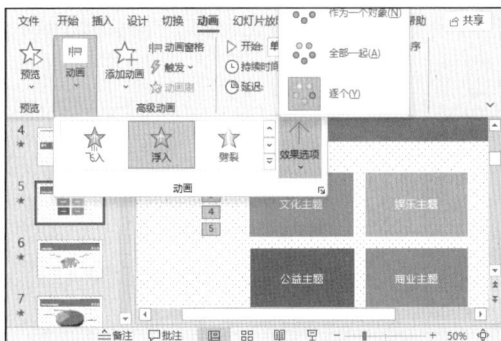
图 4-215　设置 SmartArt 图形的动画效果（1）

图 4-216　设置线条的动画效果

（24）选择左侧的文本框对象，为其应用"进入"/"淡化"动画效果，如图 4-217 所示。

（25）利用动画刷将左侧文本框的动画复制到另外 3 个文本框上，如图 4-218 所示。

图 4-217　设置文本框对象的动画效果

图 4-218　复制动画（4）

（26）选择第 7 张幻灯片中的图表对象，为其应用"进入"/"浮入""上浮""按类别"动画效果，如图 4-219 所示。

（27）选择第 8 张幻灯片中左侧的菱形对象，为其应用"进入"/"淡化"动画效果，利用动画刷将该动画效果复制到另外 3 个菱形上，如图 4-220 所示。

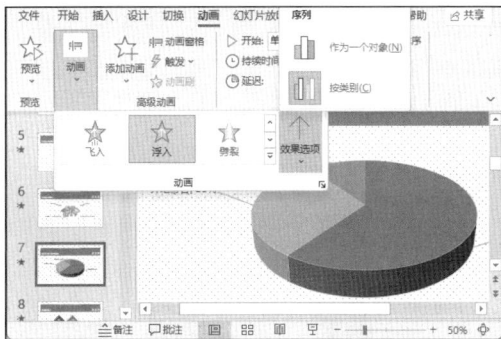
图 4-219　设置图表的动画效果

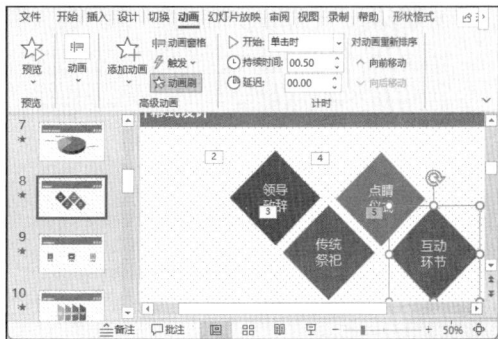
图 4-220　设置形状的动画效果（1）

（28）选择第 9 张幻灯片，为左侧的矩形对象应用"进入"/"淡化"动画效果，为其上方的图片对象应用"进入"/"浮入""上浮""与上一动画同时"动画效果，为其下方的文本框对象应用"进入"/"浮入""上浮""与上一动画同时"动画效果，如图 4-221 所示。

（29）按相同的动画效果和顺序，设置其他两组对象的动画效果，如图 4-222 所示。

图 4-221 设置对象的动画效果

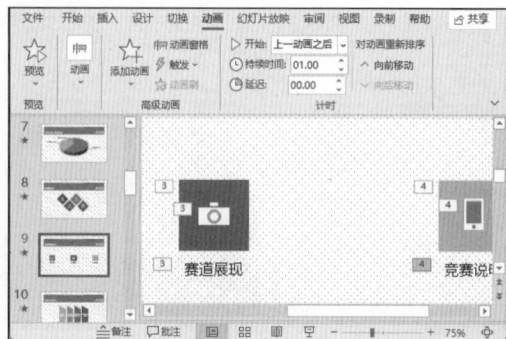
图 4-222 设置其他对象的动画效果

（30）选择第 10 张幻灯片中的 SmartArt 图形对象，为其应用"进入"/"飞入""自右侧""逐个"动画效果，如图 4-223 所示。

（31）选择第 11 张幻灯片中的 SmartArt 图形对象，为其应用"进入"/"浮入""上浮""逐个"动画效果，如图 4-224 所示。

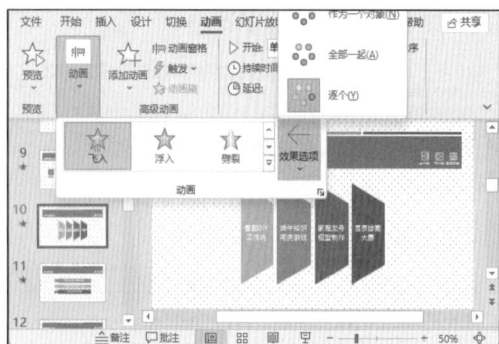
图 4-223 设置 SmartArt 图形的动画效果（2）

图 4-224 设置 SmartArt 图形的动画效果（3）

（32）选择第 12 张幻灯片中的 SmartArt 图形对象，为其应用"进入"/"浮入""上浮""逐个级别"动画效果，如图 4-225 所示。

（33）选择第 13 张幻灯片中的 3 个图片对象，为其应用"进入"/"浮入""上浮"动画效果，选择除左侧图片外的其余 2 个图片对象，将动画开始时间调整为"与上一动画同时"。设置效果如图 4-226 所示。

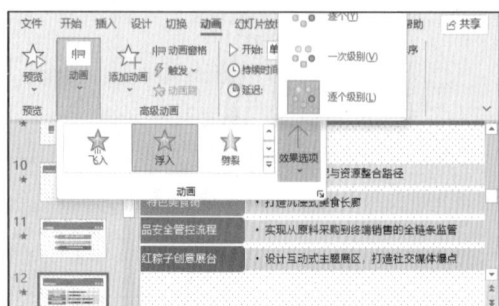
图 4-225 设置 SmartArt 图形的动画效果（4）

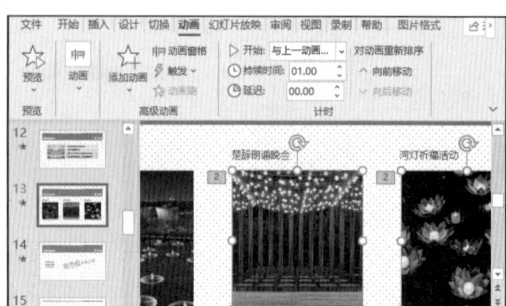
图 4-226 设置图片的动画效果（1）

（34）选择文本占位符，为其应用"进入"/"淡化""上一动画之后"动画效果。设置效果如图4-227所示。

（35）选择第14张幻灯片中的文本占位符，为其应用"进入"/"淡化""作为一个对象"动画效果，如图4-228所示。

图4-227 设置文本占位符的动画效果（1）

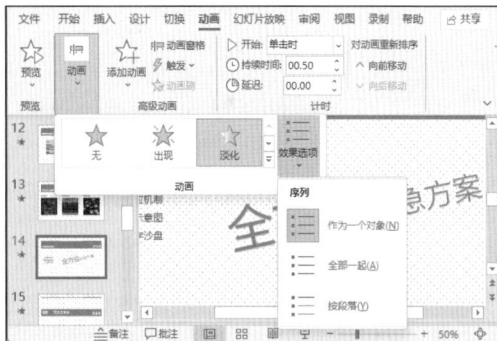

图4-228 设置文本占位符的动画效果（2）

（36）选择艺术字对象，为其应用"进入"/"飞入""自底部"动画效果，如图4-229所示。

（37）在"动画"/"高级动画"组中单击"添加动画"按钮☆，在弹出的下拉列表中选择"强调"选项组中的"跷跷板"选项，如图4-230所示。

图4-229 设置艺术字的动画效果（1）

图4-230 添加"强调"动画

（38）将"跷跷板"动画效果的开始时间设置为"上一动画之后"，如图4-231所示。

（39）选择第16张幻灯片中的SmartArt图形对象，为其应用"进入"/"浮入""上浮""逐个""上一动画之后"动画效果。设置效果如图4-232所示。

图4-231 设置艺术字的动画效果（2）

图4-232 设置SmartArt图形的动画效果（5）

（40）选择第 17 张幻灯片中的 SmartArt 图形对象，为其应用"进入"/"浮入""上浮""逐个""上一动画之后"动画效果。设置效果如图 4-233 所示。

（41）选择第 19 张幻灯片中的空心弧对象，为其应用"进入"/"飞入""自底部"动画效果，如图 4-234 所示。

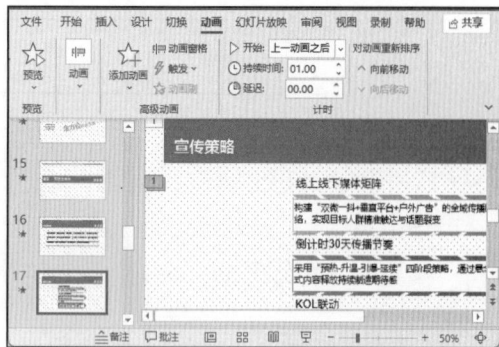

图 4-233　设置 SmartArt 图形的动画效果（6）

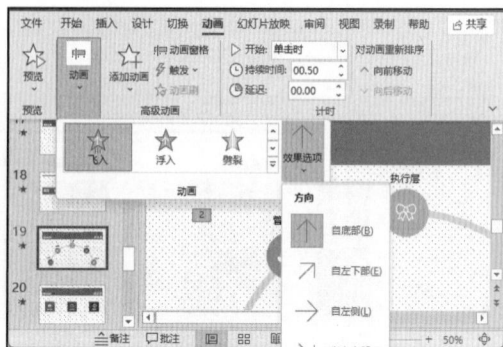

图 4-234　设置形状的动画效果（2）

（42）同时选择 5 个圆形对象，为其应用"进入"/"飞入""自底部""上一动画之后"动画效果，如图 4-235 所示。

（43）同时选择 5 个图片对象，为其应用"进入"/"淡化""上一动画之后"动画效果，如图 4-236 所示。

图 4-235　设置圆形对象的动画效果

图 4-236　设置图片的动画效果（2）

（44）同时选择 5 个文本框对象，为它们应用"进入"/"浮入""上浮""上一动画之后"动画效果，如图 4-237 所示。

（45）选择除左侧文本框外的 4 个文本框对象，将动画开始时间调整为"与上一动画同时"，如图 4-238 所示。

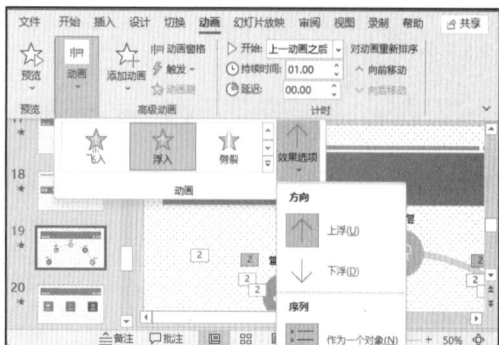

图 4-237　设置文本框的动画效果（1）

图 4-238　调整动画的开始时间（1）

（46）选择第 20 张幻灯片中的 3 个单圆角矩形对象，为其应用"进入"/"飞入""自底部"动画效果，将后两个单圆角矩形对象的动画开始时间调整为"与上一动画同时"。设置效果如图 4-239 所示。

（47）同时选择 3 个图片对象，为其应用"进入"/"淡化""上一动画之后"动画效果，如图 4-240 所示。

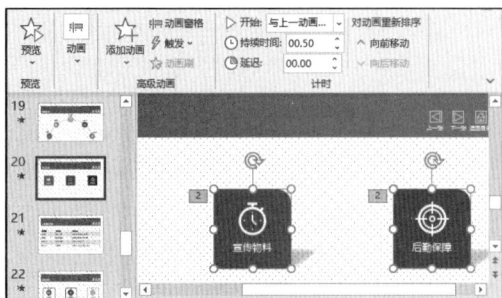

图 4-239　设置形状的动画效果（3）

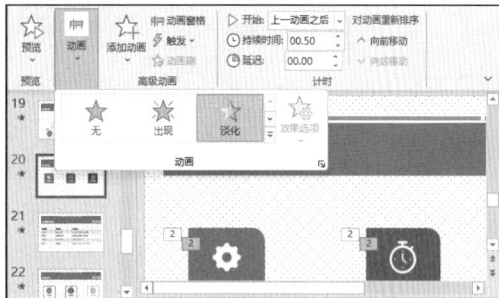

图 4-240　设置图片的动画效果（3）

（48）选择 3 个文本框对象，为其应用"进入"/"浮入""上浮"动画效果，将后两个文本框的动画开始时间调整为"与上一动画同时"，如图 4-241 所示。

（49）选择第 21 张幻灯片中的表格对象，为其应用"进入"/"浮入""上浮"动画效果，如图 4-242 所示。

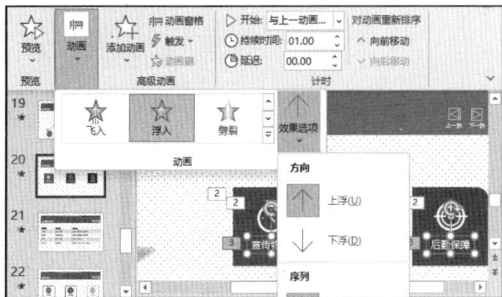

图 4-241　设置文本框的动画效果（2）

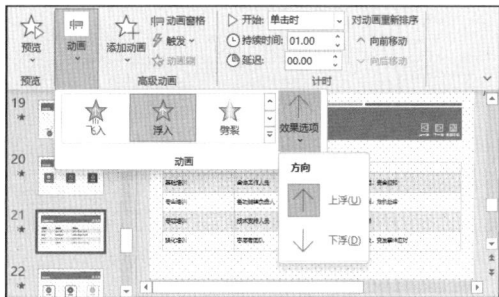

图 4-242　设置表格的动画效果

（50）选择第 22 张幻灯片中的 3 个圆角矩形对象，为其应用"进入"/"淡化""上一动画之后"动画效果，如图 4-243 所示。

（51）选择 3 个圆形对象，为其应用"进入"/"淡化""上一动画之后"效果，如图 4-244 所示。

图 4-243　设置形状的动画效果（4）

图 4-244　设置形状的动画效果（5）

（52）选择 3 个图片对象，为其应用"进入"/"浮入""上浮""上一动画之后"动画效果，如图 4-245 所示。

（53）选择 3 个文本框对象，为其应用"进入"/"浮入""上浮"动画效果，如图 4-246 所示。

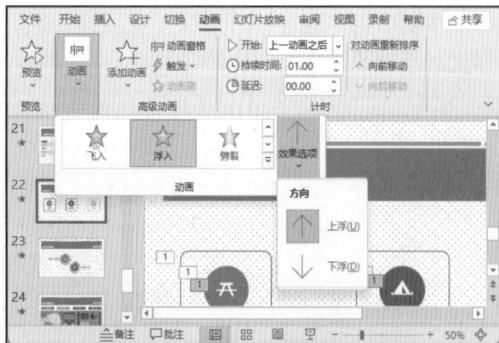
图4-245　设置图片的动画效果（4）

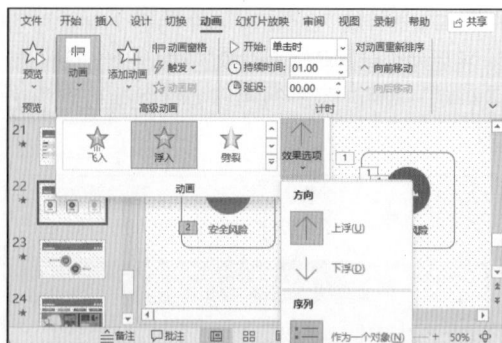
图4-246　设置文本框的动画效果（3）

（54）将后两个文本框对象的动画开始时间调整为"与上一动画同时"，如图4-247所示。

（55）选择第23张幻灯片，框选上方的第一组对象，为其添加"进入"/"浮入""上浮"动画效果，如图4-248所示。

图4-247　调整动画的开始时间（2）

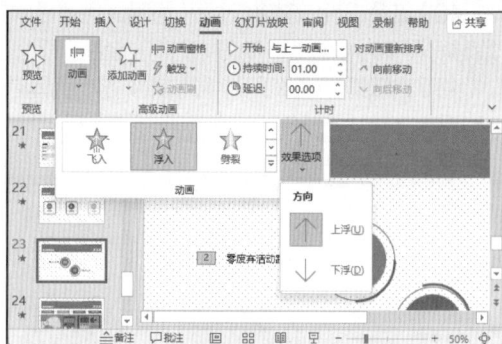
图4-248　设置多个对象的动画效果（1）

（56）按照相同的方法为下方的对象添加"进入"/"浮入""上浮"动画效果，如图4-249所示。

（57）选择第24张幻灯片中的4个矩形对象，为其添加"进入"/"浮入""上浮"动画效果，如图4-250所示。

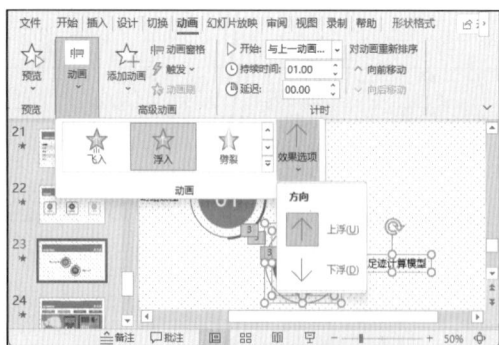
图4-249　设置多个对象的动画效果（2）

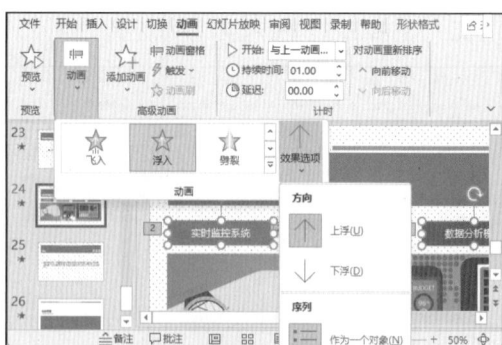
图4-250　设置形状的动画效果（6）

（58）选择后3个矩形对象，将动画开始时间调整为"与上一动画同时"，如图4-251所示。

（59）选择图片对象，为其添加"进入"/"淡化""与上一动画同时"动画效果，如图4-252所示。

（60）选择第25张幻灯片中的文本占位符，为其添加"进入"/"浮入""上浮"动画效果，如图4-253所示。

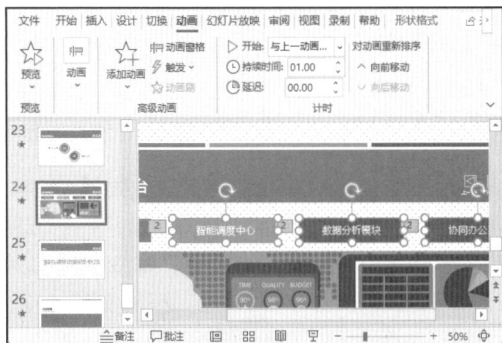

图4-251　调整动画的开始时间（3）

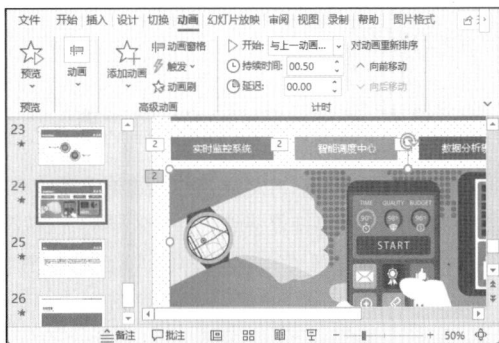

图4-252　设置图片的动画效果（5）

（61）选择第26张幻灯片中的副标题占位符，为其添加"进入"/"浮入""上浮""上一动画之后"动画效果，如图4-254所示（配套资源：效果\模块四\端午节活动策划03.pptx）。

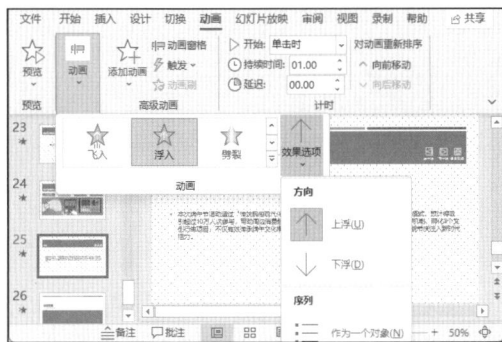

图4-253　设置文本占位符的动画效果（3）

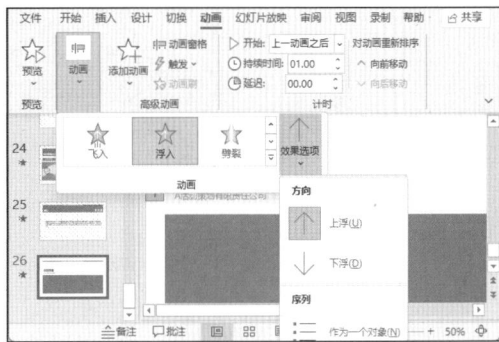

图4-254　设置文本占位符的动画效果（4）

动手演练——为"大美江南"演示文稿设置动画

打开"大美江南03.pptx"演示文稿（配套资源：素材\模块四\大美江南03.pptx），为所有幻灯片设置"分割"切换效果。为各张幻灯片的标题对象应用"进入"/"浮入"动画效果，为副标题和正文等对象应用"进入-擦除"动画效果，为文本框和图片等对象应用"进入"/"轮子"动画效果。设置后的演示文稿参考效果（部分）如图4-255所示（配套资源：效果\模块四\大美江南03.pptx）。

图4-255　设置了动画后的"大美江南03.pptx"演示文稿的参考效果（部分）

能力拓展

（一）设置不停播放的动画效果

默认情况下，幻灯片对象的动画效果仅播放 1 次，当用户需要制作不停播放的动画效果时（如字幕滚动效果、从左到右往复移动的箭头效果等），就需要设置不停播放的动画效果。其方法如下：在"动画窗格"任务窗格中的某个动画选项上单击鼠标右键，在弹出的快捷菜单中选择"计时"命令，打开以该动画为名的对话框，在"计时"选项卡中的"重复"下拉列表中选择"直到幻灯片末尾"选项，如图 4-256 所示，单击 确定 按钮。当然，也可在该下拉列表中选择其他选项来指定该动画的播放次数，如 2、3、5 等。

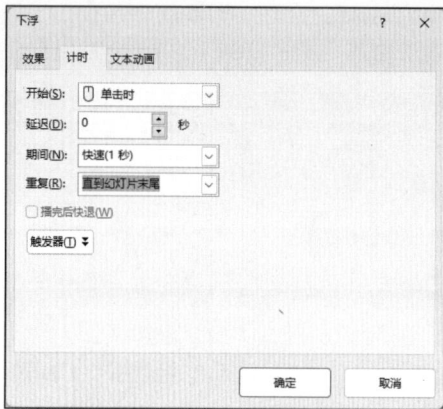

图 4-256　设置动画的播放次数

（二）触发器的应用

触发器是 PowerPoint 的一种交互动画工具，其触发对象可以是图片、形状、按钮，也可以是其他对象，一旦用户在操作过程中触发了相关条件，便将自动执行设置的行为，这种工具使演示文稿具备了交互性。使用触发器的方法如下：选择添加了动画效果的对象，在"动画"/"高级动画"组中单击 ⚡ 触发 下拉按钮，在弹出的下拉列表中选择"通过单击"选项，在弹出的子下拉列表中选择触发源，即单击该触发源时会触发所选对象的动画效果。图 4-257 所示为幻灯片中的右侧 3 个菱形对象设置了触发效果，触发源为左侧第 1 个菱形对象。当放映该张幻灯片时，只有单击左侧第 1 个菱形对象，才会触发其他类型的动画效果。

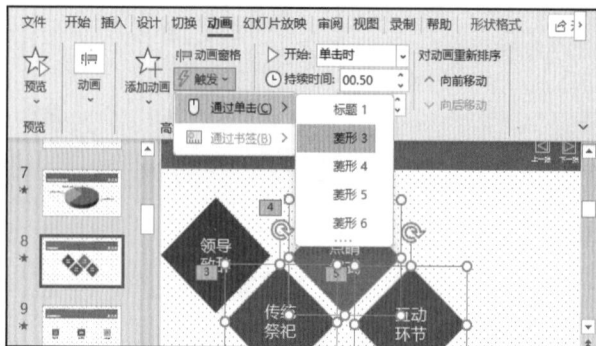

图 4-257　设置触发效果

> **提示** 巧妙应用触发器可以设计出许多极具交互性和生动的动画。例如，单击某个按钮后，弹出该按钮的下拉列表便是典型的触发操作之一。

任务 4.4　放映并发布"端午节活动策划"演示文稿

任务洞察

　　演示文稿制作出来的最终目的就是放映其中的内容。完成演示文稿的编辑操作后，需要通过放映演示文稿来检查其中是否有错误的内容，以便及时改正。因此，放映演示文稿也是不容忽视的操作环节。放映完成后还需要对其进行打印和打包输出。

知识赋能

（一）演示文稿的视图模式

　　PowerPoint 2021 提供了普通视图、幻灯片浏览视图、幻灯片放映视图、备注页视图和阅读视图 5 种视图模式，熟悉各种视图的作用和特点，可以便于管理演示文稿。在 PowerPoint 操作界面的"视图"/"演示文稿视图"组中单击相应的按钮可进入相应的视图模式，各视图的功能如下。

- 普通视图。普通视图是 PowerPoint 2021 默认的视图模式，打开演示文稿可进入普通视图。用户在其中可以对幻灯片的总体结构进行调整，也可以对单张幻灯片进行编辑，普通视图是编辑幻灯片常用的视图模式之一。
- 幻灯片浏览视图。在该视图中可以浏览演示文稿中所有幻灯片的整体效果，且可以对幻灯片结构进行调整，如调整演示文稿的背景、移动或复制幻灯片等，但是不能编辑幻灯片中的内容。
- 幻灯片放映视图。进入幻灯片放映视图后，幻灯片将按放映设置进行全屏放映。在放映视图中，可以浏览每张幻灯片放映时的内容展示情况、动画效果等，以测试幻灯片放映效果，并控制放映过程。
- 备注页视图。该视图会将"备注"窗格中的内容同时显示在界面中，以便用户更好地编辑各张幻灯片的备注内容。
- 阅读视图。进入阅读视图后，可以在无须切换到全屏的状态下放映演示文稿中的内容，并通过鼠标滚轮控制放映进程，按"Esc"键可退出该视图模式。

（二）幻灯片的放映类型

　　PowerPoint 提供了 3 种放映类型，设置放映类型的方法如下：在"幻灯片放映"/"设置"组中单击"设置幻灯片放映"按钮，打开"设置放映方式"对话框，在"放映类型"选项组中选中不同的单选按钮。各放映类型的作用和特点如下。

- 演讲者放映（全屏幕）。此类型是 PowerPoint 默认的放映类型，此类型将以全屏的状态放映演示文稿。在演示文稿放映过程中，演讲者具有完全的控制权，既可以手动切换幻灯片和动画效果，又可以将演示文稿暂停或为演示文稿添加细节等，甚至可以在放映过程中录制旁白。
- 观众自行浏览（窗口）。此类型将以窗口形式放映演示文稿，在放映过程中可利用滚动条、"PageDown"键、"PageUp"键切换幻灯片，但不能通过单击切换幻灯片。
- 在展台浏览（全屏幕）。此类型是最简单的一种放映类型，不需要人为控制，系统将自动全屏循环放映演示文稿。使用这种类型的放映方式时，不能单击切换幻灯片，但可以通过单击幻灯片中的超链接和动作按钮来切换幻灯片，按"Esc"键可结束放映。

（三）幻灯片的输出格式

为了充分利用演示文稿资源，用户可以将演示文稿中的幻灯片输出为不同格式的文件。其方法如下：选择"文件"/"另存为"命令，选择"浏览"选项，打开"另存为"对话框，在其中选择文件的保存位置后，在"保存类型"下拉列表中选择需要的格式选项，单击 保存(S) 按钮。下面介绍 4 种常见的输出格式。

- 图片。选择"GIF 可交换的图形格式（*.gif）""JPEG 文件交换格式（*.jpg）""PNG 可移植网络图形格式（*.png）""TIFF Tag 图像文件格式（*.tif）"选项，可将当前演示文稿中的幻灯片保存为一张对应格式的图片。如果要在其他软件中使用，则可以将这些图片插入对应的软件中。
- 视频。选择"Windows Media 视频（*.wmv）"选项，可将演示文稿保存为视频。如果在演示文稿中排练了所有幻灯片，则保存的视频将自动播放这些幻灯片。将演示文稿保存为视频文件后，视频文件播放时的随意性更强，不受字体、PowerPoint 版本的限制，只要计算机中安装了视频播放软件就可以播放，这在一些需要自动展示演示文稿的场合非常适用。
- 自动放映的演示文稿。选择"PowerPoint 放映（*.ppsx）"选项，可将演示文稿保存为自动放映的演示文稿，之后双击该演示文稿将不再启动 PowerPoint，而是直接启动放映模式，开始放映幻灯片。
- 大纲文件。选择"大纲/RTF 文件（*.rtf）"选项，可将演示文稿中的幻灯片保存为大纲文件。生成的大纲文件中将不再包含图形、图片及文本框中的内容，而仅保留标题文本和正文文本等大纲信息。

任务实现

本任务将对"端午节活动策划"演示文稿进行放映、排练计时、打印、打包等一系列设置，排练计时后的参考效果如图 4-258 所示。通过学习，读者将进一步掌握放映幻灯片、隐藏幻灯片、排练计时、打印演示文稿，以及打包演示文稿的具体操作方法。

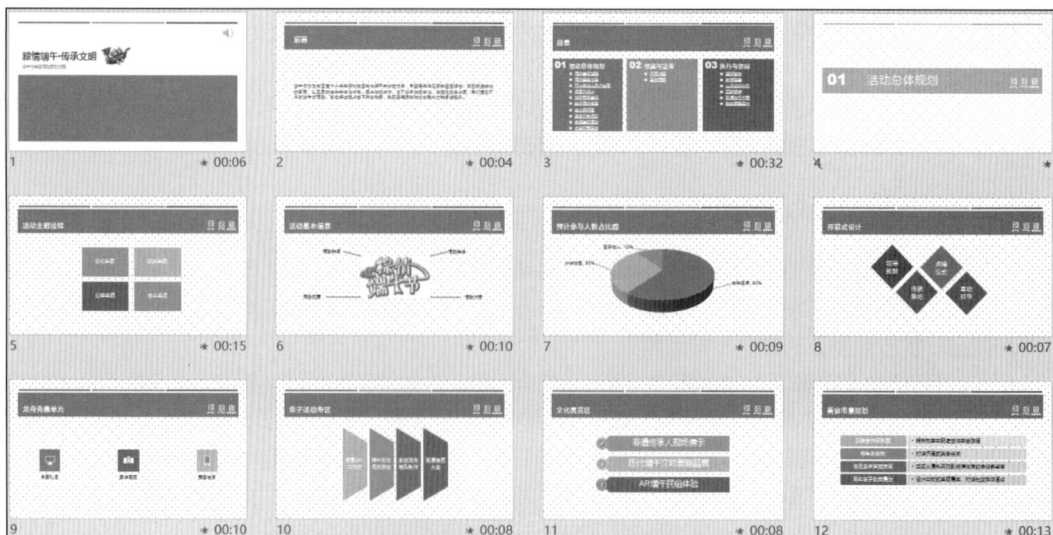

图 4-258 "端午节活动策划"演示文稿排练计时后的参考效果

（一）放映幻灯片

放映幻灯片可以查看演示文稿的放映效果，及时查看演示文稿的内容是否存在问题，以便改正。下面介绍如何放映"端午节活动策划 04.pptx"演示文稿，其具体操作如下。

微课

放映幻灯片

（1）打开"端午节活动策划 04.pptx"演示文稿（配套资源：素材\模块四\端午节活动策划 04.pptx），在"幻灯片放映"/"开始放映幻灯片"组中单击"从头开始"按钮🗗，或直接按"F5"键，进入放映视图模式，并从第一张幻灯片开始放映。此时将自动响起背景音乐，单击鼠标后，标题和副标题将陆续显示，接着视频对象会自动播放起来，如图 4-259 所示。

图 4-259　从头放映演示文稿

（2）再次单击鼠标，当前幻灯片中的内容已播放完成，将切换到下一张幻灯片，并显示切换动画。

（3）依次单击放映各张幻灯片，检查其基本内容和动画效果是否有误，如图 4-260 所示。

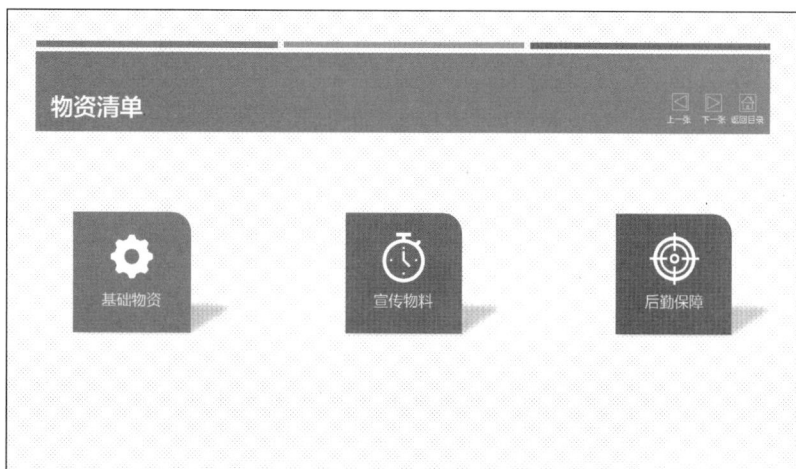

图 4-260　放映其他幻灯片

（4）放映完所有幻灯片后，将显示黑屏，并提示放映结束，此时只需单击便可结束放映，如图 4-261所示。

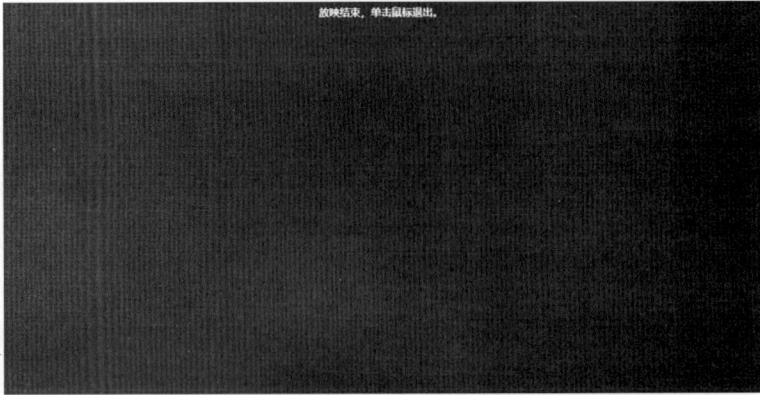

图 4-261　放映结束

> **提示**　按"Shift+F5"组合键可以从当前所选的幻灯片位置开始放映演示文稿，其作用等同于在"幻灯片放映"/"开始放映幻灯片"组中单击"从当前幻灯片开始"按钮 🖳。

（5）在"视图"/"演示文稿视图"组中单击"幻灯片浏览"按钮 🔢，切换到幻灯片浏览视图，如图 4-262 所示，选择其中的第 3 张幻灯片，按"Shift+F5"组合键。

（6）再次进入幻灯片放映视图，本次放映的重点是检查各超链接和动作按钮功能是否正常，这里先单击"活动总体规划"超链接，如图 4-263 所示。

图 4-262　切换到幻灯片浏览视图

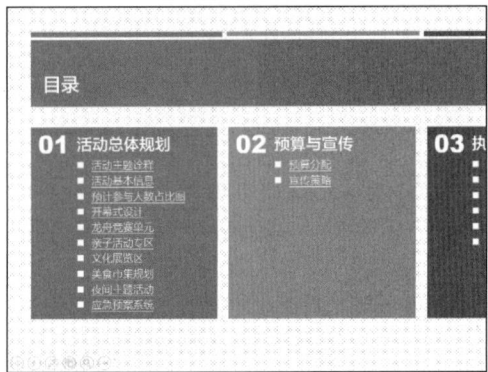

图 4-263　单击"活动总体规划"超链接

（7）此时将直接切换到"01 活动总体规划"幻灯片，说明超链接可正常使用，单击幻灯片右侧的"返回目录"按钮 🏠，如图 4-264 所示。

图 4-264　单击"返回目录"按钮

（8）成功返回目录页，说明该动作按钮也可正常使用，如图 4-265 所示。

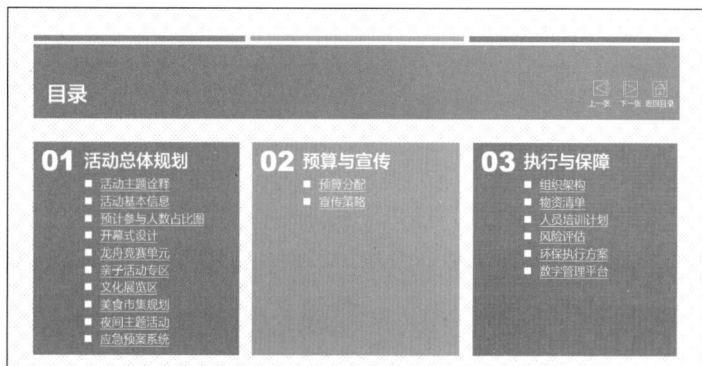

图 4-265　成功返回目录页

（9）继续在目录页中单击"亲子活动专区"超链接，切换到"亲子活动专区"幻灯片，单击鼠标播放动画，播放完成后单击幻灯片右上方的"上一张"按钮◁，如图 4-266 所示。

图 4-266　单击"上一张"按钮

（10）此时将切换到"龙舟竞赛单元"幻灯片，根据目录页中的内容可以确认"上一张"按钮◁的功能无误。单击鼠标播放动画，依次显示出相应的内容，完成后单击幻灯片右上方的"下一张"按钮▷，如图 4-267 所示。

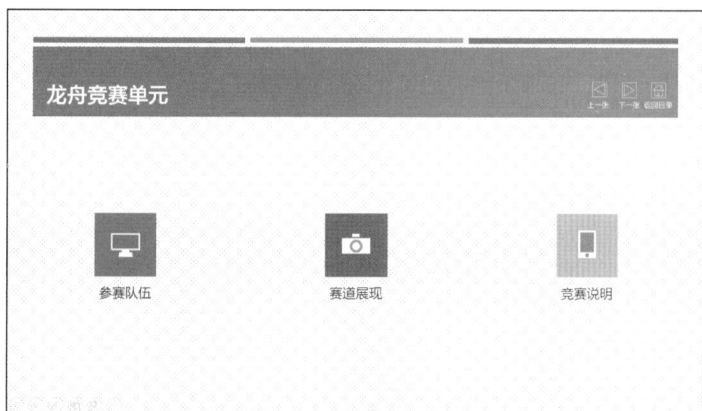

图 4-267　单击"下一张"按钮

（11）重新切换到"亲子活动专区"幻灯片中，说明"下一张"按钮▷也可正常使用，如图4-268所示。

图4-268　重新切换到"亲子活动专区"幻灯片

（12）继续利用目录页中超链接和"返回目录"按钮⌂，检查目录页中其余超链接是否能够实现幻灯片切换，以及是否链接到了正确的幻灯片，如图4-269所示。检查完所有的超链接后，按"Esc"键退出放映状态。

图4-269　检查其余超链接功能能否正常使用

（二）隐藏幻灯片

　　放映幻灯片时，系统将自动按照设置的放映方式依次放映每张幻灯片，但在实际的放映过程中，用户可以将暂时不需要放映的幻灯片隐藏起来，等到需要时再重新显示，以提高放映速度与检查效率。下面将"端午节活动策划04.pptx"演示文稿中的3张过渡页幻灯片隐藏起来，其具体操作如下。

微课

隐藏幻灯片

　　（1）按住"Ctrl"键，在幻灯片浏览视图中同时选择第4张、第15张和第18张幻灯片，在"幻灯片放映"/"设置"组中单击"隐藏幻灯片"按钮◣，如图4-270所示，隐藏幻灯片。

　　（2）此时，幻灯片浏览视图中被隐藏的幻灯片编号上将出现斜线标记，且幻灯片缩略图变为半透明状态，表示对应的幻灯片已经被隐藏起来，其效果如图4-271所示。如果按"F5"键从头开始放映演示文稿，此时将不再放映隐藏的幻灯片。

图 4-270　选择并隐藏幻灯片

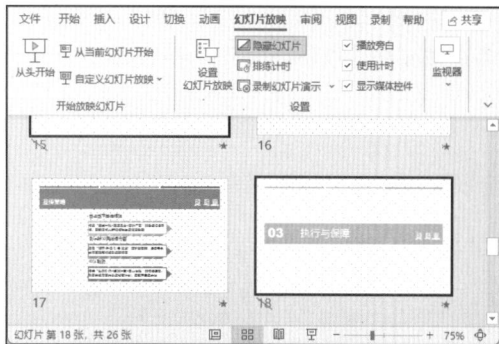

图 4-271　幻灯片隐藏后的效果

提示　若要重新显示隐藏的幻灯片，则可以在"幻灯片"浏览窗格中已隐藏的幻灯片缩略图上单击鼠标右键，在弹出的快捷菜单中选择"隐藏幻灯片"命令。

（三）排练计时

　　排练计时是指将演示文稿中的每一张幻灯片及幻灯片中各个对象的放映时间保存下来，在正式放映时让其自动放映，此时演讲者就可以专心地演讲而不用执行幻灯片的切换操作。下面在"端午节活动策划 04.pptx"演示文稿中进行排练计时设置，其具体操作如下。

微课

排练计时

　　（1）在"幻灯片放映"/"设置"组中单击"排练计时"按钮🕐，进入放映排练状态，同时打开"录制"工具栏，自动为该幻灯片计时，如图 4-272 所示。

图 4-272　开始排练计时

　　（2）单击鼠标或按"Enter"键可控制幻灯片中下一个动画出现的时间。

　　（3）一张幻灯片播放完成后，单击切换到下一张幻灯片，"录制"工具栏将从头开始为该张幻灯片的放映进行计时。

　　（4）放映结束后，将自动打开提示对话框，提示排练计时时间，并询问是否保留新的幻灯片排练计时数据，如图 4-273 所示，单击 是(Y) 按钮进行保存。

　　（5）切换到幻灯片浏览视图，此时每张幻灯片的左下角将显示幻灯片的播放时间。在"幻灯片放映"/"设置"组中单击"设置幻灯片放映"按钮🖥，打开"设置放映方式"对话框，如图 4-274 所示，在"推进幻灯片"选项组中选中"如果出现计时，则使用它"单选按钮，单击 确定 按钮。当演示文稿中存在排练计时数据时，演示文稿在放映过程中就可以根据排练计时数据自动放映了。

图4-273　询问是否保留新的幻灯片排练计时数据

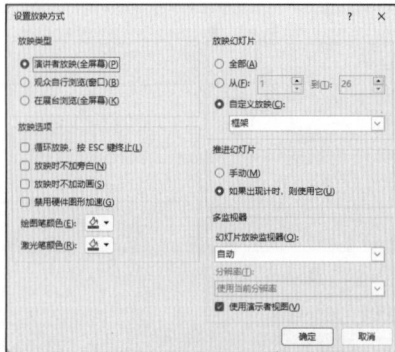

图4-274　"设置放映方式"对话框

（四）打印演示文稿

演示文稿中的内容同样可以打印出来供人们查看，下面将"端午节活动策划04.pptx"演示文稿打印出来，其具体操作如下。

（1）选择"文件"/"打印"命令，打开"打印"界面，在"份数"数值框中设置打印份数，如这里输入"2"，即打印两份。

（2）在"打印机"下拉列表中选择已与计算机相连的打印机。

（3）在"设置"选项组中的"整页幻灯片"下拉列表中选择"讲义"/"2张幻灯片"选项，再选择"幻灯片加框"和"根据纸张调整大小"选项，使其左侧出现"√"标记，为打印出来的幻灯片添加边框效果，此时系统会自动调整幻灯片大小。打印设置过程如图4-275所示。

（4）单击"打印"按钮即可开始打印演示文稿。

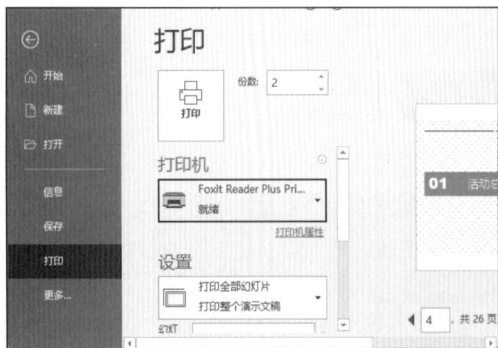

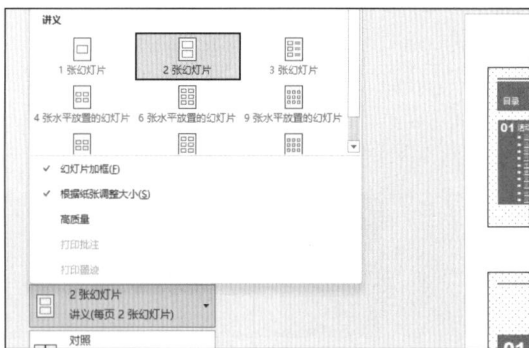

图4-275　打印设置过程

（五）打包演示文稿

演示文稿制作好后，有时需要在其他计算机中进行放映，若想一次性传输演示文稿及其相关的音频、视频文件，则可将制作好的演示文稿打包。下面将前面设置好的演示文稿打包到文件夹中，并将其命名为"初稿"，其具体操作如下。

（1）选择"文件"/"导出"命令，打开"导出"界面，选择"将演示文稿打包成CD"选项，如图4-276所示，再单击"打包成CD"按钮。

图 4-276　选择"将演示文稿打包成 CD"选项

（2）打开"打包成 CD"对话框，单击 复制到文件夹(F)... 按钮，打开"复制到文件夹"对话框，在"文件夹名称"文本框中输入"初稿"，再单击 浏览(B)... 按钮选择打包后的文件保存位置，如图 4-277 所示，设置完成后单击 确定 按钮。

图 4-277　复制打包后的文件到文件夹中并设置文件名称及保存位置

（3）如果演示文稿中存在链接文件，则将打开提示对话框，提示是否在包中包含链接文件，如图 4-278 所示，单击 是(Y) 按钮。完成打包操作，并关闭"打包成 CD"对话框（配套资源：效果\模块四\端午节活动策划 04.pptx、"初稿"文件夹）。

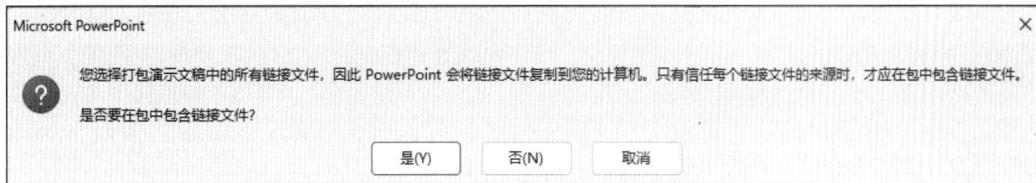

图 4-278　提示是否在包中包含链接文件

动手演练——放映并发布"大美江南"演示文稿

打开"大美江南 04.pptx"演示文稿（配套资源：素材\模块四\大美江南 04.pptx），从头放映演示文稿，查看所有内容和动画的正确性。接着对演示文稿进行排练计时，完成后将演示文稿以"自动放映版"为名打包输出。排练计时后的演示文稿参考效果（部分）如图 4-279 所示（配套资源：效果\模块四\大美江南 04.pptx、"自动放映版"文件夹）。

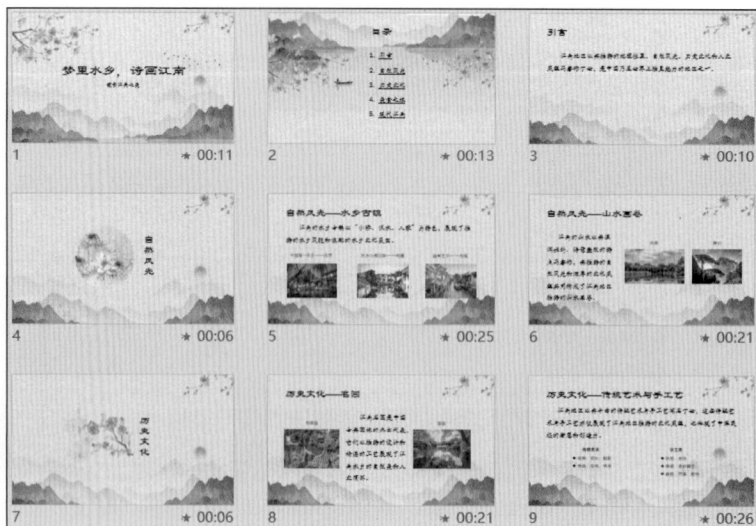

图 4-279　排练计时后的"大美江南 04.pptx"演示文稿的参考效果（部分）

能力拓展

（一）自定义放映幻灯片

自定义放映幻灯片可以放映演示文稿中指定的幻灯片，其具体操作如下。

（1）在"幻灯片放映"/"开始放映幻灯片"组中单击"自定义幻灯片放映"按钮，在弹出的下拉列表中选择"自定义放映"选项，打开"自定义放映"对话框，如图 4-280 所示，单击 新建(N)... 按钮。

图 4-280　自定义放映幻灯片

（2）此时将打开"定义自定义放映"对话框，在"幻灯片放映名称"文本框中输入自定义放映的名称，如"框架"，在"在演示文稿中的幻灯片"列表框中选择需要放映的幻灯片对应的复选框，单击 添加(A) 按钮，幻灯片添加完成后，单击 确定 按钮，如图 4-281 所示。

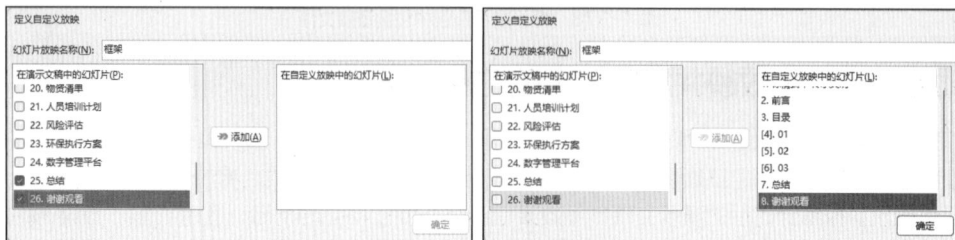

图 4-281　添加需要放映的幻灯片

（3）返回并关闭"自定义放映"对话框后，在"幻灯片放映"/"设置"组中单击"设置幻灯片放映"按钮 ，打开"设置放映方式"对话框，如图4-282所示，在"放映幻灯片"选项组中选中"自定义放映"单选按钮，在其下方的下拉列表中选择"框架"选项，单击 确定 按钮。按"F5"键，演示文稿将会按照创建的自定义放映模式进行放映。

图4-282 "设置放映方式"对话框

（二）打包演示文稿中的字体

在制作演示文稿时，为了得到更好的视觉效果，可能会使用一些特殊的字体。如果要进行放映操作的计算机中未安装相同的字体，则会导致演示文稿的内容失真。为了避免此类现象发生，可以将制作演示文稿时所用的全部字体嵌入文件中。其方法如下：选择"文件"/"选项"命令，打开"PowerPoint选项"对话框，在左侧的列表框中选择"保存"选项，在右侧的"共享此演示文稿时保持保真度"选项组中选中"将字体嵌入文件"复选框，如图4-283所示，单击 确定 按钮。

图4-283 将字体嵌入演示文稿中

//////////////// **课后练习**

一、填空题

1. 与 Word 和 Excel 相比，能够体现演示文稿的交互性和趣味性，为 PowerPoint 独具特色的功能的是_____。

2. 在"幻灯片"浏览窗格中新建幻灯片时，需要先单击某张幻灯片缩略图以确定新建位置，再按"_____"键进行新建操作。

3. 包含颜色、字体、效果、背景样式等各种元素于一体的对象称为_____。

4. 为了更好地区分幻灯片内容的主次，幻灯片标题字体一般选用容易阅读的较_____的字体，正文则使用比标题_____的字体。

5. 在幻灯片中插入音频文件后，会显示一个喇叭标记，该标记在进行演示文稿放映时是_____的。

6. PowerPoint 提供了多种动画类型供用户选择使用，具体包括_____动画、_____动画、_____动画和_____动画。

7. 能够浏览所有幻灯片，并可以调整幻灯片顺序，但无法编辑幻灯片内容的视图模式是_____。

8. 若需要从当前所选幻灯片处开始放映演示文稿，则可以按"_____"组合键来实现。

二、选择题

1. 下列不适合使用 PowerPoint 的应用场景是（　　）。
   A. 总结汇报　　　　　B. 数据分析　　　　　C. 宣传推广　　　　　D. 培训课件

2. 下列关于 PowerPoint 演示文稿基本操作的说法中不正确的是（　　）。
   A. 按"Ctrl+N"组合键可以新建带模板内容的演示文稿
   B. 按"Ctrl+S"组合键可以保存演示文稿
   C. 按"Alt+F4"组合键可以关闭演示文稿
   D. 按"Ctrl+O"组合键可以打开演示文稿

3. 若想统一设置幻灯片及其对象的内容和格式，则应该选择的母版视图是（　　）。
   A. 讲义母版　　　　　　　　　　　B. 备注母版
   C. 幻灯片母版　　　　　　　　　　D. 以上各选项都可以

4. 下列选项中，不属于幻灯片对象布局原则的是（　　）。
   A. 画面平衡　　　　　　　　　　　B. 布局简单
   C. 统一协调　　　　　　　　　　　D. 内容全面

5. 下列选项中，不能在 PowerPoint 中设置填充颜色的对象是（　　）。
   A. 艺术字　　　　　B. 形状　　　　　C. 图片　　　　　D. 文本框

6. 下列选项中，不属于 PowerPoint 动画基本设置原则的是（　　）。
   A. 动画是演示文稿必需的要素　　　B. 动画要秉承统一、自然、适当的理念
   C. 动画是为内容服务的　　　　　　D. 动画需要有新意

7. 为幻灯片中的对象添加了动画效果后，下列操作无法实现的是（　　）。
   A. 更改动画效果　　　　　　　　　B. 设置动画开始时间
   C. 任意指定动画播放次数　　　　　D. 调整动画放映时的显示时间

8. 为幻灯片中的对象添加了动画效果后，下列操作无法实现的是（　　）。
   A. 演讲者放映（全屏）　　　　　　B. 在展台浏览（全屏）
   C. 观众自行浏览（窗口）　　　　　D. 以上选项均无法实现

三、操作题

1. 按照下列要求制作一个版式生动、语言活泼的"班级文化.pptx"演示文稿，其参考效果（部分）如图 4-284 所示。

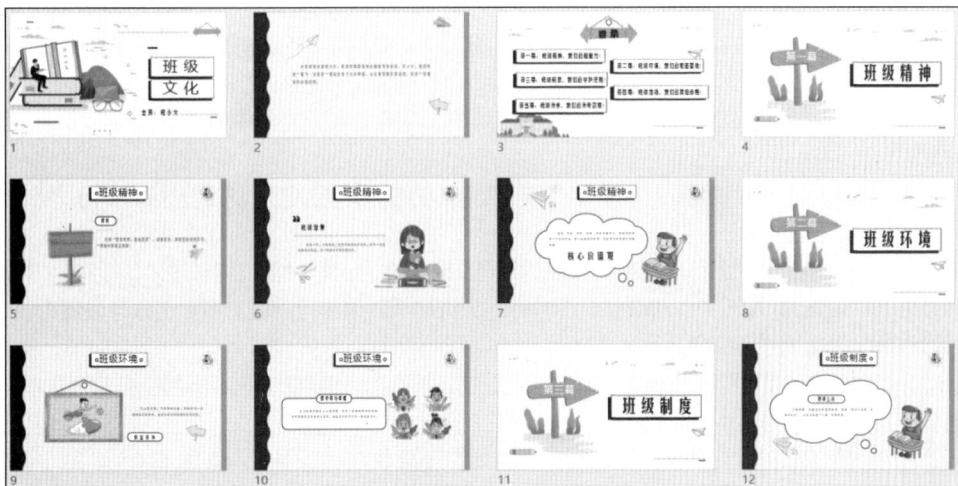

图 4-284 "班级文化.pptx"演示文稿的参考效果（部分）

（1）借助 DeepSeek 了解班级文化演示文稿的大纲内容，本书的配套资源中已对班级文化演示文稿的大纲内容进行了整理，用户可以直接使用"班级文化.pptx"演示文稿文件进行操作（配套资源：素材\模块四\班级文化.pptx）。

（2）打开"班级文化.pptx"演示文稿文件，通过复制幻灯片并修改内容的方式创建第 18～22 张幻灯片，完成"班级传承"内容相关幻灯片和结束页幻灯片的制作。

（3）进入幻灯片母版编辑视图模式，创建"班徽"空白版式，并在该版式幻灯片的右上角插入"班徽.png"图片（配套资源：素材\模块四\班徽.png）。

（4）为第 5～7、9、10、12、13、15～17 和 19～21 张幻灯片应用"班徽"版式。

（5）为演示文稿应用"徽章"主题，然后将主题设置为绿色背景的变体样式（配套资源：效果\模块四\班级文化.pptx）。

2. 打开"返家乡社会实践.pptx"演示文稿，按照下列要求对演示文稿进行编辑，其参考效果（部分）如图 4-285 所示。

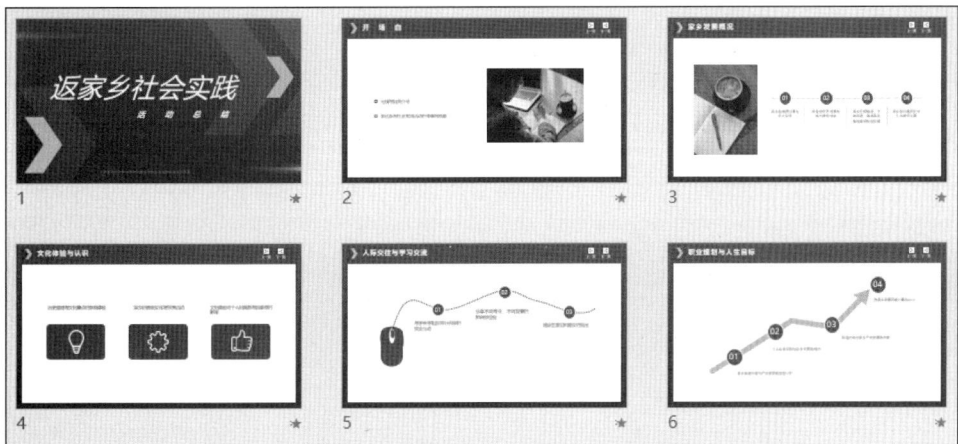

图 4-285 "返家乡社会实践.pptx"演示文稿的参考效果（部分）

（1）将"活动总结.docx"素材文件（配套资源：素材\模块四\活动总结.docx）上传到 Kimi 官方网站，要求 Kimi 根据文件内容生成演示文稿大纲，然后根据 Kimi 回复的结果对大纲内容进行适当调整，并根据大纲内容新建和美化"返家乡社会实践.pptx"演示文稿。用户也可直接利用整理好的"返家乡社会实践.pptx"演示文稿进行后续操作（配套资源：素材\模块四\返家乡社会实践.pptx）。

（2）打开"返家乡社会实践.pptx"演示文稿，在第 2 张幻灯片右上角插入"上一页""下一页"两个文本框，并插入对应的动作按钮，然后对文本框和动作按钮进行适当设置。

（3）复制动作按钮和文本框到第 3~9 张幻灯片中，将第 9 张幻灯片中的"下一页"和对应的动作按钮删除。

（4）缩小第一张幻灯片的显示比例，选择左上方的音频图标，将其放映方式设置为"自动播放""跨幻灯片播放""循环播放"。

（5）结合动画刷工具对各张幻灯片中文本框对象的动画效果进行设置。将"进入"设置为"浮入"，将"持续时间"设置为"0.50"。对形状、图片等对象的动画效果进行设置。将"进入"设置为"劈裂"将"持续时间"设置为"0.50"。

（6）利用动画窗格调整各张幻灯片中动画效果的放映顺序，确保在单击鼠标后，各个对象能自动且依次出现。

（7）放映演示文稿并检查演示效果（配套资源：效果\模块四\返家乡社会实践.pptx）。

模块五
人工智能基础

05

从大数据、云计算到深度学习，从无人驾驶汽车出现到围棋冠军被人工智能程序击败，人工智能一步步摆脱了科幻的外衣，真实地展现在我们眼前。那么，人工智能到底是什么？它发展到什么程度？它对我们会有什么影响？人工智能真的比人更聪明吗？是否有一天我们会被人工智能取代……本模块将对人工智能基础知识进行介绍，通过本模块的学习，读者可以对人工智能有更全面和深入的理解。

课堂学习目标

- 知识目标：了解人工智能的概念、流派和要素，认识人工智能的几种核心技术，熟悉人工智能技术在某些领域的应用，了解人工智能的未来发展趋势。

- 技能目标：体验人工智能的基本技术，感受人工智能的应用情况。

- 素质目标：提高利用人工智能技术解决实际问题的意识和能力。

任务 5.1 人工智能概述

任务洞察

2024 年，诺贝尔物理学奖和诺贝尔化学奖都授予了在人工智能领域取得突破性进展的科学家们，这一结果不仅彰显了人工智能领域的迅猛发展态势，更进一步证实了人工智能在现代科学研究中的关键地位。为了更好地认识人工智能、理解人工智能，本任务将对人工智能进行探索和了解，全面认识人工智能的概念、流派和要素。

知识赋能

（一）人工智能的概念

人工智能（Artificial Intelligence，AI）这一概念被首次提出是在 1956 年美国达特茅斯学院（Dartmouth College）的一次研讨会上，提出者为美国计算机科学家约翰·麦卡锡（John McCarthy）等人，他们将人工智能定义为"拥有模拟能够被精确描述的学习特征或智能特征的能力的机器"。这个定义将人工智能描述为一类具有高级模拟能力的机器，这类机器能够复制或模拟人类的学习特征或智能特征，且这些特征都是可以被精确描述和界定的。

如何理解这个定义呢？以智能扫地机器人为例来说明，该机器人会对房间的布局进行扫描和记忆，会记住哪里有家具等障碍物。经过几次清扫后，机器人不仅能够避开这些障碍物，还能够找到最高效的清扫路径，这就像一个小孩在新环境中逐渐学会如何行走和避免碰撞一样，这就是人工智能能够复制或模拟人类的学习特征或智能特征的典型表现。

人工智能领域的开创者之一，美国人工智能协会前主席尼尔斯·约翰·尼尔森（Nils John Nilsson）认为，人工智能是一门关于如何表达知识、如何获取知识和如何使用知识的学科；麻省理工学院教授帕特里克·温斯顿（Patrick Winston）认为，人工智能就是研究如何使计算机去做过去只有人才能做的智能工作的技术；中国科学院院士张钹则认为，人工智能是研究用机器模仿人的智能行为的技术。

综上，我们可以认为，人工智能是一门研究、开发用于模拟、延伸和扩展人的智能的理论、方法、技术及应用系统的新技术科学。它旨在通过计算机系统和算法，使机器能够执行通常需要人类智慧才能完成的任务，如学习、推理、感知、理解和创造等。例如，当你乘坐一辆自动驾驶汽车时，该汽车能够自动感知周围环境，识别行人、其他车辆等障碍物，并据此做出决策，如转弯、加速、减速或停车等。这就如同为汽车配备了一个"智慧大脑"，使其能够通过不断学习和适应各种驾驶情景，逐步提高自身的驾驶能力。这种技术使得汽车无须人类驾驶员的干预即可实现安全行驶。

（二）人工智能的流派

流派可以理解为某种特定的风格、方法或系统，在某一领域内被一群人所遵循或发展。自人工智能诞生以来，主要形成了三大流派：符号主义、联结主义和行为主义。每个流派从不同的角度和假设出发，探索人工智能的本质和实现方式。这种多样性促进了理论的交叉和融合，为理论创新提供了可能。同时，各个流派之间的竞争和合作也推动了整个领域的发展，使得人工智能的理论体系更加丰富和完善。

1. 符号主义

符号主义是一种基于逻辑推理的智能模拟方法，又称逻辑主义或计算机学派。符号主义认为，人类的认知与思维活动是以符号为基本单元进行的，而认知过程在本质上是在符号表示基础上进行的一系列运算操作。符号主义主张，人工智能系统本质上是一个物理符号系统，而计算机同样具备物理符号系统的特性，因此可以通过计算机来模拟人类的智能行为，即利用计算机对符号的操作来实现对人类认知过程的建模与再现。

2. 联结主义

联结主义又称连接主义，其理论基础主要源于神经网络和认知科学，强调通过模拟人脑神经元的连接结构与工作机理来实现智能行为。联结主义的核心在于从大量数据中学习并优化网络连接以实现智能行为。联结主义在语音识别、图像识别等领域取得了显著的成果，成为推动人工智能发展的重要力量。而人工智能生成内容（Artificial Intelligence Generative Content，AIGC）技术的发展则综合运用了符号主义和联结主义的思想和方法。

3. 行为主义

行为主义又称进化主义，最初是心理学的一个流派，强调对行为的客观研究和环境对行为的影响。在人工智能领域，行为主义关注使机器通过与环境交互来学习和改进自身行为，该流派认为智能行为可以通过对环境的刺激和响应来进行模拟和实现。行为主义通过模拟生物体的行为模式来实现人工智能。

> **提示** 符号主义的关键词包括"符号推理"和"机器推理"，主张从功能方面模拟、延伸、扩展人的智能；联结主义的关键词包括"神经元网络"和"深度学习"，主张从结构方面模拟、延伸、扩展人的智能；行为主义的关键词包括"控制""自适应"和"进化计算"，主张从行为方面模拟、延伸、扩展人的智能。

（三）人工智能的要素

人工智能的要素是指对构建、运行和优化人工智能系统至关重要且直接影响其性能和效果的因素。这些要素共同构成了人工智能技术的核心，决定了人工智能在实际应用中的表现和潜力。总的来说，人工智能的要素较多，不同的应用领域也有不同的决定因素，这里主要介绍人工智能的三大要素：数据、算法和算力。

1. 数据

在人工智能领域，数据被视为训练的"燃料"。无论是机器学习还是深度学习，都需要大量的数据来训练模型，使其能够识别模式、做出预测或进行决策。如果没有足够的数据，人工智能系统就难以实现有效学习和性能优化。高质量和多样化的数据对于人工智能的发展至关重要。高质量的数据意味着数据准确、完整且没有噪声（即数据中存在的错误值或异常值），有助于模型学习到更准确的特征和信息；多样化的数据则使模型能够覆盖更多的场景和应用情境，有助于提高模型的泛化能力（即模型对新样本的适应能力）。

2. 算法

算法是人工智能的"大脑"，它决定了人工智能系统如何处理和解析数据。没有先进的算法，就难以实现复杂的任务，如图像识别、自然语言处理和决策支持等。这些任务要求算法能够处理和分析大量的数据，从中提取有用的信息，并做出准确的预测或决策。算法的创新和优化是推动人工智能技术进步的关键。随着对人工智能研究的深入和技术的不断发展，越来越多性能优越的新算法被提出并应用于实际场景中。

3. 算力

算力即计算能力，是人工智能的"动力源泉"。它是支撑算法运行与数据处理的基础设施，也是实现高效、准确的人工智能应用的物质基础。随着半导体技术的不断进步，计算机处理器的性能持续提升，这为人工智能算力的发展提供了坚实的硬件基础。同时，新型硬件设备，如量子计算机、新型存储器等也在不断涌现，进一步拓展了人工智能在计算速度与处理能力方面的边界。

任务实现——判断属于人工智能范畴的事件

人工智能不同于一般的机械技术、信息技术，为了让读者进一步巩固对人工智能概念的理解，表 5-1 中列举了一些在日常生活中常见的事件，请读者根据自己对人工智能的理解，判断以下事件是否属于人工智能范畴，并说明理由。

表 5-1　常见事件汇总

事件	是否属于人工智能范畴	理由
手机自动调整屏幕亮度		
洗衣机根据衣物重量选择水位		
语音助手识别并执行语音指令		
闹钟在指定时间自动响铃		
自动驾驶汽车识别行人并减速		
电梯根据楼层按钮选择升降方向		
机器人根据指令完成特定任务		
天气预报根据气象数据预测天气		

动手演练——体验百度 AI 开放平台

登录百度 AI 开放平台官方网站，将鼠标指针移至页面上方的"开放能力"选项处，在自动显示的下拉列表中将鼠标指针移至左侧的"图像技术"选项处，并在自动弹出的子列表中选择"动物识别"选项，如图 5-1 所示，利用"功能体验"区域下方的 本地上传 按钮上传"动物.jpg"图片文件（配套资源：素材\模块五\动物.jpg），测试该平台是否能够正确识别动物的种类。

图 5-1　体验百度 AI 开放平台的动物识别功能

能力拓展

为确保人工智能技术的健康、安全和可持续发展，我国一直积极推动与人工智能相关的立法工作，以应对人工智能带来的挑战和机遇。目前，我国与人工智能相关的法律、法规和指南等呈现逐步建立和完善的趋势，这有助于我国更好地发展人工智能技术。下面介绍其中几种重要的法律、法规及指南。

- 《中华人民共和国个人信息保护法》：其主要内容是保护自然人的个人信息权益，规范个人信息处理活动，促进个人信息合理利用，明确个人信息处理应遵循的原则、个人信息处理者的义务、个人在个人信息处理活动中的权利及履行个人信息保护职责的部门等，旨在构建完善的个人信息保护制度。
- 《中华人民共和国数据安全法》：其主要内容是规范数据处理活动，保障数据安全，促进数据开发利用，保护个人、组织的合法权益，维护国家主权、安全和发展利益，旨在构建全方位的数据安全保障体系。
- 《生成式人工智能服务管理暂行办法》：其主要内容是明确生成式人工智能服务的规范和要求，包括技术发展与治理、服务规范、监督检查和法律责任等方面，旨在促进生成式人工智能的健康发展和规范应用，维护国家安全和社会公共利益，保护公民、法人和其他组织的合法权益。
- 《国家新一代人工智能标准体系建设指南》：其主要内容是明确人工智能标准体系建设的指导思想、建设目标、建设思路及建设内容，构建一个涵盖基础共性、支撑技术与产品、基础软硬件平台、关键通用技术、关键领域技术、产品与服务、行业应用、安全/伦理等多方面的标准体系，旨在推动人工智能技术的规范化、标准化发展，加强与国际标准的协同，为人工智能的高质量发展提供支撑和保障。
- 《新一代人工智能伦理规范》：其主要内容是将伦理道德融入人工智能全生命周期，提出了增进人类福祉、促进公平公正、保护隐私安全、确保可控可信、强化责任担当、提升伦理素养 6 项基本伦理要求，并详细规定了人工智能在管理、研发、供应、使用等特定活动中的 18 项具体伦理要求，旨在引导从事人工智能相关活动的自然人、法人和其他相关机构等遵守伦理规范，促进人工智能健康发展。

任务 5.2　了解人工智能核心技术

任务洞察

　　人工智能的核心技术围绕数据驱动与算法创新展开，主要包括机器学习、深度学习、计算机视觉、自然语言处理、机器人技术等。这些技术需结合高性能算力与大规模标注数据，形成"数据—模型—算力"三位一体的协同体系。本任务将对这些核心技术进行详细介绍，引导读者对人工智能技术有更深入的认识。

知识赋能

（一）机器学习

　　机器学习可以理解为一类人工智能算法的总称，是指计算机通过对数据、事实或自身经验的自动分析和综合判断来获取知识的过程。机器学习是人工智能领域中研究人类学习行为的一个分支，它借鉴认知科学、生物学、哲学、统计学、信息论、控制论等学科或理论的观点，通过归纳、一般化、特殊化、类比等基本方法探索人类的认识规律和学习过程，建立能通过经验实现自动改进的算法，使计算机系统具备自动学习特定知识和技能的能力。

1. 机器学习的类型

　　机器学习可以根据不同的标准划分出不同的类型，这里以学习方式为分类标准，将机器学习分为监督学习、无监督学习、半监督学习和强化学习4种。

- 监督学习：监督学习指使用带有已知结果（或标签）的输入数据对模型进行训练的过程。在这个过程中，模型学习如何根据输入数据预测出正确的结果。这一过程类似于学生在老师的指导下，通过做练习题来学习解题方法和技巧，每道练习题都有明确的正确答案可供参考。通过这种方式，学生就能逐渐掌握解题的能力，并能够在遇到新问题时应用所学知识进行解答。在监督学习中，模型也是通过学习大量带有标签的样本数据，逐渐掌握预测未知数据的能力的。

- 无监督学习：在无监督学习中，模型面对的是没有已知结果（或没有标签）的数据，也就是说，这些数据没有明确的"正确答案"来指导模型学习。无监督学习的目标是从这些数据中发现隐藏的模式、结构或关系，这要求模型能够自主探索数据并发现其中的规律和结构，而不依赖于已知的标签或结果来指导学习。无监督学习主要应用于探索性数据分析、市场细分、异常检测等领域。

- 半监督学习：半监督学习是介于监督学习和无监督学习之间的一种机器学习方法，它利用少量的有标签的数据和大量的无标签数据来进行模型训练，旨在提高模型的性能。这种方法结合了监督学习和无监督学习的优点，既能够在一定程度上利用无标签数据，同时又能够避免过度依赖有标签数据。半监督学习在推荐系统、异常检测等领域有广泛应用。

- 强化学习：强化学习强调如何通过与环境的互动来做出决策。在这个过程中，主体（通常被称为智能体）将学习在特定的环境中如何采取行动才能使其获得的累积奖励最大化。通过不断尝试不同的行动，主体便可以根据获得的奖励或惩罚来调整策略。同时，主体能够自主地从环境中获取知识，而无须人类的直接指导。

2. 机器学习的常见算法

　　机器学习有多种算法，不同的算法有不同的特点，下面按照监督学习、无监督学习、半监督学习和强化学习来归纳并汇总几种常见的机器学习算法，具体如表 5-2 所示。

表 5-2　常见的机器学习算法汇总

类型	算法	核心思想
监督学习	线性回归	通过最小化预测值与真实值的平方误差，拟合数据间的线性关系
	决策树	将数据递归划分为特征阈值定义的规则，并生成树状决策结构
	支持向量机	寻找最大间隔超平面以分类数据，支持核技巧处理非线性问题
	朴素贝叶斯	基于贝叶斯定理，假设特征在给定类别下条件独立，通过计算后验概率实现高效分类
	随机森林	集成多棵决策树，通过投票或取平均值来降低过拟合风险
无监督学习	K-Means 聚类	将数据划分为 K 个簇，使簇内数据相似度高，簇间差异大
	主成分分析	提取正交的主成分，减少特征冗余，保留最大方差信息
半监督学习	标签传播	通过图结构传递标签信息，利用无标签数据提升模型性能
强化学习	Q-Learning	学习状态-动作价值函数（Q 表），通过探索-利用策略（如 ε-greedy）优化决策

（二）深度学习

　　深度学习这一概念最早在《科学》（Sciences）杂志上发表的文章中提出。文章中提出，随着神经网络层数的增多，网络具备了很多传统非深度神经网络所不具备的学习能力，在设计合理的情况下，这样的深度神经网络能够学到多个层面的内容，显得更为"智能"。

　　不同于传统的机器学习模型，深度学习模型使用了神经网络结构，网络的层数称为模型的"深度"，因此，基于这种结构的学习被称为"深度学习"。具体来说，深度学习是机器学习的一个分支，它使用多层神经网络来模拟人脑的学习过程，可以对复杂的问题进行建模、分类和预测。深度学习核心思想是通过构建和训练深层神经网络模型，使计算机能够从数据中自动提取特征，学习数据的复杂模式和规律。

1. 人工神经元

　　神经网络一般指由生物的神经元、细胞、触点等组成的网络，用于产生意识，帮助生物进行思考和行动。人工神经网络则是一种模仿生物的神经网络行为特征进行分布式并行信息处理的人工智能算法模型。在人工神经网络中，处理单元便是人工神经元。人工神经元是对生物神经元的一种形式化描述，是通过对生物神经元的信息处理过程进行抽象，用数学语言描述出来的模型，其示意如图 5-2 所示。人工神经元的基本工作原理是模仿生物神经元的结构和功能。在输入端，人工神经元接收来自其他人工神经元的信号，每个输入信号都乘以一个对应的联结权重，这些信号经过汇总后在激活函数中进行处理；激活函数决定了神经元是否应该被"激活"并向其他神经元发送信号，其最终处理结果会作为输出信号传递到下一个人工神经元中。

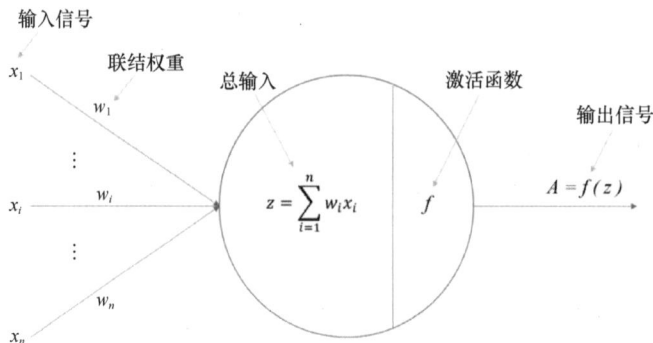

图 5-2　人工神经元模型

2. 单层神经网络和多层神经网络

单层神经网络也叫"感知器"，主要包括输入层和输出层。输入层里的输入单元只负责传输数据，不做计算；输出层里的输出单元则需要对上一层的输入数据进行计算。

多层神经网络主要包括输入层、输出层和隐藏层，它能够表达更抽象、更丰富、更精准的逻辑、行为或现象。在设计多层神经网络时，输入层与输出层的神经元数（又称节点数）往往是固定的，隐藏层则需要特别设计，各层的神经元数量设计原则如下。

- 输入层：输入层的神经元数量是由输入数据的特征数量决定的，例如，需要输入的数据具备 4 种特征，分别是物体的速度、加速度、位置、姿态，这时就需要在输入层设置 4 个神经元；如果需要输入一张 28×28 像素的灰度图片，则需要设置 784（28×28）个神经元。

- 输出层：输出层的神经元数量需要根据结果的种类决定，例如，需要预测一个分数，那么输出层只需要设置 1 个神经元；如果需要让神经网络模型做一个二分类判断，如判断输入的图片是小猫还是小狗，那么输出层就需要设置 2 个神经元。

- 隐藏层：隐藏层的设置是神经网络设计中的关键，它不像输入层和输出层那样直接由数据决定，其层数和每层中的神经元数量通常是根据问题的复杂性和经验来设计的。隐藏层可以有一层或多层，每个隐藏层中的神经元数量也可以不同，其作用是从输入数据中提取特征，并将这些特征传递到输出层。隐藏层的设计往往需要通过多次实验和调整来优化，以达到最佳的模型性能。常用的设计策略为增加隐藏层的数量或神经元数量来提高模型的表示能力，直到模型出现过拟合现象或模型的计算资源不足。

多层神经网络模型示意如图 5-3 所示。其中 $x_1 \sim x_4$ 表示输入数据，y 表示输出数据。

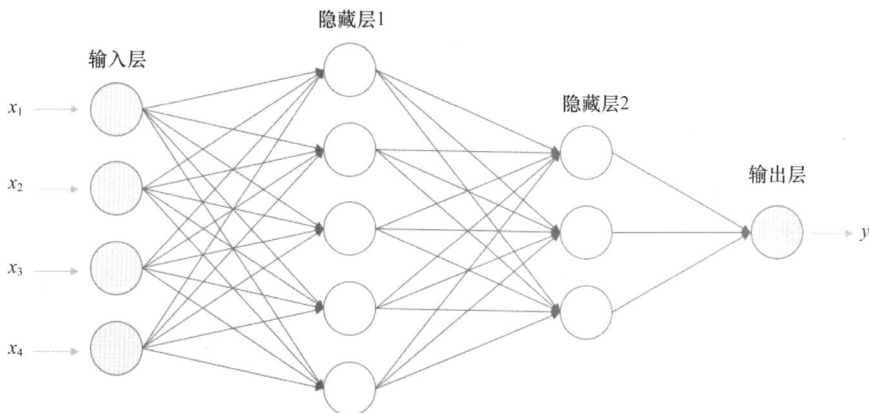

图 5-3　多层神经网络模型

3. 深度学习的常见算法

深度学习同样包括多种算法，下面归纳并汇总几种常见的深度学习算法及其核心思想，具体如表 5-3 所示。

表 5-3　常见的深度学习算法及其核心思想汇总

算法	核心思想
卷积神经网络（Convolutional Neural Networks，CNN）	通过卷积层提取局部特征、池化层降低维度，实现平移不变性
循环神经网络（Recurrent Neural Networks，RNN）	通过循环结构处理序列数据，保留时间步之间的状态信息
长短期记忆网络（Long Short-Term Memory，LSTM）	引入门控机制（输入门、遗忘门、输出门），解决 RNN 的长期依赖问题

续表

算法	核心思想
生成对抗网络（Generative Adversarial Networks，GAN）	通过生成器（用于生成假数据）和判别器（用于区分真假）的对抗训练实现数据生成
图神经网络（Graph Neural Networks，GNN）	通过聚合邻接节点信息，学习图结构数据的特征表示
残差网络（Residual Networks，ResNet）	引入残差连接（跳跃连接），解决深层网络中的梯度消失问题

（三）计算机视觉

计算机视觉是使用计算机及相关设备对生物视觉进行模拟的技术，它通过对采集的图片或视频进行处理实现对相应场景的多维理解。计算机视觉也是人工智能领域的重要技术，它涉及计算机科学、信号分析与处理、几何光学、应用数学、统计学、神经生理学等多个学科领域。

1. 计算机视觉的分类

按处理方式的不同，计算机视觉有二维计算机视觉和三维计算机视觉之分。

- 二维计算机视觉：专注于从二维图像中提取信息，如边缘检测、形状分析、纹理识别等，这种技术适用于静态图像或视频帧的处理。
- 三维计算机视觉：处理三维空间中的数据，涉及立体视觉、深度感知、三维重建等，这种技术在机器人导航、自动驾驶等领域有广泛应用。

2. 计算机视觉的任务

计算机视觉的任务是让计算机和其他智能设备能够理解和处理视觉信息，这些任务的核心在于从原始图像数据中提取有用的信息，从而做出决策或达成特定的目标。计算机视觉的任务较多，其中较为常见的有以下几种。

- 图像分类：图像分类是计算机视觉的基本任务之一，其目的是将给定的图像分配到预定义的类别中。例如，给定一张图片，图像分类模型可以判断这张图片是猫、狗、车还是人等。

- 对象检测：对象检测不仅可以识别图像中的对象，还可以确定它们的位置。这种技术通过在图像上绘制边界框（Bounding Box）来实现，边界框标示了对象在图像中的位置和大小。图 5-4 所示为交通监控中的对象检测应用。

图 5-4　交通监控中的对象检测应用

- 语义分割：语义分割是像素级别的分类任务，它将图像中的每个像素分配给一个类别，如人、车、道路或天空等，以便更好地理解图像中每个像素的语义。

- 图像分析：图像分析是一个更广泛的概念，它指从图像中提取、解析和推导信息的过程，这个过程不仅包括图像分类、对象检测和语义分割，还可能包括图像质量评估、内容理解、特征提取等。

- 人脸检测、分析和识别：人脸检测、分析和识别是计算机视觉中的高级任务。其中，人脸检测是指在图像中定位出人脸，并标出其位置；人脸分析则包括对人的表情、年龄、性别等信息的分析；人脸识别是指对检测到的人脸进行特征提取，并将提取出的特征与已知的人脸数据库作比对，从而识别人脸。

- 光学字符识别（Optical Character Recognition，OCR）：OCR 是一种通过扫描文档来自动识别文本的技术，它可以将扫描到的图片转化为文字，从而方便编辑和存储。随着深度学习技术的发展，现代 OCR 系统已经能够完成复杂布局处理和手写文本识别等任务。

（四）自然语言处理

自然语言是指人类在日常生活中使用的语言，自然语言处理（Natural Language Processing，NLP）则是指利用计算机技术对自然语言进行自动处理的技术，它包括对自然语言的理解、分析、生成和评估等多个方面。NLP 的目的是填补人与机器之间的交流鸿沟，使机器能够更加有效地处理和生成人类语言信息。

1. 自然语言处理的特点

NLP 具有复杂性、动态性、交互性、依赖性、多模态性和智能性等特点，这些特点使得它成为一个充满挑战和机遇的研究领域，人类需要通过不断的技术创新和算法优化来推动其发展和应用。

- 复杂性：自然语言本身具有高度的复杂性和多样性，涉及语法、语义、语境等多个层面。不同地区、不同文化背景下的语言表达方式和习惯存在显著差异，这种差异增加了处理的难度。

- 动态性：自然语言是不断发展的，新的词汇、短语和表达方式不断涌现，NLP 需要不断更新和适应语言的变化，以保持其处理的准确性和有效性。

- 交互性：NLP 通常应用于人机交互领域，主要作用是理解和生成人类的自然语言。这要求 NLP 具备高度的交互性和实时性，能够迅速响应用户的请求并提供有价值的信息。

- 依赖性：不同的应用领域和应用场景对 NLP 的要求不同。例如，在医疗领域，NLP 需要能够准确理解和处理医学术语和概念；在金融领域，NLP 则需要能够处理和分析财务报表和交易数据。

- 多模态性：随着技术的发展，NLP 不再局限于纯文本处理，而是开始涉及图像、音频、视频等多种模态信息的处理，这要求 NLP 能够整合多模态信息，实现跨模态的理解和生成。

- 智能性：NLP 的目标是实现智能的人机交互，使计算机能够像人类一样理解和处理自然语言，这要求 NLP 具备高度的智能性，如具备推理、学习、记忆和自适应等能力。

2. 自然语言处理的任务

NLP 的任务集中在理解和生成自然语言文本上，NLP 在语音识别、机器翻译、文本分类、情感分析等多个研究领域中发挥着重要作用。具体来说，NLP 的任务可分为自然语言理解和自然语言生成两类。

（1）自然语言理解

自然语言理解（Natural Language Understanding，NLU）的目标是让计算机能够分析和理解文本，提取文本中的实体、概念、情感等信息，具体包含如下内容。

- 命名实体识别：识别文本中具有特定意义的实体，如人名、地名、组织名等。

- 词性标注：确定文本中每个词的词性，如名词、动词、形容词等。

- 语法分析：识别句子中的语法结构和成分，如主谓宾、定状补等。

- 语义分析：理解句子的真正含义和上下文关系，包括词义消歧、指代消解等，即在特定的语境中识别出某个歧义词的正确含义，以及确定文本中代词、名词短语等所指代的对象。

（2）自然语言生成

自然语言生成（Natural Language Generation，NLG）的目标是让计算机能够根据给定的输入信息生成符合语法和语义规则的自然语言文本，具体包含如下内容。

- 机器翻译：将一种自然语言文本转换为另一种自然语言文本，如将英文翻译为中文，同时保持语义的一致性。

- 文本生成：根据给定的主题、语境或输入数据，生成连贯、自然的文本。如今非常热门的 DeepSeek、ChatGPT、文心一言等工具执行的便是文本生成任务。

- 语音合成：将计算机生成的文本转换为语音，使计算机能够使用自然语言与人类进行交互。

（五）机器人技术

国际标准化组织（International Standards Organization，ISO）将机器人定义为一种能够通过编程和自动控制来执行任务的机器；美国机器人工业协会认为，机器人是一种用于移动各种材料、零件、工具或专用装置，通过可编程动作来执行各种任务，并具有编程能力的多功能操作机；日本工业机器人协会将机器人定义一种带有记忆装置和末端执行器的、能够通过自动化的动作代替人类劳动的通用机器。我国业界对机器人的定义是，机器人是一种自动化的机器，这种机器具备一些与人或生物相似的智能能力，如感知能力、规划能力、动作能力和协同能力，是一种具有高度灵活性的自动化机器。

综上所述，我们可以了解到，机器人是一种自动化和智能化的机器，它能够通过编程或自我感知来完成一定的任务。

1. 机器人的三要素

机器人的三要素是感知能力、决策能力和执行能力，这三个要素相互依赖、协同工作，共同推动着机器人技术的进步和发展。

- 感知能力：感知能力是指机器人能够通过各种传感器来识别周围环境的能力。这些传感器可以是视觉、听觉等非接触型传感器，也可以是力觉、触觉等接触型传感器。例如，视觉传感器可以帮助机器人识别物体的形状和颜色，而距离传感器则可以让机器人避免碰撞障碍物。
- 决策能力：决策能力是指机器人能够对感知的信息进行加工处理的能力。这涉及复杂的算法和计算模型，包括机器学习、深度学习等先进技术。决策能力使机器人能够根据感知到的信息，在信息不充分的情况下和环境迅速变化的条件下，制定决策。
- 执行能力：执行能力指机器人将决策转化为物理动作，实现与环境交互的能力。这通常需要借助对应的机械结构来完成，如电机、机械臂等。

2. 机器人的组成

机器人一般由传感器、控制器和执行器3部分组成。

- 传感器：传感器是机器人感知外部环境的关键部件，负责收集来自机器人周围环境的数据，包括声音、图像、温度、质量等。
- 控制器：控制器是机器人的"大脑"，它可以处理传感器收集到的数据，并做出相应的决策。
- 执行器：执行器是机器人的动力系统，常见的执行器包括电机、液压系统和气压系统等，这些执行器能够让机器人实现各种动作。

3. 机器人的关键技术

机器人的关键技术涵盖了感知、决策、执行等多个方面，这些技术的不断发展和创新将推动机器人在更多领域的应用和发展。表5-4汇总了机器人的一些关键技术的具体情况。

表5-4 机器人关键技术汇总

类别	相关技术/模型/方法	描述与应用
感知技术	传感器技术	通过摄像头、激光雷达等获取图像、声音、距离等信息
	计算机视觉技术	识别物体、跟踪目标、理解场景，用于自主导航、物体抓取等
决策技术	自然语言处理技术	理解和处理人类语言，实现与人类的交流和对话
	机器学习技术	包括监督学习、无监督学习、强化学习等，从数据中学习规律、识别模式
	路径规划与决策技术	根据任务需求和当前环境，规划出最优的移动路径和操作策略
执行技术	运动控制技术	控制机器人的运动，实现轨迹跟踪、姿态调整等
	伺服电机与液压技术	提供动力和执行能力，适用于精密控制和大型工业领域
	机械臂与末端执行技术	完成抓取、搬运、组装等操作，末端执行器根据任务需求定制

类别	相关技术/模型/方法	描述与应用
多传感器信息融合技术	数据融合模型	包括功能模型、结构模型和数学模型，描述数据融合的主要功能
	融合算法	包括分布检测、空间融合技术等，综合处理多个传感器的信息，提高感知精度
导航与定位技术	视觉导航技术	利用摄像头采集图像信息，实现自主导航
	激光导航技术	利用激光雷达构建环境模型，实现精确定位和导航
	红外与超声波导航技术	利用红外或超声波测距，实现避障和定位
	全球定位系统导航技术	在室外或开阔环境中，利用全球定位系统实现精确定位和导航

> **提示** 机器人可以分为直角坐标型机器人、圆柱坐标型机器人、球（极）坐标型机器人和关节型机器人等。直角坐标型机器人适用于平移运动，如搬运等场合；圆柱坐标型机器人运动范围较大，适用于装配等场合；球（极）坐标型机器人具有较强的灵活性和较大的工作空间，适用于喷涂、焊接等场合；关节型机器人可实现更为复杂的运动，广泛应用于工业自动化的各个领域，关节型机器人具有很高的灵活性和很强的适应性。

任务实现

（一）使用微信扫一扫识别花朵

计算机视觉技术已经深入我们的日常生活之中，为我们带来了极大的便捷。本任务将通过手机微信扫一扫功能来识别一张花朵的图片，体验计算机视觉的应用，其具体操作如下。

（1）在计算机上打开"花朵.jpg"图片文件（配套资源：素材\模块五\花朵.jpg）。

（2）打开手机上的微信 App，点击右上角的"添加"按钮⊕，在弹出的下拉列表中选择"扫一扫"选项，如图 5-5 所示。

（3）将手机摄像头对准屏幕上的花朵，扫描图像信息，如图 5-6 所示。

（4）扫描结束后，微信将完成图像识别操作并给出识别结果，如图 5-7 所示。

微课

使用微信扫一扫识别花朵

图 5-5　选择"扫一扫"选项　　图 5-6　扫描图像信息　　图 5-7　识别结果

（二）分辨智能机器人

机器人是否具备智能性的核心就在于它是否具有感知、决策和执行的能力，以及是否能够独立自主地工作或完成复杂任务。本任务需要读者判断表格中哪些机器人具备智能性，请在表 5-5 中的"是否具备智能性"列中以"√"和"×"标记。

表5-5　各类机器人的应用场景及智能性判断

机器人	应用场景	是否具备智能性
服务机器人	能够接待客人、提供信息、送餐等，具备与人类进行交互的能力，能理解自然语言并做出相应的回应	
扫地机器人	能够自动在房间内移动，通过吸尘或拖地来清洁地面，可以实现避障和路径规划	
割草机器人	能够在庭院或草坪上自动割草，无须人工干预	
教育机器人	能够与学生进行互动，提供个性化的学习体验，并根据学生的学习进度和能力调整教学内容和难度	
社交机器人	能够与人类进行社交互动，如陪伴、聊天、娱乐等，具备情感识别和表达能力	

动手演练——使用讯飞智能翻译平台翻译文章

讯飞智能翻译平台是一个由科大讯飞推出的快速准确、稳定可靠的人工智能翻译平台，它支持多种语言间的互译及文档翻译、文本翻译、语音翻译、图片翻译、网页翻译、视频翻译和音频翻译等多种翻译模式。请利用该平台翻译关于散文的介绍（配套资源：素材\模块五\散文.txt），结果（部分）如图 5-8 所示（配套资源：效果\模块五\散文.txt）。

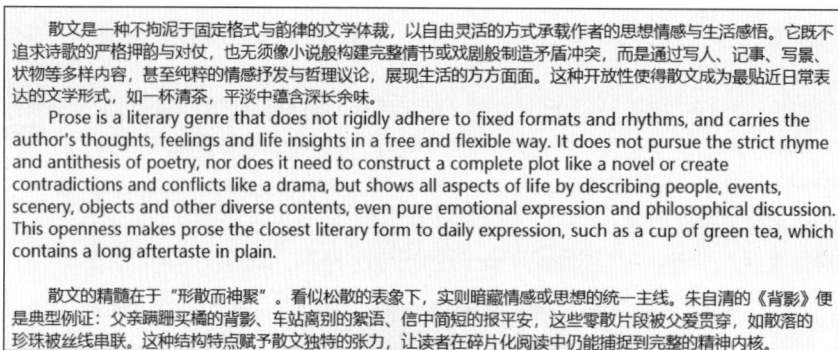

散文是一种不拘泥于固定格式与韵律的文学体裁，以自由灵活的方式承载作者的思想感情与生活感悟。它既不追求诗歌的严格押韵与对仗，也无须像小说般构建完整情节或戏剧般制造矛盾冲突，而是通过写人、记事、写景、状物等多样内容，甚至纯粹的情感抒发与哲理议论，展现生活的方方面面。这种开放性使得散文成为最贴近日常表达的文学形式，如一杯清茶，平淡中蕴含深长余味。

Prose is a literary genre that does not rigidly adhere to fixed formats and rhythms, and carries the author's thoughts, feelings and life insights in a free and flexible way. It does not pursue the strict rhyme and antithesis of poetry, nor does it need to construct a complete plot like a novel or create contradictions and conflicts like a drama, but shows all aspects of life by describing people, events, scenery, objects and other diverse contents, even pure emotional expression and philosophical discussion. This openness makes prose the closest literary form to daily expression, such as a cup of green tea, which contains a long aftertaste in plain.

散文的精髓在于"形散而神聚"。看似松散的表象下，实则暗藏情感或思想的统一主线。朱自清的《背影》便是典型例证：父亲蹒跚买橘的背影、车站离别的絮语、信中简短的报平安，这些零散片段被父爱贯穿，如散落的珍珠被丝线串联。这种结构特点赋予散文独特的张力，让读者在碎片化阅读中仍能捕捉到完整的精神内核。

图 5-8　翻译后的双语对比结果（部分）

能力拓展

机器人的发展可以概括为 3 个主要阶段，每个阶段都代表了机器人技术的进步和应用领域的扩展。

- 第一代机器人：示教再现型机器人。示教再现型机器人是最早出现的机器人类型，它们通过预先编程或人工"示教"来执行重复性任务。这类机器人缺乏自主决策能力，只能按照预设的程序进行操作。示教再现型机器人通常结构简单，成本较低，但功能有限。它们的应用场景主要集中在制造业中，如汽车装配线等，用于完成简单而重复的动作。由于缺乏感知能力和适应性，示教再现型机器人无法应对复杂多变的环境，也无法处理意外情况。尽管存在局限，示教再现型机器人的出现却标志着自动化生产的开始，为后续更高级机器人的发展奠定了基础。
- 第二代机器人：感觉型机器人。感觉型机器人在示教再现型机器人的基础上增加了传感器，如视觉传感器、触觉传感器等，它们能够感知周围环境，并根据环境变化调整行为。这类机器人具备一定的感知能力，可以识别物体的位置、形状等信息，并据此做出反应。感觉型机器人的应用范围更加广泛，除了工业制造外，还可用于医疗手术辅助、服务行业等领域。感觉型机器人虽然比第一代机器人更为先进，但它们仍然依赖于预设的规则和算法，缺乏真正的自主学习能力和决策能力。

- 第三代机器人：智能型机器人。智能型机器人是当前最先进的机器人类型，它们不仅具有感知能力，还具有学习能力和推理能力，能够在复杂环境中自主做出决策。智能型机器人集成了人工智能技术，如机器学习、深度学习等，它们能够从经验中学习并不断优化自身的行为。智能型机器人的应用领域非常广泛，如家庭服务、医疗护理、灾难救援等。随着技术的不断进步，智能型机器人将在更多领域发挥重要作用，成为人类生活和工作中的重要伙伴。

任务 5.3 熟悉人工智能技术应用

任务洞察

人工智能作为 21 世纪最具颠覆性的技术之一，正以前所未有的速度改变着各行各业。随着大数据、云计算、物联网等技术的快速发展，人工智能的应用场景不断拓展，人工智能已成为推动经济社会数字化转型的重要力量。本任务将对智能教育、智能医疗、智能金融、智能交通、智能制造的内容进行学习，全面了解人工智能在这些行业中的应用情况，为读者以后深入接触这些行业打下基础。

知识赋能

（一）智能教育

智能教育指的是将人工智能技术深度融入教育行业，通过智能化的手段来优化教育环境，从而推动传统教育模式、教学方法和学习体验发生根本性变革的一种新型教育模式。具体而言，智能教育意味着利用人工智能技术来辅助教学管理、评估和反馈等各个教育环节，以实现更高效、更个性化的教育服务。

1. 在线教育

在线教育是一种利用人工智能技术，如机器学习、自然语言处理、图像识别等，来个性化定制学习体验的系统。在线教育是实现个性化学习的重要手段，它可以通过以下几个方面推动个性化学习。

- 学习内容个性化：根据学生的先验知识、能力水平、兴趣偏好等因素，动态地生成和推荐适合不同学生的学习内容，包括教材、习题、案例、视频等。
- 学习路径个性化：根据学生的目标、风格、节奏等因素，动态地规划和调整适合不同学生的学习路径，包括先后顺序、难易程度、时间长度等。
- 学习策略个性化：根据学生的认知、情感、社会等因素，动态地提供适合不同学生的学习策略，包括提示、激励等。
- 学习反馈个性化：根据学生的表现、需求、期望等因素，动态地给予和调整适合不同学生的学习反馈，包括评价、建议、奖励等。

2. 虚拟助教

虚拟助教作为智能教育行业的一项重要应用，已经在教育实践中取得了显著的进展。虚拟助教是利用机器学习、自然语言处理等人工智能技术构建的软件代理或机器人，旨在模拟人类教师的行为和交互，提供与传统课堂教学相似的学习支持和教育服务，帮助学生获得更好的学习体验。

虚拟助教可以回答学生的常见问题，解决学习中的疑惑，提供全天候的学习支持；可以自动批改作业，并即时给出反馈，减轻教师的工作负担；可以为教师提供学生的学习数据，帮助教师优化教学方法和策略；可以分析学生的学习数据，为每个学生提供定制化的学习计划和建议。

虚拟助教能够很好地理解和处理自然语言，提供更智能、更个性化的学习支持。近年来，借助语音识别、计算机视觉和虚拟现实等技术，虚拟助教丰富了自身的交互方式，提供了更丰富的学习体验。

3. VR/AR 虚拟课程

VR 即虚拟现实技术（Virtual Reality），是一种利用计算机模拟打造三维虚拟空间的技术，向用户提供视觉、听觉、触觉等感觉的模拟效果，让用户如同身历其境，用户可以及时、没有限制地观察三维空间内的事物。图 5-9 所示即为用户通过佩戴 VR 眼镜后感受到的整个虚拟世界。

AR 即增强现实技术（Augmented Reality），是一种将真实世界与虚拟世界集成在一起的技术。它可以通过数字技术模拟某些实体信息（如视觉、声音、味道、触觉等），并将其与现实世界叠加在一起，与用户进行交互。AR 与 VR 的区别在于，VR 是脱离用户当时所处现实环境营造出虚拟体验，而 AR 则是在用户所处的现实环境中增加虚拟的体验。图 5-10 所示即为用户通过佩戴 AR 眼镜后看到的设备上显示出的虚拟图形。

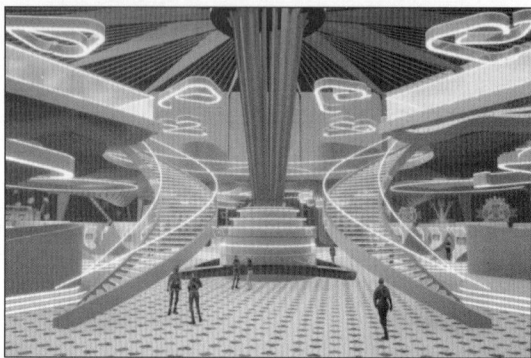

图 5-9　虚拟现实中的世界

图 5-10　设备上显示出的虚拟图形

从智能教育的角度来看，VR/AR 虚拟课程在教育领域的应用正在逐步改变传统的教学方式，为学生提供更为丰富、高效和个性化的学习体验。例如，在历史、地理等学科中，VR/AR 技术可以重现历史事件、创建地理景观等虚拟场景，使学生能够更好地理解课程内容；在物理、化学等实验性学科中，VR/AR 技术可以创建虚拟实验室，使学生能够进行安全的实验操作。

（二）智能医疗

智能医疗是指通过应用人工智能、大数据、云计算等信息技术，实现医疗服务、健康管理、公共卫生等领域的智能化、数字化和精细化的新型医疗服务模式。这种模式旨在提高医疗服务的效率和质量，降低医疗成本，为人们提供更加便捷、高效、安全的医疗服务。

1. 智能问诊

智能问诊是一种利用人工智能技术模拟医生问诊过程的医疗辅助手段，它结合了自然语言处理、机器学习、深度学习等先进技术，通过对话式交互，收集患者的症状描述、病史信息等，进而对患者的健康状况进行初步评估和诊断建议。

在智能问诊过程中，系统通常会引导患者逐步回答一系列问题，这些问题旨在全面了解患者的症状、病史、生活习惯等关键信息。系统会根据患者的回答，运用模型进行实时分析和推理，从而生成可能的疾病诊断、治疗建议或进一步的检查建议。

智能问诊的优势在于其便捷性和高效性。患者无须亲自前往医院，只需通过智能手机、计算机等终端设备，即可与智能问诊系统进行交互，获取初步的医疗建议。这有助于缓解医疗资源紧张问题，提高医疗服务的可达性和便捷性。

需要注意的是，智能问诊并不能完全替代医生的角色。虽然它能够提供初步的诊断建议，但疾病的诊断和治疗通常需要综合考虑患者的多方面信息，包括体格检查、实验室检查等。因此，智能问诊的结果仅供参考，患者仍需根据医生的建议进行进一步的检查和治疗。

2. 医学影像识别

医学影像识别是医学领域的重要分支，它是指利用计算机视觉、图像处理算法等人工智能技术，对医学影像进行分析和处理，以实现对病变、异常情况和解剖结构的自动化识别和判定，辅助医生快速、准确地识别影像情况。

医学影像识别的主要步骤如下。

（1）图像获取：通过不同的医学成像设备获取患者的影像数据。

（2）预处理：对获取的影像进行去噪、增强、标准化等处理，提高图像质量，使其更适合后续分析。

（3）特征提取：从影像中提取有助于识别的特征，如图像的纹理、形状、边缘、颜色等。

（4）模式识别：利用机器学习或深度学习模型对提取出的特征进行分类或识别，区分正常和异常的影像区域。

（5）结果解读：将识别结果以直观的方式呈现给医生，医生根据这些信息进行进一步的诊断和治疗决策。图 5-11 所示即为深睿医疗的 CT 影像智能识别结果。

医学影像识别不仅可以大幅减少医生在影像解读上花费的时间，更能识别出人眼难以察觉的细微病变，减少误诊和漏诊。更重要的是，医学影像识别技术可以应用于远程医疗，使得医疗资源不足地区的患者也能享受到优质的医疗服务。

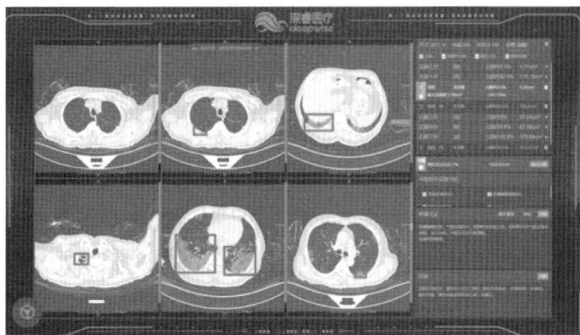
图 5-11 CT 影像智能识别结果

3. 智能药物研发

传统药物研发过程耗时长、成本高、成功率低，智能药物研发凭借人工智能、大数据等技术的应用，可以显著缩短研发周期，降低研发成本，并提高研发成功率，为医药产业带来革命性的变革。

智能药物研发的过程比较繁重复杂，涉及需求分析、靶点识别、药物分子设计与优化、临床前研究、临床试验、审批上市、优化改进等环节。其中，药物分子设计与优化是核心环节之一，该环节首先需要利用虚拟筛选等技术，从化合物库中筛选出对靶点有初步活性的化合物，即苗头化合物。然后对苗头化合物作进一步的优化和改造，通过多次实验验证，确定具有生理药理活性的先导化合物。进而在先导化合物的基础上，进行结构优化和性质评估，确保候选药物具有达到目标程度的溶解度、渗透性、药代动力学性质和安全性。人工智能技术在这一过程中发挥了重要作用，它可以通过以下方式加速和改进药物研发过程。

- 提高药物设计效率：人工智能可以通过分析海量的药物分子数据，快速准确地筛选出具有潜在疗效的候选药物。这种高效的数据处理能力不仅缩短了药物设计周期，还降低了研发成本。
- 优化药物分子结构：人工智能可以利用深度学习算法模拟药物分子与靶点的相互作用，从而设计出具有更高活性和特异性的药物分子。
- 评估药物疗效和安全性：人工智能可以利用大量的临床实验数据和生物医学知识，建立预测模型来评估药物的疗效和安全性。
- 发现新的药物靶点：药物靶点是药物发挥作用的关键部位，人工智能可以通过分析大量的基因组学和蛋白质组学数据，快速识别与疾病相关的潜在靶点，为药物研发提供新的方向和思路。

209

4. 医疗机器人

医疗机器人是应用于医疗领域的机器人，它能够辅助医生进行手术、照顾患者，进行实验室工作或完成其他医疗任务。医疗机器人能够提高手术精度和安全性，减少患者在手术中的创伤和出血，提高医疗服务的效率，并减轻医护人员的工作负担。

医疗机器人的类型较多，包括用于辅助外科医生进行微创手术的手术机器人，用于帮助患者恢复肢体功能的康复机器人，用于辅助医生进行疾病诊断的诊断机器人，以及用于药品配送、消毒清洁、病人护理等工作的医疗服务机器人等。不同类型的机器人有不同的作用，以手术机器人为例，手术时，医生在控制台前操作，通过显示屏观察患者的内部情况，手术机器人通过高清摄像头和传感器实时感知手术部位的情况，同时收集手术部位的图像和患者的生理参数。通过内部计算系统，机器人对这些数据进行分析，确定最佳的手术路径和切割深度。医生在控制台前通过手柄和脚踏板控制机器人的动作，机器人的机械臂精确地模拟人手的运动，执行切割、缝合等手术操作。在手术过程中，医生可以通过控制台与机器人进行交互，调整手术参数和策略，机器人也可以向医生实时反馈手术情况。

（三）智能金融

智能金融运用人工智能、大数据、云计算、物联网等技术，对传统金融业务进行创新和改造，实现金融服务的智能化、个性化和便捷化。它涉及金融产品、服务、运营和监管等多个方面，旨在降低试错成本和增强风险管理能力等，并推动金融行业的创新发展。

1. 智能支付

智能支付是智能金融的典型应用，通过将人工智能与支付系统相结合，实现了支付过程的自动化和智能化。在人工智能的加持下，人脸识别支付、指纹识别支付、虹膜识别支付等得以实现与应用。

- 人脸识别支付：通过捕捉用户的面部特征，并与数据库中的面部信息进行比对，实现身份验证和支付操作。这种支付方式的优势在于无须任何物理接触，用户只需在支付设备前"刷脸"即可完成支付行为。图 5-12 所示为超市中的人脸支付设备。人脸识别支付广泛应用于超市、餐厅、火车站等场景，提高了支付效率，缩短了排队等待时间。

- 指纹识别支付：利用用户的指纹特征作为身份验证的依据。用户在支付时，只需将手指放在指纹识别器上，系统便会迅速识别并完成支付。指纹识别支付具有较高的安全性，因为每个人的指纹都是独一无二的。此外，指纹识别支付设备普遍小巧便携，适用于手机、智能手表等多种终端设备。

图 5-12　超市中的人脸支付设备

- 虹膜识别支付：通过识别用户虹膜的独特纹理来进行用户身份验证。虹膜识别具有极高的准确性，被认为是目前最安全的生物识别技术之一。在支付过程中，用户只需将眼睛对准虹膜识别设备，即可快速完成支付。虹膜识别支付适用于对安全性要求极高的场合。随着技术的普及，虹膜识别支付有望在更多场景中得到应用。

2. 智能风控

风控即风险控制，是指风险管理者采取各种措施和方法，降低风险事件发生的概率，或减少风险事件发生时所造成的损失。智能风控则是指利用人工智能、大数据、云计算等先进技术对金融业务中的风险进行识别、评估、监控等。

人工智能技术在用户贷款前、贷款中和贷款后进行智能风控管理的情况分别如下。

- 贷款前：利用人脸识别、指纹识别等技术验证用户身份，通过数据分析和机器学习评估用户信用等级和违约概率。

- 贷款中：持续监控用户的交易活动、还款行为等，识别潜在违约风险。根据用户的最新财务状况、市场变动等动态调整风险评估和贷款条件。当用户的某些行为或指标达到预设的预警阈值时，自动发出预警。
- 贷款后：自动处理还款流程，制订个性化催收策略，并生成详细的风险报告。

3. 智能投顾

投顾即投资顾问，是一种为用户提供投资建议的职业。智能投顾则是一种基于算法和模型，为投资者提供自动化投资组合管理、财务规划和投资建议的金融科技服务。与传统人工投顾相比，智能投顾具有服务费用相对低廉、投资门槛低、客户操作成本小等独特优势。其主要功能如下。

- 用户画像分析：收集用户的基本信息、财务状况、风险偏好等数据，对用户的需求和投资目标进行深入分析。
- 执行交易指令与动态调整投资组合：自动执行交易指令，并根据市场环境变化动态调整投资组合。
- 投资组合再平衡：定期检查投资组合的风险和收益情况，给出调整建议，进行必要的再平衡操作。
- 投后管理与附加服务：提供持续的市场监控、业绩报告、风险管理等附加服务。

（四）智能交通

智能交通是指运用人工智能技术、信息技术、通信技术、控制技术等，对传统交通运输系统进行改造，实现交通管理、交通服务、车辆控制等智能化的一系列技术手段和方法，目的是提高交通运输效率，减少交通拥堵和交通事故，减轻环境污染，为公众提供安全、便捷、高效的出行服务。

1. 自动驾驶技术

自动驾驶技术是一种通过人工智能、传感器和导航系统等先进技术，使车辆能够在无须人类驾驶员直接操作的情况下自动行驶的技术。根据自动化程度的不同，自动驾驶技术分为 L0～L5 六个级别。L0 级为无自动化，L1～L3 级为辅助驾驶或条件自动驾驶，L4、L5 级分别为高度自动驾驶和完全自动驾驶。

自动驾驶系统通过激光雷达、摄像头、毫米波雷达等多种传感器实时监测车辆周围的环境，获取道路状况、交通标志、行人和其他车辆等方面的信息，基于这些环境感知信息，系统利用高精度地图和导航数据进行路径规划，确定最优行驶路线。系统根据规划的路径和即时感知的环境信息做出驾驶决策，并通过车辆控制模块执行加速、减速、转向等操作。

自动驾驶汽车未来的应用场景非常广泛，无论在城市环境还是在其他特殊环境，都有望看到自动驾驶汽车的身影。

- 智能物流与配送：自动驾驶汽车可以用于智能物流，实现货物的自动配送，包括城市内的快递、餐饮外卖及工业物流中的原材料和产品的自动运输。图 5-13 所示为顺丰快递的自动配送车。

图 5-13　顺丰快递的自动配送车

- 公共交通服务：自动驾驶汽车可以用于公共交通系统，如无人驾驶的公交车、轻轨和出租车，提供更安全、更准时的公共交通服务。
- 特殊环境应用：在矿山等特殊环境中，自动驾驶汽车可以用于矿石运输、设备维护等；在农业和林业领域，自动驾驶汽车可以用于自动化收割、播种、施肥等。

2. 智能红绿灯

智能红绿灯是一个智能化的交通管理系统，它采用自适应控制算法和大数据分析技术，根据实时交通状况动态调整红绿灯的配时方案。例如，配备了智能红绿灯的某交叉路口，通过安装的传感器和摄像头等设备得以实时监测交通流量，如果系统检测到某个方向的交通流量较大，便会自动延长该方向的绿灯时间，同时缩短其他方向的绿灯时间，以平衡各方向的交通流量。

智能红绿灯的基本工作原理如下。

（1）数据采集：通过安装在路口的雷达、摄像头、传感器等设备，实时监测路口的行车数量、车距、车速及行人的数量等交通参数。

（2）数据分析：利用大数据技术和先进的分析算法，对采集到的交通数据进行处理和分析，以了解当前路口及周边路段的交通流量分布、拥堵情况和通行需求，从而预测交通趋势并识别潜在的瓶颈问题。

（3）信号控制：根据分析结果，动态调整红绿灯的配时方案，以优化交通流量。

（五）智能制造

智能制造是一种革命性的生产方式，它融合了先进的信息技术、自动化技术、人工智能技术、物联网技术和大数据技术等，旨在创建高度灵活、高效和自主的制造系统。

1. 智能生产线

智能生产线是指通过集成先进的自动化设备，借助智能控制系统和大数据分析技术，实现生产过程的自动化、智能化和柔性化的工业生产线，如图5-14所示。

通过引入机器人和自动化设备等，智能生产线能够实现生产流程的自动化，减少人工干预，提高生产效率；通过引入物联网技术和传感器技术，智能生产线能够实现生产过程的实时监控和控制，确保生产线的稳定运行；通过引入大数据分析技术和人工智能技术，智能生产线能够对生产过程进行优化，提高生产效率和产品质量。

图5-14　智能生产线

> **提示**　柔性化是指制造系统能够快速调整以适应市场需求变化、产品设计更新及制造过程变动的能力。柔性化生产是现代制造业发展的重要趋势之一，它通过引入先进的技术和管理理念，使生产系统更加灵活和高效，从而更好地满足市场的需求。

智能生产线在各个行业都有广泛的应用，例如，在汽车制造中，智能生产线可以完成汽车零部件的焊接、喷涂和组装等工序；在电子产品制造中，智能生产线可以组装、检测和包装产品；在医药产品和食品制造中，智能生产线可以实现无菌操作、精准计量和自动封装等操作；在化工产品制作中，智能生产线可以减少人工介入，提升生产安全性。

2. 工业机器人

工业机器人是指在工业自动化中使用的、能够自动控制、可以重复编程的多用途机器人。工业机器人通过应用机器学习、深度学习等人工智能算法，可以实现对环境的感知、理解和识别，从而提升其自主决策和行动能力。

图5-15所示为工业机器人，它主要由机械主体、传感器系统、驱动系统和控制系统等部分组成。

- 机械主体：包括基座、机身、臂部、腕部和执行器（如夹爪或工具）等，这些部分构成了机器人的骨架和操作机构。
- 传感器系统：包括视觉、触觉、力觉和距离传感器等各类传感器，用于感知环境和反馈信息，使机器人能够适应环境变化。
- 驱动系统：为工业机器人提供动力，如液压、气压、电动或混合驱动等，使机器人能够完成各种动作。

图5-15　工业机器人

- 控制系统：是工业机器人的"大脑"，通常包括计算机硬件和软件，负责接收指令、处理信息和控制机器人的运动。

根据应用场景和功能的不同，工业机器人可以分为多种类型，如焊接机器人、磨抛加工机器人、激光加工机器人、喷涂机器人、搬运机器人、冲压机器人和真空机器人等，这些机器人在各自的领域内发挥着重要作用，提高了生产效率。

任务实现——讨论智能支付行为的正确性

智能支付中的生物识别技术，如人脸识别、指纹识别和虹膜识别等，为用户提供了便捷的支付体验。然而，如果使用不当，这些技术也可能导致安全风险。本任务需要读者判断表 5-6 中列举的各种智能支付行为的正确性，认为是正确的，请标记"√"号；认为是错误的，请标记"×"号。

表5-6　各种智能支付行为及其正确性判断

智能支付行为	是否正确
用户在咖啡店使用手机上的指纹识别功能进行快速支付	
用户为了方便，使用照片或视频进行人脸识别支付	
在火车站自助售票机前，用户通过人脸识别技术快速完成车票购买	
用户在佩戴隐形眼镜或美瞳的情况下进行虹膜支付	
用户使用受损或仿造的指纹进行支付	
在超市结账时，用户佩戴口罩进行人脸识别支付	
用户在购买商品后，使用对方提供的劣质的指纹识别设备进行支付	
在网上商城，用户通过人脸识别进行身份验证后，自动支付完成购买	

动手演练——对比传统制造与智能制造

智能制造通过先进的技术，实现了生产过程的优化，提高了产品生产效率和产品质量。请根据自己对智能制造的认识，通过对比传统制造与智能制造进一步了解智能制造的优势，并将相关内容填写到表 5-7 中。

表5-7　传统制造与智能制造的对比

对比维度	传统制造	智能制造
技术水平	依赖人工操作和经验，技术更新缓慢	
自动化程度	手动或半自动化，依赖人工操作	
生产效率	生产周期长，效率较低	
质量控制	依赖人工检查，质量不稳定	
能源消耗	能耗较高，资源利用率低	
灵活性	改变生产线配置困难，灵活性差	
产品创新	创新周期长，依赖研发团队	

能力拓展

具身智能机器人是基于物理实体进行感知和执行的人工智能系统，它通常以人形机器人为载体，结合人工智能技术，以适应不同环境，理解问题、获取信息、做出决策并实现行动。与传统机器人相比，具身智能机器人具有更高的自主性、更强的适应性及更广的应用场景。其核心是具身智能机器人具备与环境交互感知的能力，以及基于感知到的任务和环境进行自主规划、决策、行动、执行等一系列行为的能力。

具身智能机器人的主要特点如下。

- "感知-行动"循环：机器人能够通过传感器等硬件实时感知环境，并根据感知结果做出相应的行动，在行动过程中继续感受新的环境，如此实现感知与行动的循环。
- 物理交互：机器人具备实体物理形态，能够与环境进行物理交互。
- 情境依赖：机器人的智能行为是在特定的情境下产生的，依赖于环境、任务及机器人自身的状态。
- 动态适应：机器人能够根据环境的变化和任务的需求动态调整行为和策略。

具身智能机器人的发展得益于人工智能和机器人技术的融合。从 20 世纪后期的卷积神经网络、机器学习，到深度学习模型的出现，再到多模态大模型的发展，这些技术进步为具身智能机器人提供了技术支撑。目前，具身智能机器人仍处于发展阶段，尤其在制造业等领域，其性能和成本效益还需进一步提升。预计具身智能机器人将从工业生产、家务助手、医疗护理和灾难救援等领域深度融入人类社会。

任务 5.4　探索人工智能未来发展趋势

任务洞察

人工智能的未来发展本质上是技术创新与社会适应的双向过程。技术突破不断扩展应用边界，促进管理机制与职业能力升级；而人类社会通过伦理规范、制度设计和文化调适，反过来引导技术发展方向。本任务将从技术突破、产业转型和角色重构这几个维度，探索人工智能未来的发展趋势。

知识赋能

（一）技术突破

未来的人工智能将在多个关键技术层面取得突破，这些进展将极大地扩展其应用范围和效能。

- 算法层面：多模态融合与因果推理将成为主流，使人工智能系统不仅能处理单一类型的数据，还能跨文本、图像、声音等多种数据形式进行深度理解和复杂决策。这种能力将使人工智能从基于数据关联性的简单预测转向更高级的环境动态建模与风险预判，从而在工业控制、城市治理等领域实现更加自主的决策支持体系。
- 计算能力层面：量子计算和神经形态芯片等新型计算范式的引入，预计将为人工智能带来革命性的算力提升。这不仅会加速现有模型的训练速度，还将使得解决当前无法触及的问题成为可能。

（二）产业转型

从产业转型的演进维度来看，人工智能未来的发展可能呈现以下几个关键特征。

- 智能化升级与自动化生产：随着人工智能技术的进步，制造业将经历深刻的智能化升级。通过集成人工智能驱动的工业大脑和机器人技术，生产线能够实现更高程度的自动化和精准度，减少人为错误，提高生产效率和产品质量。例如，智能传感器可以实时监控设备状态，预测故障并提前维护，从而大幅降低停机时间和维修成本。

- 跨行业的深度融合：人工智能不仅会在信息技术领域内产生变革，还将深入到医疗、金融、教育等多个传统行业中，带来全新的商业模式和服务形式。
- 个性化与定制化服务：借助大数据分析和深度学习算法，企业可以为消费者提供高度个性化的产品和服务。无论是电商平台的商品推荐系统还是在线教育平台的学习路径规划服务，都能根据用户的行为习惯和偏好进行动态调整，满足个体需求的同时也增强了用户体验。
- 绿色可持续发展：在追求经济效益的同时，人工智能也将助力推动绿色经济的发展。例如，利用人工智能优化能源管理系统，可以显著提高可再生能源利用率，减少碳排放。此外，通过模拟和预测气候变化影响，人工智能还能支持环境保护政策的制定，促进社会向低碳经济转型。

（三）角色重构

从人与技术关系的重构维度来看，人工智能可能会引发以下角色重构的趋势。

- 专业工作者的角色转变：人工智能将辅助医疗、法律等领域或行业的专家进行复杂的数据分析和模式识别。例如，在医疗领域，人工智能可以帮助医生更准确地诊断疾病，并制订个性化的治疗方案；在法律行业，人工智能可以快速处理大量的法律文件，帮助律师更快找到相关案例和法规。
- 教育者的新定位：教师的角色可能会从单纯的知识传授者转变为学习过程的引导者和支持者。借助人工智能驱动的教学工具，学生可以获得个性化的学习路径，教师则负责设计教学活动，激发学生的兴趣和潜能，以及为学生提供情感支持。
- 创意产业中的协作伙伴：在艺术、音乐、电影等领域，人工智能不仅可以作为一种工具来生成内容，还可以作为创意团队的一部分参与创作过程。例如，艺术家和设计师可以利用人工智能探索新的表现形式，同时保持对作品最终方向和意图的控制权。

任务实现——畅想人工智能未来的应用场景

人工智能在未来的应用场景将更加广泛而深入。请结合所学的人工智能技术的应用及人工智能未来的发展趋势，畅想人工智能未来的应用场景，并完善表 5-8 的内容。

表 5-8　人工智能未来的应用场景

领域	应用场景	理由
教育发展		
医疗健康		
金融服务		
交通安全		
生产制造		

动手演练——定制个性化的虚拟助教

虚拟助教作为现代教育的人工智能工具，为学生提供了个性化支持和即时反馈。它能够根据学生的学习情况和个性特点定制学习内容和方法，无论是课后难题还是课堂疑问，它都能提供实时帮助。同时，虚拟助教通过自动化批改作业、生成学情分析报告等，还能有效减轻教师的工作负担，提高教学效率。

请结合你对虚拟助教的理解和对人工智能未来发展的认识，定制一款个性化的虚拟助教，将相关功能和对应的应用场景填到下方的横线上。

功能 1 及其应用场景：_____

_____

功能 2 及其应用场景：_____

_____

功能 3 及其应用场景：_____

_____

功能 4 及其应用场景：_____

_____

功能 5 及其应用场景：_____

_____

功能 6 及其应用场景：_____

_____

能力拓展

量子计算通过其独特的并行计算能力，为人工智能突破传统算力瓶颈提供了新路径，它就像是一把打开新世界大门的钥匙。

传统计算机用"0"和"1"的二进制方式处理信息，而量子计算机的量子比特可以同时处于"0"和"1"的叠加状态，这种特性让它在处理某些复杂问题时能同时探索海量可能性。例如，在训练人工智能模型时，量子计算能够大幅缩短运算时间，几分钟就能得出更优的结果，这对需要处理天文数字般数据量的深度学习尤为重要。

人工智能和量子计算的结合可能会突破许多瓶颈，例如，在药物研发领域，量子计算能够快速模拟分子结构，而人工智能可以分析这些数据，找到潜在药物组合；在自动驾驶场景中，量子计算能实时处理城市路网中所有车辆的动态信息，结合人工智能的决策模型，让交通调度更智能。甚至像天气预报这样的传统难题，量子计算处理大气物理方程的速度提升，也能让人工智能模型预测极端天气的精度再上一个台阶。

然而，当前的量子计算技术还处于研究阶段，容易受温度、震动等干扰，维持量子比特稳定性的技术尚未成熟。人工智能若想有效利用这种不稳定的算力，需要开发全新的算法框架。但科学家们已在探索两者结合的可能性，例如，谷歌公司利用量子计算优化人工智能芯片设计，微软公司开发量子机器学习工具包等。

未来十年，量子计算可能不会完全替代传统计算，但会在特定领域与人工智能形成"黄金组合"，即量子计算解决复杂度爆表的核心问题，人工智能负责统筹应用和决策。这种协作或许能攻克癌症治疗、清洁能源开发等人类重大课题。这场跨维度的技术融合，正在悄然重塑智能时代的可能性边界。

课后练习

一、填空题

1. 人工智能的三大流派分别是_____、_____、_____。
2. 设计深度学习的神经网络时，关键的部分是设置_____。
3. 计算机视觉中的二维视觉主要涉及_____、_____、_____等操作。
4. 机器人的三要素分别是_____、_____、_____。

5. 在线教育中，根据学生的学习行为、能力、偏好和进展动态调整学习内容、路径、策略和反馈信息等，这种教育方式被称为_____。

6. 智能支付中，通过捕捉用户的面部特征，并与数据库中的面部信息进行比对，从而实现身份验证和支付操作的技术被称为_____。

二、选择题

1. 人工智能的概念是在（　　）年被首次提出的。

   A. 1952　　　　　　B. 1956　　　　　　C. 1962　　　　　　D. 1976

2. 以下选项中，不是人工智能关键要素的是（　　）。

   A. 数据　　　　　　B. 算法　　　　　　C. 算力　　　　　　D. 设计

3. 以下选项中，（　　）不是机器学习算法的类型。

   A. 监督学习　　　　B. 无监督学习　　　C. 半监督学习　　　D. 混合学习

4. 自然语言处理的主要任务不包括（　　）。

   A. 命名实体识别　　B. 词性标注　　　　C. 语音合成　　　　D. 图像分类

5. VR 技术与 AR 技术的主要区别是（　　）。

   A. AR 是脱离用户当时所处现实环境营造出虚拟体验，而 VR 则是在用户所处的现实环境中增加虚拟的体验。

   B. VR 是脱离用户当时所处现实环境营造出虚拟体验，而 AR 则是在用户所处的现实环境中增加虚拟的体验。

   C. VR 和 AR 都是在同一环境中增加虚拟体验。

   D. VR 和 AR 都是在同一环境中营造虚拟体验。

6. 自动驾驶技术根据自动化程度的不同，分为（　　）级别。

   A. 3 个　　　　　　B. 5 个　　　　　　C. 6 个　　　　　　D. 8 个

模块六
AIGC应用

06

人工智能生成内容（AIGC）又称生成式人工智能，其诞生是人工智能领域的一个重要里程碑，代表着人工智能从传统的分析、理解任务向创造、生成任务的转变。2022 年末，OpenAI 公司推出的 ChatGPT 标志着 AIGC 在自然语言处理领域取得了重大突破，其强大的生成能力、上下文理解能力等使得 AIGC 真正被用户所认可和接纳。随着 DeepSeek 的横空出世，AIGC 更是风靡全球，并全面普及到用户当中。本模块将全面介绍 AIGC 的基本内容，并带领读者学习如何使用它来实现高效办公和提升日常生活质量。

课堂学习目标

- **知识目标：** 了解 AIGC 的特点和发展过程，了解大模型的概念，认识 AIGC 常用工具，并掌握 AIGC 的基本使用方法。

- **技能目标：** 能够使用各种 AIGC 工具来辅助办公与日常生活。

- **素质目标：** 积极利用 AIGC 技术探索新的创作路径和表达方式，同时应意识到创意的重要性。

任务 6.1　认识 AIGC

任务洞察

传统的内容创作需要花费大量的时间和精力，AIGC 的出现大大提高了人们的创作效率，这不仅引发了人们对机器创造力的无限遐想，也激发了人们的创作热情。本任务将对 AIGC 的基础内容进行学习，然后对比不同 AIGC 工具的特点。

知识赋能

（一）AIGC 的特点与发展过程

AIGC 是指运用人工智能技术，尤其是深度学习算法，创建各类数字内容的新型内容创作模式。作为一种革命性的内容创作模式，AIGC 正引领着人工智能领域的新一轮变革，一步步实现从简单文本到复杂多媒体内容的全面自动生成。

1. AIGC 的特点

AIGC 的主要特点如下。

- 自动化生成：AIGC 能够自动解析用户指令，快速生成所需内容，省去了烦琐的人工编辑环节，极大地提升了创作效率与灵活性。

- 创意驱动：借助人工智能的学习与优化能力，AIGC 能够持续探索新的创作路径，生成独具匠心、引人入胜的内容，满足用户日益增长的个性化需求。

- 多类型生成：无论是静态图像、动态视频生成，还是音频、代码生成等，AIGC 都能轻松驾驭，为用户提供丰富多彩的内容体验。同时，它还能根据用户反馈实时调整内容策略，确保生成的内容与用户需求达到最佳契合度。

- 持续进化：依托大数据与云计算的强大支撑，AIGC 能够不断吸收新知识，优化算法模型，实现内容与技术的双重迭代升级。

2. AIGC 的发展过程

AIGC 的发展历程可以划分为萌芽、积累与快速发展 3 个阶段，每个阶段都体现了技术的飞跃与应用的拓展。

（1）萌芽阶段（20 世纪 50 年代至 90 年代中期）

20 世纪 50 年代，随着计算机科学的初步建立，人类开始探索机器模仿人类智能的可能性，AIGC 的雏形也悄然孕育。然而，受限于当时的科技水平，尤其是计算能力与算法设计的局限，AIGC 的应用仅限于实验室内的小规模实验，难以触及更广泛的领域。这一阶段，科学家们更多是在探索理论框架与技术路径，为后续的突破奠定基础。

（2）积累阶段（20 世纪 90 年代中期至 21 世纪 10 年代中期）

进入 20 世纪 90 年代中期，随着互联网技术的兴起与计算机性能的显著提升，AIGC 迎来了从理论到实践的转变。尽管此时算法尚不足以支撑内容的直接生成，但 AIGC 已经开始在辅助创作、信息检索等领域展现出潜力。这一阶段的 AIGC 更多扮演的是"幕后英雄"的角色，通过优化流程、提高效率等方式，为内容创作提供间接支持。随着技术的不断积累，人们逐渐意识到，AIGC 的潜力远不止于此。

（3）快速发展阶段（21 世纪 10 年代中期至今）

进入 21 世纪 10 年代中期，随着深度学习技术的突破性进展，特别是 GAN 的问世与迭代，AIGC 迎来了前所未有的发展机遇。这一技术革新打破了 AIGC 内容生成的瓶颈，使得 AIGC 能够创造出多样化的文本、逼真的图像乃至视频内容。

近年来，AIGC 的应用场景日益丰富，从最初的企业级服务逐渐渗透到用户端市场，AIGC 应用逐渐成为普通用户也能轻松上手的创作工具。这一转变不仅降低了内容创作的门槛，也激发了大众的创作热情，推动了文化产业的多元化发展。

（二）大模型的概念

大模型一般是指具有海量参数和复杂计算结构的深度学习模型，这些模型通常由深度神经网络构建而成，拥有数十亿甚至数万亿个参数。大模型的设计目的是提高模型的表达能力和预测性能，使其能够处理更加复杂的任务和数据。

目前，大模型主要有大语言模型、视觉大模型、多模态大模型等。

- 大语言模型（Large Language Model，LLM）：大语言模型是专注于 NLP 的深度学习模型，通过海量文本数据进行模型训练，学习语言规律并提升文本生成、理解和推理能力。其核心思想是利用自注意力机制捕捉长距离语义依赖，通过预训练学习通用语言表征，再通过微调适应具体任务。DeepSeek、ChatGPT 等均是常见的大语言模型。

- 视觉大模型（Large Vision Model，LVM）：视觉大模型是专注于处理视觉任务的大模型，主要用于图像分类、目标检测、图像分割等领域，部分模型支持视频理解。其核心思想是基于大规模图像数据进行预训练，学习通用视觉表征，并通过无监督学习来提取特征。Midjourney、DALL · E 3 是常见的视觉大模型。

- 多模态大模型（Multimodal Models）：多模态大模型是指能同时处理文本、图像、音频、视频等多种模态数据，实现跨模态理解和生成的大模型。其核心思想是结合大语言模型和视觉编码器，通过适配器模块对齐多模态特征，利用对比学习或指令微调模型，建立模态间的语义关联，并基于扩散模型或自回归模型生成多模态内容。GPT-4o、腾讯元宝等均是常见的多模态大模型。

（三）AIGC 常用工具介绍

随着人工智能技术的不断发展，诞生了越来越多的 AIGC 工具，这极大地方便了用户的生活、学习和工作。下面从文本生成、图像生成、音频生成和视频生成的角度，介绍一些常用的 AIGC 工具。

1. 文本生成工具

文本生成工具可以通过人工智能模型将输入的提示词转化为连贯的文本内容，适用于写作、对话或代码生成等场景。常用的文本生成工具有 DeepSeek、ChatGPT、文心一言等。

- DeepSeek：DeepSeek 具备通用文本生成、代码编写、数学问题求解等功能，具有强大的上下文理解和推理能力，在代码生成与数学推理任务中表现突出。
- ChatGPT：ChatGPT 具备文本生成、问答、代码编写、翻译、数据分析等功能，支持插件扩展，具有多语言处理等能力，逻辑推理能力也较强，适合个人与企业等多场景需求。
- 文心一言：文心一言具备文本生成、多模态创作、数据查询等功能，能够深度理解中文语境，并支持古文生成、文本润色等，能够与百度搜索数据联动，内容生成的时效性较强。

2. 图像生成工具

图像生成工具可以基于文本描述或图像参考生成高质量的图像，适用于艺术创作、商业设计等视觉内容生成等场景。常用的图像生成工具有 Midjourney、DALL·E 3、通义万相等。

- Midjourney：Midjourney 具备艺术风格图像生成功能，支持多参数调整，生成内容的艺术表现力较强，适合帮助设计师快速获取灵感。
- DALL·E 3：DALL·E 3 具备高精度文生图、多对象组合生成等功能，能够与 ChatGPT 无缝集成，并能够通过自然语言反复优化细节，其生成的图像与文本匹配度较高，适合生成电商产品图、科普插图等。
- 通义万相：通义万相具备文生图、图像修复、局部修改等功能，能够精准解析复杂的中文提示词，适用于电商、影视行业中的图片创作。

3. 音频生成工具

音频生成工具可以将文本或指令转换为语音、音乐或音效，并支持编辑合成，适用于配音、播客制作等场景。常用的音频生成工具有 RunwayML、Descript、网易天音等。

- RunwayML：RunwayML 具有语音合成、音效生成、背景音乐创作等功能，支持多模态输入，生成的内容一般可以用于影视后期制作。
- Descript：Descript 具有语音克隆、音频降噪、多轨编辑等功能，支持自动生成字幕，非专业用户也能快速上手，适合播客、课程的录制。
- 网易天音：网易天音具有智能作曲、编曲，一键生成 DEMO，智能作词与优化等功能，其界面简洁，适合不具备乐理基础的用户，在个人娱乐、专业辅助、教育等领域有着广泛应用。

4. 视频生成工具

视频生成工具可以根据文本或图像自动生成动态视频，具备场景构建、特效添加等能力，适用于短视频、广告等内容创作场景。常用的视频生成工具有 Sora、即梦 AI、可灵 AI 等。

- Sora：Sora 具备创建高保真视频、多模态输入、复杂场景构建等功能，生成的内容能够准确反映用户需求，并且可以实现一镜到底的效果。Sora 适用于电影分镜预演、广告创意、虚拟场景搭建等专业领域的视频创作。

- 即梦 AI：即梦 AI 具备电商场景生成、模板化创作等功能，能够与剪映短视频剪辑软件实现联动，适合商品展示场景。
- 可灵 AI：可灵 AI 具备文本生成高清视频、视频风格化等功能，其物理引擎可以模拟物品真实运动轨迹，支持多镜头分镜生成。可灵 AI 创作门槛低，对新手用户比较友好。

（四）AIGC 的基本使用方法

大部分 AIGC 工具都是以对话形式进行使用的，即在文本框中输入提示词表达生成需求，然后提交需求，由 AIGC 工具理解内容后生成相应的结果。需要注意的是，使用 AIGC 工具时，如何提问是十分关键的，提示词的质量直接影响 AIGC 生成内容的走向与风格。一般来说，用户可以按照明确目标、细化要求、提供背景信息、持续优化和反馈的流程来使用。

1. 明确目标

明确目标是提问的基础，向 AIGC 工具提问前，用户应当明确希望 AIGC 工具能够帮助自己解决什么问题，如获取信息、生成文案、设计图像等，目标越具体，AIGC 工具生成的内容越有可能满足需求。提问时应使用简洁明了的文字描述目标需求，避免使用模糊或存在歧义的表述。例如，若想知道如何提高编程技能，可以提问"你可以向想要提高 Java 编程技能的初学者提供哪些具体建议？"，而不是模糊地问"如何学习编程？"。

2. 细化要求

即便有明确的要求，也还应当对要求进行细化，让 AIGC 工具可以更加明确需要生成的具体内容，如列出希望包含的关键信息点或讨论的话题，指定内容的语言风格，使用简洁明了的语言来描述需求，避免复杂和冗长的句子结构等，这些细化的要求有助于引导 AIGC 工具生成更有针对性的内容。例如，科技新闻稿的提示内容可以为"新闻稿应包含人工智能在医疗诊断中的最新突破，以及这些技术如何改善患者的生活质量。字数控制在 800 字左右，用语正式"。

> **提示**　细化要求在一定程度上也可以理解为设定约束条件，例如，避免使用某些词语、保持内容的原创性，以及限制字数和规定语言风格等。要求越详细，或者说约束条件设置得越具有针对性，生成的内容就可能越符合预期。

3. 提供背景信息

为 AIGC 工具提供足够的背景信息，可以使其更好地理解问题。例如，如果要求其生成关于特定公司的市场分析报告，可向其提供该公司的基本信息、行业背景等。又如，需要 AIGC 工具提供解决笔记本电脑问题的方案，应该具体说明："我的联想笔记本电脑（包括具体型号）无法启动，显示错误代码为××，我之前尝试了××解决方案，请问应当如何解决？"足够的背景信息可以让 AIGC 工具更容易理解问题并提供答案。此外，还可以向 AIGC 工具提供相关的参考资料或链接，帮助其更好地理解问题并生成准确的内容。

4. 持续优化与反馈

当 AIGC 生成的答案无法满足需求时，我们可以使用不同的方式来反馈得到的信息，让 AIGC 工具进一步优化答案。例如，当向 AIGC 工具提问"请详细阐述可持续城市发展的未来趋势。"时，如果答案被截断或不够详细，我们可以使用"继续"指令反馈："请继续描述可持续城市发展的未来趋势，特别是在智慧城市方面。"如果想要从另一个角度了解问题，可以使用"切换"指令反馈："现在，请从能源利用的角度来阐述可持续城市发展的未来趋势。"如果答案中存在错误或误导性信息，则可以直接纠正："你提到的与绿色建筑相关的信息是不准确的，请提供正确的信息。"

任务实现——评价不同的 AIGC 工具

根据不同的行业、不同的兴趣爱好，用户会更青睐于使用某一种或几种 AIGC 工具，请根据自己所使用过或了解过的 AIGC 工具，评价它们的优点，并将内容填写到表 6-1 中。

表 6-1　各种 AIGC 工具的优点

类型	你使用过或了解过的 AIGC 工具	该工具的优点
文本生成		
图像生成		
音频生成		
视频生成		

动手演练——体验可灵 AI 的功能

访问可灵 AI 官方网站，其首页如图 6-1 所示，注册并登录账号，查看可灵 AI 具备哪些功能，然后尝试利用其"图片生成"功能和"视频生成"功能生成一幅图片和一段视频，并看看生成的效果是否符合预期。

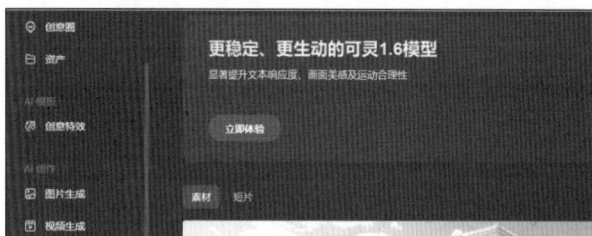

图 6-1　可灵 AI 首页

能力拓展

提示工程（Prompt Engineering）是自然语言处理领域的一种技术，其目的是通过探索最优的输入形式，帮助大模型从训练数据中提取知识并生成高质量内容。它要求深入理解模型的工作原理、任务特性和用户需求，通过调整提示的词汇、语境、格式等要素，使模型更接近人类解决问题的逻辑。以下是一些常用的提示工程的提问公式，掌握这些提问公式可以更好地与 AIGC 工具进行交互并得到高质量的结果。

- 角色扮演公式：此公式可以通过角色限定，约束生成内容的专业边界，避免通用化回答，适用于医疗咨询、法律建议、教育辅导等专业领域。公式的提问结构为，"你是一位[角色]，请以[专业领域/特定对象]视角完成以下任务：[具体指令]"。
- 思维链公式：此公式可以强制模型展示中间推理过程，有效降低错误率，适用于数学计算、逻辑推理、数据分析等复杂任务。公式的提问结构为，"请逐步推理：[问题描述]。首先，……，然后，……，最后，……"。
- 条件约束公式：此公式可以通过多重约束精准控制输出范围，减少无关内容，适用于学术写作、合规内容生成、技术文档制作等场景。公式的提问结构为，"生成关于[主题]的内容，需满足：[条件 1]+[条件 2]+[条件 3]"。
- 自洽性公式：此公式可以通过多个方案对比来降低模型"幻觉"风险，提升结果可靠性，适用于方案决策、争议问题分析、风险评估等场景。公式的提问结构为，"请生成[数量]种不同方案，并根据[标准]选择最优解，说明理由"。

- 混合模态公式：此公式可以打通不同模态的信息关联，适用于跨模态创作的场景。公式的提问结构为，"结合文字描述[内容 A]与参考图片[链接/描述]，生成[输出类型]"。

任务 6.2 AIGC 的具体应用

任务洞察

AIGC 不仅能够快速处理文档生成、会议纪要整理、多语言翻译等重复性工作，显著缩短办公时间，优化工作流程，还能让人们的生活更加便捷、健康且充满趣味。本任务将学习如何具体使用 AIGC 实现高效办公及日常生活事务处理，进一步掌握 AIGC 的具体用法。

知识赋能

（一）AIGC 与高效办公

AIGC 在办公领域的应用广泛且深入，从文档撰写、数据分析到创意设计等，AIGC 都能极大地提升办公效率和质量。

- 文档撰写与编辑：当需要撰写报告、文案、新闻稿件等文档时，AIGC 可以根据用户提供的主题、关键词、要求等信息，快速生成一份初稿。用户只需对初稿进行修改和完善，就能大大节省撰写时间，提高工作效率。此外，AIGC 可以对已有的文档内容进行分析和优化，能够检查语法错误、逻辑问题，并提出修改建议，使文档表达更加准确、流畅、专业。
- 数据分析与洞察：AIGC 可以帮助用户快速从海量数据中提取关键信息，并以直观的图表、图形等形式呈现出来，使复杂的数据更容易理解和分析。更重要的是，基于历史数据和机器学习算法，AIGC 可以对数据的未来趋势进行预测和分析，为用户提供有价值的参考信息。
- 创意设计：AIGC 可以根据用户的描述或示例，自动生成图像、视频等内容，为广告设计、宣传推广、影视制作等领域提供创意素材，并可以辅助用户进行 PPT 的设计和制作，包括生成幻灯片的布局、配色方案、图表等元素，使 PPT 更加生动，提升演示效果。

（二）AIGC 与日常生活

在日常生活中，也有越来越多的用户习惯使用 AIGC 来管理生活事务，如制订旅行计划、获取购物推荐信息、进行健康管理等，让生活变得更加便捷。

- 制订旅行计划：AIGC 可以根据用户的旅行偏好、预算、时间等因素，为用户生成个性化的旅行计划，包括行程安排、景点推荐、酒店预订等，让用户能够得到更完善的旅游体验。
- 获取购物推荐信息：AIGC 能够更精准地理解用户的购物意图，为用户提供更相关、更全面的推荐结果，达到个性化购物推荐的目的。
- 进行健康管理：AIGC 可以根据用户输入的个人信息，如基础数据、生活习惯等，生成符合用户的个性化健康建议和健身方案。

任务实现

微课
生成短视频脚本

（一）生成短视频脚本

当需要拍摄一条短视频，但只有初步的想法，并没有完整的脚本内容时，便可以借助 AIGC 工具来完善创意。本任务将使用文心一言来生成短视频脚本，脚本的主要内容是通过运动员在雨中训练的情景来展示其坚持不懈、勇于挑战的精神，其具体操作如下。

（1）访问并登录文心一言，在其首页单击模型下拉按钮，在弹出的下拉列表中选择"文心 X1"选项，如图 6-2 所示。

图6-2　选择模型

（2）在下方的文本框中输入相应的需求，并确保文本框下方的两个按钮（ ⊕联网搜索 和 ⊙调用工具 ）呈蓝色显示（若未呈蓝色显示，可单击相应按钮），完成后按"Enter"键或单击"提交"按钮 ◥ 提交需求，如图 6-3 所示。

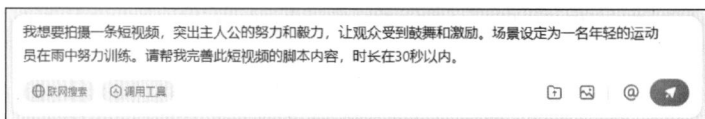

图6-3　输入并提交需求

（3）文心一言通过推理后生成相应的短视频脚本，查看内容寻找创意灵感，并继续在文本框中输入优化反馈的请求，按"Enter"键或单击"提交"按钮 ◥ ，如图 6-4 所示。

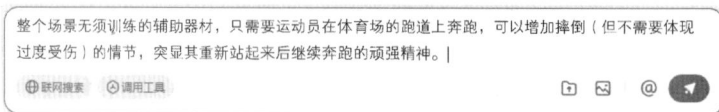

图6-4　优化并提交需求

（4）按照相同方法持续优化请求，直到生成满意的短视频脚本，然后单击"复制"按钮 ▢ ，复制生成的内容，如图 6-5 所示。新建文本文件或 Word 文档，将复制的内容粘贴到文档中即可（配套资源：效果\模块六\短视频脚本.txt）。

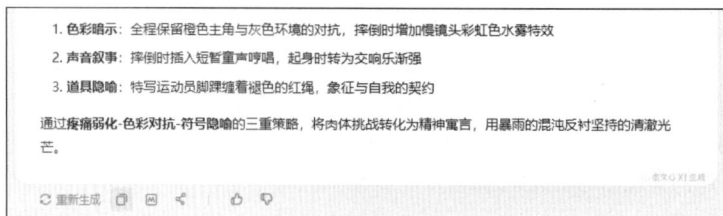

图6-5　复制生成的内容

（二）设计与生成产品海报

设计产品海报是设计师经常会面对的任务，当设计灵感不足时，可以将需求提交给 AIGC 工具，让它来完成智能创作，设计师便能从中找寻设计的方向。本任务将使用 DeepSeek 生成提示词，然后利用即梦 AI 的"图片生成"功能实现产品海报的设计，其具体操作如下。

微课

设计与生成产品海报

（1）访问并登录 DeepSeek，开启"深度思考（R1）"功能，关闭"联网搜索"功能，在文本框中输入需求，如图 6-6 所示，然后按"Enter"键或单击"提交"按钮 ↑ 。

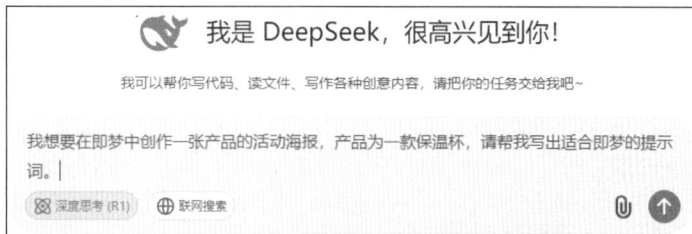

图 6-6　在 DeepSeek 中输入产品海报需求

（2）查看 DeepSeek 生成的内容，如果觉得没有达到预期，则继续优化需求重新生成内容，直到获得满意的结果，随后可选择生成的提示词，在其上单击鼠标右键，在弹出的快捷菜单中选择"复制"命令，复制生成的提示词，如图 6-7 所示。

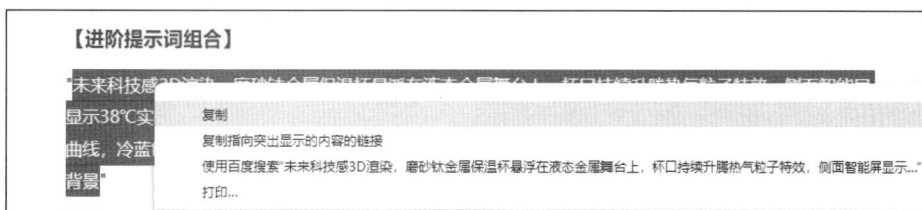

图 6-7　复制生成的提示词

（3）访问并登录即梦 AI，单击首页的 图片生成 按钮，在文本框中单击鼠标定位文本插入点，按"Ctrl+V"组合键粘贴提示词，如图 6-8 所示，然后根据需要设置生图模型并选择清晰度，这里保持默认设置，直接单击 立即生成 ❶ 1 按钮。

（4）即梦 AI 将根据提示词内容生成图像，单击图像缩略图可详细查看图像内容，如图 6-9 所示。若觉得满足预期，则可单击图像上方的"下载"按钮 ，将其下载到计算机上（配套资源：效果\模块六\产品海报.jpg）。

图 6-8　粘贴提示词

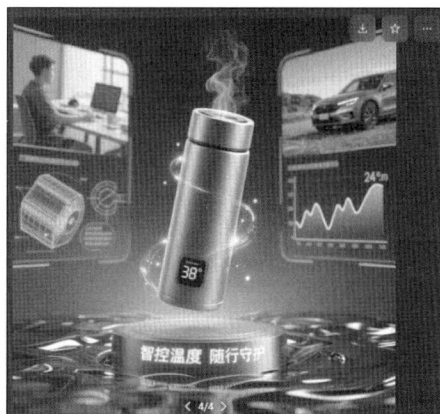

图 6-9　详细查看图像内容

提示　查看生成的图像时，可以进一步利用即梦 AI 提供的图像编辑功能对生成的图像进行编辑，如提升分辨率、修复细节、局部重绘、消除指定区域等，使图像能够更好地满足需求。

（三）创作景区宣传视频

借助 AIGC 工具创作视频可以达到许多意想不到的创意效果。本任务将使用可灵 AI 的"首尾帧"视频生成功能，对两张景区图片进行无缝衔接，生成生机勃勃的荷塘景观宣传视频，其具体操作如下。

微课

创作景区宣传视频

（1）访问并登录可灵 AI，选择首页左侧列表框中的"视频生成"选项，在显示的页面中单击 首尾帧 按钮，如图 6-10 所示，然后单击下方的"上传图像"按钮。

（2）打开"打开"对话框，选择"荷塘 1.jpg"图像文件（配套资源：素材\模块六\荷塘 1.jpg）作为首帧图，如图 6-11 所示，单击 打开(O) 按钮。

图 6-10　单击"首尾帧"按钮（上传首帧图）

图 6-11　选择图像文件作为首帧图

（3）图像上传完成后，继续单击 尾帧图 按钮，如图 6-12 所示，并单击上方的"上传图像"按钮。

（4）再次打开"打开"对话框，选择"荷塘 2.jpg"图像文件（配套资源：素材\模块六\荷塘 2.jpg）作为尾帧图，如图 6-13 所示，单击 打开(O) 按钮。

图 6-12　单击"尾帧图"按钮（上传尾帧图）

图 6-13　选择图像文件作为尾帧图

（5）继续在"图生视频"功能的参数设置区域下方的文本框中输入有关视频画面需求的提示词，如图 6-14 所示，完成后单击 立即生成 按钮。

（6）稍作等待，可灵 AI 便生成视频内容，单击"播放"按钮查看视频效果，如图 6-15 所示。确认无误后便可单击 下载 按钮，将视频下载到计算机中（配套资源：效果\模块六\景区视频.mp4）。

图6-14　输入提示词

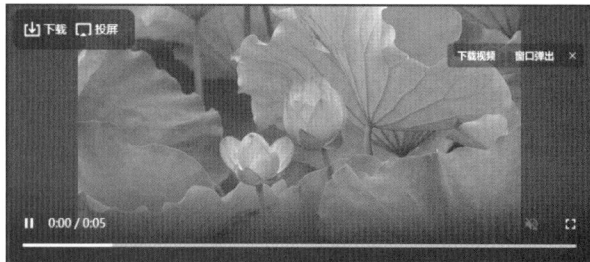

图6-15　查看视频效果

（四）辅助代码编写

AIGC 工具在辅助代码编写中有许多革新性优势，它不仅可以智能补全代码与生成代码，还能检查和优化代码内容，极大地提升用户编写代码的速度和质量。本任务将使用讯飞星火生成贪吃蛇小游戏的 Python 代码并运行，其具体操作如下。

（1）访问并登录讯飞星火，单击首页中的 开始对话 按钮，在文本框中输入需求："请使用 Python 语言编写一个简单的贪吃蛇小游戏代码，使用 turtle 内置库，不使用其他库，确保代码能够在 Python 环境中运行。"如图 6-16 所示。按"Enter"键或单击"提交"按钮。

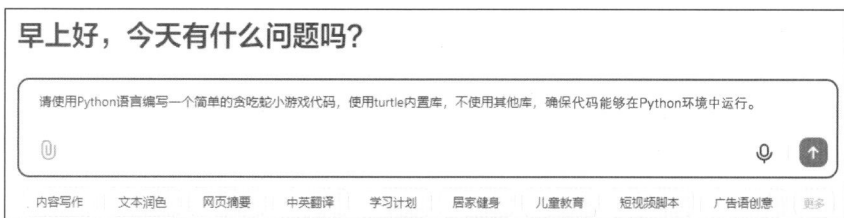

微课

辅助代码编写

图6-16　输入代码编写需求

（2）讯飞星火将生成带有黑色背景的代码内容，单击代码右上角的 复制代码 按钮，复制代码，如图 6-17 所示。

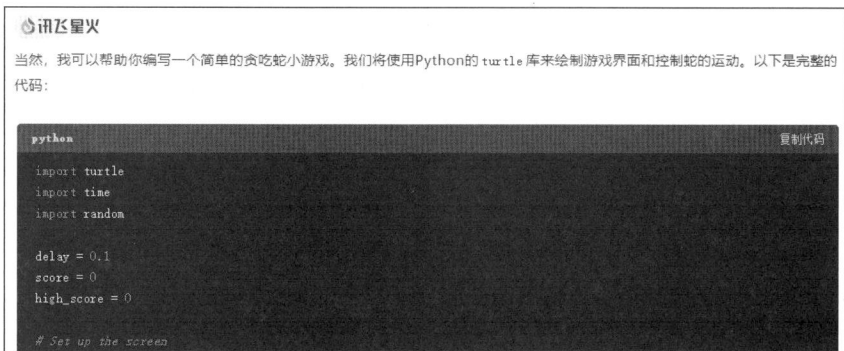

图6-17　复制代码

（3）新建文本文件，将名称（包括扩展名）修改为"贪吃蛇.py"，按"Enter"键后打开提示对话框，如图 6-18 所示，单击 是(Y) 按钮。

（4）在"贪吃蛇.py"文件上单击鼠标右键，在弹出的快捷菜单中选择"显示更多选项"命令，在展开的快捷菜单中选择"用记事本打开"命令，如图 6-19 所示。

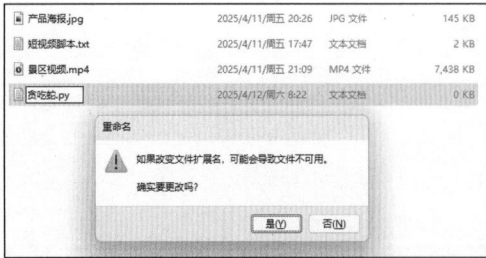

图6-18 打开提示对话框

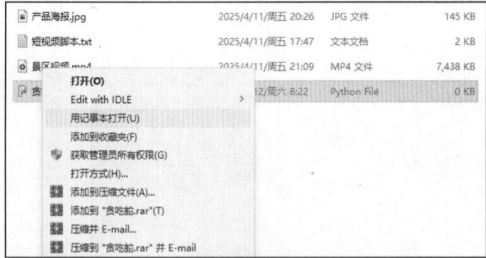

图6-19 选择"用记事本打开"命令

（5）打开该文件，按"Ctrl+V"组合键粘贴代码，并按"Ctrl+S"组合键保存文件，如图6-20所示（配套资源：效果\模块六\贪吃蛇.py）。

（6）安装Python环境（如Python 3.13），安装完成后单击"开始"按钮▦，在弹出的"开始"菜单上方的搜索框中输入"Python"，在显示的结果中选择"IDLE（Python 3.13 64-bit）"程序，启动Python环境，如图6-21所示。

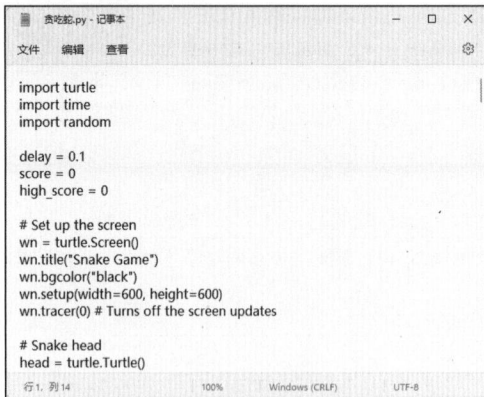

图6-20 粘贴代码并保存文件

图6-21 启动Python环境

（7）在打开的窗口中选择"File"/"Open…"选项，打开文件，如图6-22所示。

（8）打开"打开"对话框，选择"贪吃蛇.py"文件，如图6-23所示，单击 打开(O) 按钮。

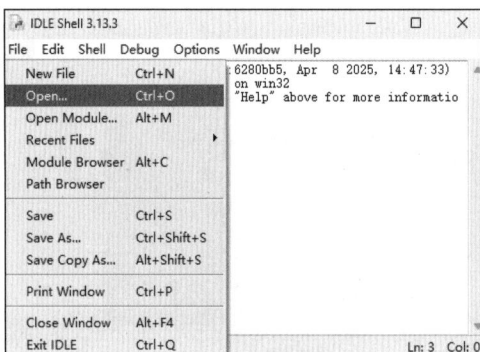

图6-22 打开文件

图6-23 选择"贪吃蛇.py"文件

（9）选择"Run"/"Run Module"选项或按"F5"键，运行代码，如图6-24所示。

（10）此时将打开游戏窗口，利用"W""A""S""D"键来控制方向并运行游戏，查看游戏是否能够顺利且流畅运行，如图6-25所示。

图 6-24　运行代码

图 6-25　查看游戏是否能够顺利且流畅运行

（五）制订旅行计划

AIGC 工具借助基于海量数据训练的大模型来实现相关功能，因此它在制订计划方面具有明显优势，它不仅可以快速找到各种数据并对其加以智能整合，更能为用户提供个性化的计划内容。本任务将使用 DeepSeek 制订一份旅行计划，其具体操作如下。

（1）访问并登录 DeepSeek，开启"深度思考"和"联网搜索"功能，在文本框中输入基本的旅行需求，如什么时候出发，准备玩几天，想去哪些地方等，这里输入："我想在 10 月中旬出发，去西安玩 5 天。"如图 6-26 所示，按"Enter"键提交需求。

微课

制订旅行计划

图 6-26　输入基本的旅行需求

（2）查看生成的旅行计划，如图 6-27 所示，可以发现，整个计划并未包含预算内容，因此需要进一步向 DeepSeek 进行反馈。

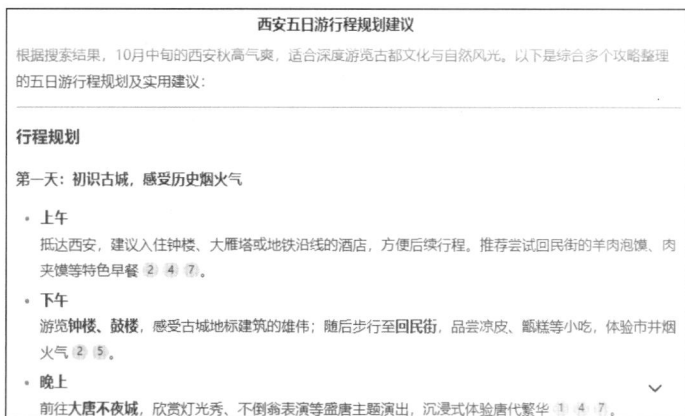

图 6-27　查看生成的旅行计划

（3）继续在文本框中输入："我的预算是 4000 元。"如图 6-28 所示，按"Enter"键提交需求。

图6-28 提交预算需求

（4）DeepSeek 将根据反馈重新调整旅行计划的内容，调整后的旅行计划如图6-29所示。

图6-29 调整后的旅行计划

（5）按照此思路继续优化需求，如向 DeepSeek 提供自己的喜好、身体状况、饮食习惯等，直至调整为符合个人需求的旅行计划，优化过程如图6-30所示。

图6-30 反复优化并生成符合个人需求的旅行计划

（六）健康管理

当用户向 AIGC 工具提供年龄、性别、体重、生活习惯等个人信息，以及血压、血糖、血脂等健康数据时，AIGC 工具能够对这些信息和数据进行深入挖掘和分析，并提供合适的健康管理方案或干预措施，帮助用户更好地管理个人健康。本任务将继续使用 DeepSeek 来进行用户健康管理，其具体操作如下。

微课
健康管理

（1）访问并登录 DeepSeek，单击"上传文件"按钮 ⓤ，打开"打开"对话框，选择"个人信息.txt"文本文件（配套资源：素材模块六\个人信息.txt），如图 6-31 所示，单击 打开(O) 按钮。

（2）在 DeepSeek 的文本框中输入需求，如"请根据我提供的个人信息数据，为我制订为期 12 周的渐进式健康管理方案"，如图 6-32 所示，按"Enter"键提交。

图 6-31　选择"个人信息.txt"文件

图 6-32　输入健康管理方案需求

（3）DeepSeek 将阅读个人信息数据，并通过推理给出适合用户的健康管理方案，如图 6-33 所示。

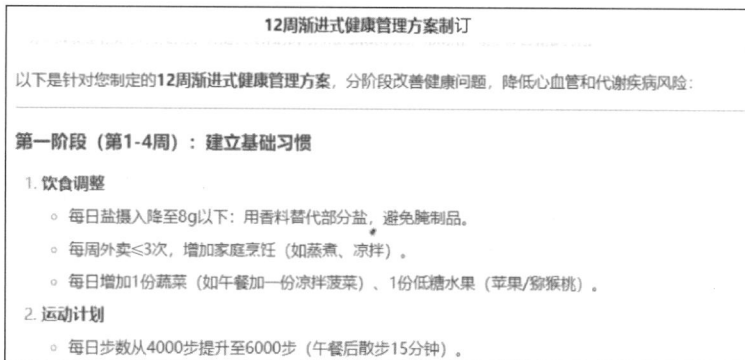

图 6-33　给出适合用户的健康管理方案

提示　AIGC 工具生成的内容并不一定是完全正确的，我们在使用之前需要注意甄别内容的正确性。我们需要具备批判思维和一定的判断能力。特别是健康等方面的内容，有必要时仍需请专家来解读。

动手演练

（一）分析交易数据

AIGC 工具能够非常快捷地实现对数据的分析，极大地提高数据分析效率。请访问并登录智谱清言，

选择其左侧的"数据分析"选项，上传"交易数据.xlsx"表格文件（配套资源: 素材模块六\交易数据.xlsx ），
让它来分析每日交易数据，并预测未来的交易趋势，如图 6-34 所示。

图 6-34　借助智谱清言分析交易数据

（二）快速生成演示文稿

　　演示文稿是目前企业与个人十分青睐的信息传达方式，但演示文稿的设计与制作往往较为费时费力。
若对演示文稿的内容质量要求不是特别严格，则可使用 AIGC 工具来快速生成演示文稿。请访问并登录
Kimi，选择页面左侧的"Kimi+"选项，然后启用"PPT 助手"功能，输入需求并让 Kimi 快速生成一份
介绍元宵节的演示文稿，参考效果（部分）如图 6-35 所示。

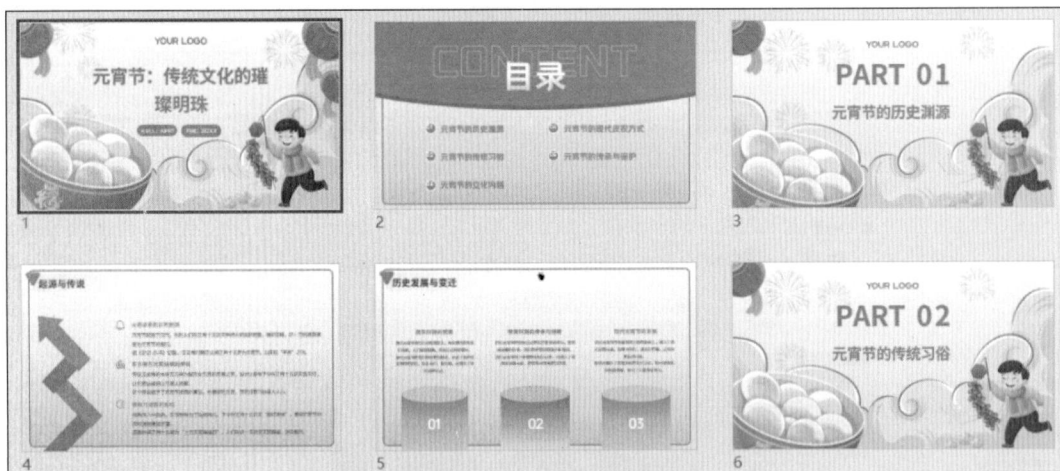

图 6-35　生成的演示文稿的参考效果（部分）

能力拓展

　　Tripo 是由 Tripo AI 与 Stability AI 合作开发的由人工智能驱动的三维（Three Dimensional，3D）
建模工具，它能够通过文本描述或图像输入等方式快速生成带纹理的 3D 模型。其核心技术 TripoSR 是
一种开源快速重建模型，支持生成高精度几何与纹理的即用型模型，适用于游戏开发、工业设计、建筑
渲染及虚拟现实等领域。如果用户需要创作 3D 模型，可以使用 Tripo 这个 AIGC 工具来实现，其操作
方法如下: 访问并登录 Tripo，单击 ╋ 单张图片 按钮，并在弹出的列表中单击"上传文件"按钮 ╋，打开"打

开"对话框，选择需要转换为 3D 模型的图像，单击 [打开(O)] 按钮，然后单击 **生成** ⚡ 0 50 按钮，便可将图像中的对象转换为 3D 模型。单击生成的 3D 模型，可在打开的页面中详细查看模型效果，拖曳鼠标可旋转模型，单击 [下载] 按钮可将模型以"glb"格式（此格式文件可用 Maya、3ds Max 等 3D 设计软件打开并编辑）下载到计算机中。图 6-36 展示了由图像创建而来的 3D 恐龙蛋效果。

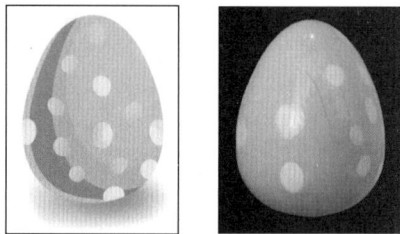

图 6-36 由图像创建而来的 3D 恐龙蛋效果

> **提示** 各类 AIGC 工具的更新与迭代速度较快，实际界面与功能位置可能与书中截图或描述略有不同，但整体操作逻辑保持一致，不影响读者的学习与练习。

任务 6.3 AIGC 展望

任务洞察

近年来，AIGC 技术取得显著突破，生成的内容从文本扩展到图像、音频、视频及跨模态内容。未来，AIGC 将朝着多模态深度融合方向发展，并结合自然语言处理、计算机视觉、语音合成等技术，实现文本、图像、音频、视频的联动生成。本任务将对 AIGC 的未来进行展望，看看 AIGC 的发展方向会侧重哪些方面。

知识赋能

（一）智能化升级

在未来，AIGC 的核心能力将实现质的飞跃。

首先，模型的底层架构可能发生革命性变化。例如，以人脑为设计灵感，有可能设计出更高效的混合计算系统，让 AIGC 不仅能处理文字、图像，还能生成 3D 场景甚至物理模拟结果。这意味着 AIGC 生成的内容将更贴近真实世界，如借助 AIGC 设计一座桥梁时，它能自动模拟并判断桥梁的力学结构是否合理。

其次，AIGC 生成速度和能耗问题有望得到突破。未来的 AIGC 模型有可能将不再依赖庞大的数据中心，而是通过轻量化技术和专用芯片，在手机、智能眼镜等设备上直接运行，实现"即想即得"的实时交互。例如，与虚拟助手对话时，AIGC 能瞬间生成符合语境的对话、表情甚至肢体动作。同时，量子计算等新技术可能让 AIGC 的能耗大幅降低，避免因算力增长加剧环境负担。

更重要的是，AIGC 将具备类似人类的推理和创造能力。通过融入因果逻辑和持续学习机制，AIGC 可以像科学家一样提出假设并验证。未来的 AIGC 将不再是机械的工具，而是能理解用户意图、主动创新的"伙伴"。

（二）跨领域融合

未来，AIGC 的跨领域融合将重塑内容创造的底层逻辑，推动 AIGC 从单一模态输出到多模态协同创作的范式跃迁。

在创意产业领域，AIGC 将突破传统工具的限制，实现跨介质的内容生态重构。例如，在影视制作中，导演通过文本描述生成分镜脚本的同时，人工智能引擎可以同步推演出匹配的场景光影参数、角色微表情序列，甚至自动生成符合剧情情感曲线的背景音乐波形。

在科学探索领域，AIGC 将演化为新型研究的核心组件。例如，材料科学家可通过自然语言定义目标性能参数，由 AIGC 逆向推导出可能的新型合金晶体结构，并自动生成对应的合成路径模拟动画；天文学家有望利用 AIGC 将稀疏的深空观测数据转化为高保真星系演化动态模型，甚至生成尚未被观测到的宇宙现象假想图。这种生成方式将突破人类想象力的边界，在暗物质探测、量子纠缠可视化等领域开辟新路径。

在教育领域，AIGC 可以构建虚实交融的沉浸式知识场景。例如，历史课堂可利用 AIGC 生成特定朝代的街景全息投影，帮助学生学习；物理课堂可利用 AIGC 生成交互式粒子模拟运动，对相关物理现象进行具象化阐释。更深远的影响在于，AIGC 或许可以催生"元知识建构"模式，学习者可以通过自然对话引导 AIGC 生成跨学科知识图谱，例如，在哲学与量子力学交汇处自主生成研究课题，形成超越传统学科划分的认知框架。

在生产制造领域，随着 AIGC 的不断发展，有可能会产生新的设计范式。例如，汽车工程师输入环保指标与成本约束信息，AIGC 可同时生成数百种车身结构方案，每种方案均附带空气动力学模拟数据与材料应力分布热力图；时装设计师通过向 AIGC 工具提出设计要求，使其能快速迭代出融合传统文化符号与未来主义元素的织物纹理，并直接输出可投入生产的数字化版型文件。这种生成式协同将重构传统产业链，使"需求-设计-验证"周期压缩至实时交互层面。

（三）隐私与安全保护

在隐私与安全保护方面，未来的 AIGC 将深度整合隐私增强技术，一方面将实现分布式数据训练，确保原始数据无须集中存储即可完成模型优化，降低数据泄露风险；另一方面将通过先进的加密技术使生成内容无法逆向推导出个体信息，并确保敏感信息在传输和处理过程中不可见。

各国将有可能建立风险分级监管体系，对医疗、金融等高敏感领域的 AIGC 技术实施强制匿名化处理，而对科研等场景采取弹性规则。跨国数据流动规则将通过互认协议实现协同治理。针对深度伪造等新型威胁，各国将要求所有 AIGC 生成的内容嵌入不可篡改的数字指纹，实现全生命周期溯源。

此外，为了更好地规避伦理问题，AIGC 的技术系统有可能将内置道德决策树，在生成涉及个人信息的文本、图像时自动触发伦理审查模块，将非必要识别特征进行模糊化处理，确保个人信息的安全。同时，AIGC 技术还可能建立数字人格权制度，赋予个体对其数字孪生体的控制权，禁止未经许可生成具有身份识别特征的虚拟形象。

任务实现——讨论 AIGC 工具的现有问题与解决方法

在使用 AIGC 工具的过程中，用户往往会遇到各种各样的问题，例如，AIGC 工具生成的内容始终无法满足需求，或者生成的内容出现明显的知识性错误或逻辑性错误等，请将你遇到的 AIGC 工具出现过的问题填写到表 6-2 中，并大胆想象如何利用技术解决这些问题。

表6-2　AIGC 的问题与解决方法

序号	你遇到的问题	解决问题的方法
1		
2		

续表

序号	你遇到的问题	解决问题的方法
3		
4		
5		

动手演练——谈谈你对 AIGC 的期望

人工智能技术的发展，自然会带动 AIGC 的持续发展。你希望未来的 AIGC 工具能够具备什么功能？可以完成哪些任务？请将你的想法填写到下方的横线中。

_____

_____

_____

能力拓展

差分隐私技术是一种用数学方法保护个人隐私的前沿技术，其核心思想是：通过向数据中精准添加"噪声"，让数据分析结果既能反映群体特征，又无法追溯任何个体的具体信息。未来，若此项技术能够融合到 AIGC 中，便有望实现生成内容无法逆向推导出个体信息的效果。

差分隐私技术的关键在于量化控制隐私泄露风险。例如，当医院要发布某疾病的研究数据时，可以先利用差分隐私技术计算需要添加多少噪声。如果数据量很大，则只需添加少量噪声即可隐藏个体信息；如果数据量很小，则需要加大噪声强度。这种动态调整特性既能保护敏感个体，又不至于让数据完全失去使用价值。其数学原理可以理解如下，无论攻击者是否掌握其他辅助信息，都无法通过算法输出的结果判断某份个人数据是否存在于原始数据集中。

在实际应用中，差分隐私技术常通过两种机制实现，即随机响应和噪声注入。下面以统计常用词排行榜为例说明噪声注入机制实现隐私保护的基本原理，在手机输入法收集用户打字习惯时，系统可能随机将 10% 的用户输入数据替换为虚假数据，这样，最终统计的常用词排行榜既反映了真实趋势，又无法确定具体哪个用户输入了特定词汇。相较于传统的数据匿名化（如删除姓名、身份证号等信息）技术，差分隐私技术提供了更可靠的数据保障，即使攻击者拥有无限算力和外部信息，个人隐私泄露的概率也被严格控制在一定的范围内。

课后练习

一、填空题

1. AIGC 的发展历程可以归纳为 3 个阶段，这 3 个阶段分别是_____、_____、_____。

2. 大模型一般是具有海量参数和复杂计算结构的_____模型。

3. 能同时处理文本、图像、音频、视频等多种模态数据的是_____。

二、选择题

1. 以下选项中，不属于 AIGC 应用领域的是（　　）。

　　A. 文本生成　　　　B. 图像调整　　　　C. 视频编辑　　　　D. 硬件制造

2. 以下选项中，不是 AIGC 工具的是（　　　）。

    A. ChatGPT　　　　　　B. Photoshop　　　C. 讯飞星火　　　　　D. 文心一言

3. 以下选项中，（　　　）主要用于音频生成的 AIGC 工具。

    A. Midjourney　　　　　B. 网易天音　　　　C. DALL・E 3　　　　D. 通义万相

三、操作题

1. 根据自己的实际情况，使用 DeepSeek 制订一份短期学习计划。

2. 使用通义万相创作一张主题为"环境保护"的活动宣传海报，要求海报具有创意，并能够准确表达宣传内容。

3. 使用即梦 AI 的"数字人-对口型"功能生成一段由某位历史人物（如李白、诸葛亮等）宣传"绿水青山就是金山银山"的创意视频。

模块七
信息素养与社会责任

07

随着全球信息化的发展，信息素养已经成为人们需要具备的基本素质和能力，以便更好地适应和应对信息社会。信息技术的不断发展，给人们带来了诸多便利，但各种网络暴力、信息泄露等现象也在频繁发生。因此，具备良好的信息素养和正确的社会责任感十分有必要。只有这样，才能真正让信息技术发挥作用，为人们提供帮助，而不会让信息技术成为达到各种非法目的的工具。

课堂学习目标

- 知识目标：了解信息素养的基本概念和要素，了解信息技术的发展情况，了解信息伦理和职业行为自律等方面的知识。

- 技能目标：能够养成良好的信息素养，树立正确的职业理念，承担社会责任。

- 素质目标：明白信息社会的相关道德伦理，恪守信息社会行为规范，全面提升个人信息素养。

任务 7.1　信息素养概述

任务洞察

我国倡导强化信息技术应用，鼓励学生利用信息手段自主学习，增强运用信息技术分析问题、解决问题的能力，而信息素养是人们在信息社会和信息时代生存的前提条件。那什么是信息素养？在日常生活和学习中，哪些行为是具备良好信息素养的体现呢？

知识赋能

（一）信息素养的基本概念

信息素养的概念最早于 1974 年被美国信息产业协会主席保罗·泽考斯基（Paul Zurkowski）提出，他将信息素养解释为"利用大量的信息工具及主要信息源使问题得到解答的技能"。这一概念一经提出，便得到了广泛传播和使用。

1987 年，信息学家帕特里夏·布雷维克（Patricia Breivik）将信息素养进一步概括为"了解提供信息的系统并能鉴别信息价值、选择获取信息的最佳渠道、掌握获取和存储信息的基本技能"。他从信息鉴别、选择、获取、存储等方面定义了信息素养的基本概念，将保罗·泽考斯基提出的概念进一步明确和细化。

1989 年，美国图书馆协会的"信息素养总统委员会"重新将信息素养概括如下：要成为一个有信息素养的人，就必须能够确定何时需要信息，并能够有效地查询、评价和使用所需要的信息。

1992 年，克里斯蒂娜·道尔（Christina Doyle）在《信息素养全美论坛的终结报告》中将信息素养定义如下：一个具有信息素养的人，他能够认识到精确的和完整的信息是做出合理决策的基础，明确对信息的需求，形成基于信息需求的问题，确定潜在的信息源，制订成功的检索方案，从包括基于计算机和其他信息源获取信息、评价信息、组织信息于实际的应用，将新信息与原有的知识体系进行融合，并在批判性思考和问题解决的过程中使用信息。

综上所述，信息素养主要涉及内容的鉴别与选取、信息的传播与分析等环节，它是一种了解、搜集、评估和利用信息的知识结构。随着社会进步和信息技术发展，信息素养已经变为一种综合能力，它涉及人文、技术、经济、法律等各方面的内容，与许多学科紧密相关，是信息能力的一种体现。

（二）信息素养的要素

为了更好地理解信息素养这个概念，我们可以从信息意识、信息知识、信息能力和信息道德这 4 个信息素养要素进一步了解信息素养。

1. 信息意识

信息意识是指对信息的洞察力和敏感程度，体现的是捕捉、分析、判断信息的能力。判断一个人有没有信息素养、有多高的信息素养，首先要看他具备多高的信息意识。例如，在学习上遇到困难时，有的学生会主动去网络中查找资料，或寻求老师和同学的帮助，而有的学生会听之、任之或放弃，后者便是缺乏信息意识的直观表现。

> **提示** 身处智能时代，我们不仅应该知道如何使用人工智能的各种应用，也应该具备人工智能信息素养，以便正确地、负责任地使用人工智能应用。例如，在使用人工智能应用时，我们应主动思考人工智能在隐私、公平性、算法偏见等方面的潜在风险，对人工智能输出的结果进行验证，识别其局限性和可能存在的误导性。

2. 信息知识

信息知识是信息活动的基础，它一方面包括信息基础知识，另一方面包括信息技术知识。前者主要是指信息的概念、内涵、特征，信息源的类型、特点，组织信息的理论和基本方法，搜索和管理信息的基础知识，分析信息的方法和原则等理论知识；后者则主要是指信息技术的基本常识、信息系统结构及工作原理、信息技术的应用等知识。

3. 信息能力

信息能力是指人们有效利用信息知识、技术和工具来获取信息、分析与处理信息，并创新和交流信息的能力。它是信息素养最核心的组成部分，主要包括信息知识的获取能力、信息资源的评价能力、信息的处理与利用能力和信息的创新能力。

- 信息知识的获取能力：它是指用户根据自身需求，通过各种途径和信息工具，熟练运用阅读、访问、检索等方法获取信息的能力。例如，要在搜索引擎中查找可以直接下载的关于人工智能的 PDF 资料，可在搜索框中输入文本"人工智能 filetype:pdf"。
- 信息资源的评价能力：互联网中的信息资源不可计量，因此用户需要对搜索到的信息的价值进行评估，并取其精华，去其糟粕。评价信息的主要指标包括准确性、权威性、时效性、易获取性等。
- 信息的处理与利用能力：它是指用户通过网络找到自己所需的信息后，能够利用工具对其进行分类、归纳、整理的能力。例如，将搜索到的信息分门别类地存储到百度云工具中，并注明时间和主题，待需要时再使用。
- 信息的创新能力：它是指用户对已有信息进行分析和总结，结合自己所学的知识，发现创新之处并进行研究，最后实现知识创新的能力。

4. 信息道德

信息技术在改变人们的生活、学习和工作的同时，个人信息隐私泄露、软件知识产权受到侵犯、网络黑客攻击等问题也层出不穷，这就涉及信息道德。一个人信息素养的高低，与其道德水平的高低密不可分。能否在利用信息解决实际问题的过程中遵守伦理道德，最终决定了我们能否成为高素养的信息化人才。

任务实现——判断相关行为是否符合正确的信息素养

信息素养是个人基本素养的构成要素，它既是个体检索、分析信息的信息认识能力，又是个体整合、利用、处理、创造信息的信息使用能力。在日常生活和未来工作中，良好的信息素养主要体现在以下几个方面。

（1）能够熟练使用各种信息工具，尤其是网络传播工具，如网络媒体、社交软件、电子邮件等。

（2）能根据自己的学习目标有效收集各种学习资料与信息，能熟练运用阅读、访问、讨论、检索等获取信息的方法。

（3）能够对收集到的信息进行归纳、分类、整理、鉴别、筛选等。

（4）能够自觉抵御和消除垃圾信息及有害信息的干扰和侵蚀，保持正确的人生观、价值观，具备自控、自律和自我调节的能力。

判断表 7-1 所示案例的相关人物的行为是否正确。如果不正确，则写出正确的做法。读者也可自行收集案例进行判断和分析，并将其填在该表中。

表 7-1 判断相关人物的行为是否正确

相关人物的行为	是否正确		若不正确，则写出正确的做法
张明引用他人文章时从不注明出处	是□	否□	
李兵偶尔会通过一些不合法的渠道来获取数据、图像、声音等信息	是□	否□	
赵明会在网络中恶意攻击他人	是□	否□	
孙明在未经王丽的同意下，盗用王丽的身份证信息进行网贷	是□	否□	
申丽在网络中传播不良信息	是□	否□	

动手演练——提升自己的信息素养

请从信息意识、信息知识、信息能力和信息道德这几个维度，对自己的信息素养水平进行评价，然后利用 DeepSeek 等 AIGC 工具，结合自身的实际情况，查询有效提升信息素养的方法和技巧，将自我评价和提升方法填写到下方的横线中。

自我评价：_____

_____

提升方法：_____

_____

_____

能力拓展

知识产权是指法律赋予创作者对其智力成果（如发明、文学艺术创作、商业标识等）的专有权利，涵盖专利权、著作权、商标权等核心领域。其本质是通过保护创新者的权益，平衡社会公共利益与个人创造性激励，既鼓励知识生产又规范知识传播，形成良性循环的创新生态系统。

在信息获取、使用与传播的过程中，具备信息素养的个体不仅需要高效检索和评估信息，更需要理解知识产权规则对信息使用的边界约束。例如，引用他人成果时遵守著作权规范、辨别开源协议与商业授权差异、避免学术剽窃等行为。

任务 7.2 信息技术发展史

任务洞察

信息技术是在计算机技术、通信技术和控制技术的基础上集成并发展起来的工程技术，又称信息工程。回顾整个人类社会发展史，从语言的使用、文字的创造，到造纸术和印刷术的发明与应用，再到电报、电话、广播和电视的发明和普及等，无一不是信息技术的革命性发展成果。但是，真正标志着现代信息技术诞生的事件还是 20 世纪 60 年代电子计算机的普及使用，以及计算机与现代通信技术的有机结合，如信息网络的形成实现了计算机之间的数据通信、数据共享等。下面将通过信息技术企业的发展变化来介绍信息技术的发展情况，读者从中可以学习如何树立正确的职业理念，以及信息安全和自主可控的具体知识。

知识赋能

（一）从华为的发展看信息技术的变化

计算机技术、通信技术、互联网技术的不断发展与更新，使信息技术快速发展。在这个背景下，许多信息技术企业如雨后春笋般不断出现，也有一些企业由于发展落后等因素逐渐消失，它们的发展历程从侧面说明了信息技术的发展变化。下面以华为 1987 年至今的发展为例，说明信息技术企业如何通过持续创新适应时代变革。

华为是中国通信技术领域的开拓者，从早期的交换机代理起步，逐步成长为全球领先的信息与通信技术基础设施和智能终端提供商。通过自主研发和技术积累，华为在 5G 通信、芯片设计、云计算等领域占据重要地位，但也面临严峻挑战。图 7-1 所示为华为从初创、国际化扩张，到技术领先，再到应对全球化竞争的大事件示意图。

初创与技术奠基	1987年：华为成立，主要业务是代理香港公司的通信设备
	1994年：推出自主研发的C&C08交换机，我国正式接入国际互联网为华为参与全球竞争提供契机
自主创新与国际化起步	1995年：正式启动国际化战略，开始拓展海外市场
	1997年：推出无线GSM解决方案，在香港上市，加速资本运作
	2000年：海外市场初具规模，成立欧洲研发中心，深化全球化布局
芯片研发与全球化突破	2001年：加入国际电信联盟，参与国际标准制定
	2003年：成立终端公司，正式进军手机业务
	2005年：成立海思半导体部门，布局芯片自主研发；海外销售额首次超过国内，国际化战略取得突破
智能手机起步	2007年：发布首款智能手机，进入消费电子市场；成为欧洲顶级运营商合作伙伴
	2008年：推出自研处理器K3V1；全年提交数千件PCT专利申请，LTE专利占比全球超10%
	2010年：成为全球第二大通信设备供应商；成立手机业务部，全面发力智能手机市场
智能手机崛起与技术创新	2011年：推出K3智能手机，进军高端市场；成立"2012实验室"，聚焦前沿技术研发
	2012年：成为全球最大电信设备商；发布麒麟系列芯片，提升手机竞争力
	2013年：智能手机销量进入全球前三，巩固高端市场地位
	2015年：企业专利申请量连续第二年全球第一，智能手机市场份额稳居全球前三
全球领导地位巩固	2017年：物联网战略、全云化战略持续推进；数百家世界500强企业选择华为作为数字化转型的合作伙伴
	2018年：5G微波全面商用；发布AI战略与全栈全场景AI解决方案；发布新一代人工智能手机芯片——麒麟980
制裁下的技术突围	2019年：智能手机市场份额稳居全球前二，5G手机市场份额全球第一；发布下一代分布式多端智慧化操作系统鸿蒙
	2023年：提出全面智能化战略，加大创新力度；麒麟9000s芯片、盘古大模型5.0等技术引发全球关注
	2024年：华为全联接大会在上海举办，并与合作伙伴联合发布昇腾大模型一体机及城市安全大模型解决方案
	2025年：正式发布AIWAN解决方案，加速网络与AI融合

图7-1 华为大事件

信息技术的迭代为华为带来机遇。早期，华为以高性价比设备抢占市场，同时坚持将营收中的部分资金投入研发。这一战略使其在通信领域实现从跟随者到领导者的跨越。例如，华为成为技术标准制定的关键参与者之一。

然而，技术变革也带来挑战。随着智能手机市场竞争加剧，华为一度依赖安卓系统的终端业务受到限制，但通过鸿蒙系统的分布式架构创新，开辟了万物互联新赛道。此外，云计算、人工智能等新兴技术的崛起要求企业持续转型。华为通过发布盘古大模型等举措，不断拓展业务边界。

信息技术的千变万化表明，企业需以创新为核心竞争力。华为的案例揭示：即便面临外部压力，通过战略聚焦、用户需求洞察和全球化布局，企业仍能在技术浪潮中保持生命力。反之，若固守单一领域或忽视技术趋势，即便短期成功，也可能被时代淘汰。

（二）树立正确的职业理念

理念是指导人们行动的思想，职业理念则是人们从事职业工作时形成的职业意识，在特定情况下，这种职业意识也可以理解为职业价值观。树立正确的职业理念，无论是对个人，还是对社会、国家都是非常有益的。

1. 职业理念的作用

职业理念可以指导我们的职业行为，让我们感受到工作带来的快乐，使我们在职场上不断进步。

- 指导我们的职业行为：职业行为一般是在一定的职业理念指导下形成的，它会对企业管理产生实质性的影响。如果我们对职业安全不以为然，对工作中可能存在的潜在危险就会浑然不知，这可能导致危险事件发生。相反，如果我们的职业理念告诉我们应该重视生产生活安全，那么发生事故的概率必然会大幅降低。

- 让我们感受到工作带来的快乐：工作是我们生活中重要的组成部分，它为我们提供了经济来源，其产生的社交活动也是我们在现代社会中保持身心健康的一种因素。愉快地工作会让我们减少消极的情绪，能够正确面对工作中遇到的困难，快速地成长。而只有树立了正确的职业理念，才可能做到主动感受工作中的各种乐趣。

- 使我们在职场上不断进步：正确的职业理念对我们的职业生涯具有良好的指引作用，使我们能自觉地改变自己，跨上新的职业台阶。知识可以改变人的命运，职业理念则可以改变人的职业生涯。

> **提示**　没有正确的职业理念，就没有正确的工作目标，工作时就会无精打采、不思进取，最终会对工作越来越厌倦，工作效率和质量自然也就越来越低。

2. 正确的职业理念

职业理念能产生如此积极的作用，那么什么样的职业理念才是正确的呢？

- 职业理念应当合时宜：职业理念要和社会经济发展水平相适应，要适合企业所在地域的社会文化。脱离了企业所在地域的社会文化和价值观，反而生搬硬套了某种所谓"先进思想"的职业理念，是无法产生积极作用的。

- 职业理念应当是适时的：任何超前或滞后的职业理念都会影响我们的职业发展，企业处在什么样的发展阶段，我们就应该秉承什么样的适合企业当前发展阶段的职业理念。当企业向前发展时，如果我们的职业理念仍停留在原来的阶段，不学习也不改变，那么自然会跟不上企业的发展。同样，如果我们的职业理念过于超前，脱离了企业发展的现状，那么也无法发挥自己的能力。

- 职业理念必须符合企业管理的目标：企业的成长过程实际上是企业管理目标的实现过程，只有充分了解企业管理的目标，才能构建与企业管理目标一致的职业理念。

任务实现——探讨 5G 技术的应用与发展

5G 即第五代移动通信技术（Fifth Generation of Mobile Communications Technology），5G 给人们带来的影响是显而易见的，如在 5G 时代，几秒就能下载一部 1080PB 的电影。对企业而言，5G 将在交通、安防、金融、医疗健康等众多领域创造价值。因此，大力发展 5G 已经成为全球的共识。

我国 5G 技术目前处于领跑状态，这与华为公司的贡献是密不可分的。华为 5G 技术的领跑优势不仅体现在华为的 5G 网络专利上，还体现在华为 5G 网络端到端全产业链的设备制造能力上，华为甚至囊括了 5G 网络配套的相关服务。

5G 网络具有低时延、高可靠的特点，在工业控制、无人驾驶汽车、无人驾驶飞机等场景下，有无限的应用可能。这 3 种场景对应着 5G 技术的几个子标准，所有 5G 技术的运用均是围绕着这 3 种场景在各行各业中展开的，如 5G+医疗等，应用场景如图 7-2 所示。

了解华为 5G 技术的相关知识后，请读者围绕 5G 技术在不同行业的应用探讨信息技术的发展情况。

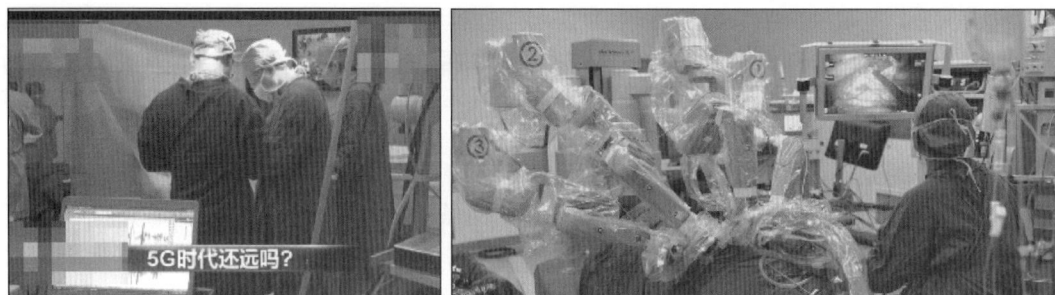

图 7-2　5G+医疗应用场景

动手演练——总结自己的职业价值观

请根据自己的实际情况，填写表 7-2 所示的内容，然后根据填写的内容总结自己的职业价值观，并将自我总结填写到横线上。

表 7-2　职业价值观评定表

项目	重要程度及理由
经济报酬	
工作稳定性	
成就感	
创造力	
人际关系	
社会地位	

自我总结：

能力拓展

霍兰德测试（Holland Test），全称为霍兰德职业兴趣量表（Holland Occupational Themes，简称 RIASEC），是由美国心理学家约翰·霍兰德（John L. Holland）在 20 世纪 50 年代提出的一种职业兴趣评估工具。它的核心思想是：人的职业兴趣与人格特质密切相关，通过分析个体的兴趣倾向，可以匹配适合的职业方向。

霍兰德将人的职业兴趣分为 6 种基本类型，包括现实型、研究型、艺术型、社会型、企业型和传统型，每种类型的人有对应的特点和适合的典型职业。用户通过测试可以定位到自己的特点和职业类型，从而辅助自己进行职位抉择。目前许多网站都提供免费的霍兰德测试，感兴趣的读者可以自行尝试。

任务 7.3　信息伦理与职业行为自律

任务洞察

信息技术已渗透到人们的日常生活中，也深度融入国家治理、社会治理的过程中。信息技术在提升国家治理能力，实现人民美好生活，促进社会道德进步方面起着重要作用。但随着信息技术的深入发展，也出现了一些伦理、道德问题，如有些人沉迷于网络虚拟世界，厌弃现实世界中的人际交往。这种去伦理化的生存方式，从根本上否定了传统社会伦理生活的意义和价值，这种错误行为应当被摒弃。大家在网络或生活中是否遇到过信息伦理风险事件，如何看待这些事件呢？

知识赋能

（一）信息伦理概述

信息伦理对每个社会成员的道德规范要求是相似的，在信息交往自由的同时，每个人都必须承担同等的伦理道德责任，共同维护信息伦理秩序，这也对我们今后形成良好的职业行为规范有积极的影响。特别地，针对目前热门的人工智能技术，用户也应当重视其生成的内容中涉及的伦理问题。

> **提示**　信息伦理体现在生活和工作中的方方面面，我们要时刻维护信息伦理秩序，并养成良好的职业道德。例如，张军是一名程序员，负责开发一款应用软件，软件的开发过程一直很顺利，但就在软件即将完成时，张军遇到了一个技术难题，始终无法攻破；此时，张军想到以前工作的公司开发的一个类似项目的源代码可以解决当前的难题，但出于职业操守和信息伦理道德，张军并没有使用该代码，而是自己想办法解决了这个技术难题。

（二）与信息伦理相关的法律法规

在信息领域，仅依靠信息伦理并不能完全解决问题，还需要强有力的法律法规做支撑。因此，与信息伦理相关的法律法规显得十分重要。有关的法律法规与国家强制力的威慑，不仅可以有效打击在信息领域造成严重后果的行为者，还可以为信息伦理的顺利实施构建较好的外部环境。

随着计算机技术和互联网技术的发展与普及，为了更好地保护信息安全，培养公众正确的信息伦理道德，制约和规范对信息的使用行为和阻止有损信息安全的事件发生，我国陆续制定了一系列法律法规。

《中华人民共和国刑法（1997年修订）》中首次界定了计算机犯罪。其中，第二百八十五条的非法侵入计算机信息系统罪、第二百八十六条的破坏计算机信息系统罪和第二百八十七条的利用计算机实施犯罪的提示性规定等，能够有效确保信息的正确使用和解决相关安全问题。2023年发布的《生成式人工智能服务管理暂行办法》要求服务提供者对生成内容加标识、确保数据来源合法、禁止生成虚假信息，并需要通过安全评估与算法备案。此外，我国还颁布了其他相关文件，如《中华人民共和国网络安全法》《互联网信息服务管理办法》《计算机信息网络国际联网安全保护管理办法》《中华人民共和国计算机信息系统安全保护条例》等，这些文件都明确规定了信息的使用方法，使信息安全得到了有效保障。

（三）职业行为自律

职业行为自律是一种行业自我规范、自我协调的行为机制，同时是维护市场秩序、保持公平竞争、促进行业健康发展、维护行业利益的重要措施。

另外，职业行为自律是个人或团体完善自身的有效方法，是个人提升自身修养的必备环节，也是个人提高自身觉悟、净化思想、强化素质、改善观念的有效途径。我们应该从坚守健康的生活情趣、培养良好的职业态度、秉承正确的职业操守、维护核心的商业利益、规避产生个人不良记录等方面，培养自己的职业行为自律。职业行为自律的培养途径主要有以下3种。

- 确立正确的人生观是职业行为自律的前提。
- 职业行为自律要从培养自己的良好行为习惯开始。
- 发挥榜样的激励作用，向先进模范人物学习，不断激励自己。向先进模范人物学习时，还要密切联系自己职业活动和职业道德的实际，注重实效，自觉抵制拜金主义、享乐主义等腐朽思想的侵蚀，大力弘扬新时代的创业精神，提高自己的职业道德水平。

除此之外，还应该充分发挥以下几种个人特质，逐步建立起自己的职业行为自律标准。

- 责任意识：具有强烈的责任感和主人翁意识，对自己的工作负责。
- 自我管理：在可能的范围内，以身作则，做企业形象的代言人和员工的行为榜样。
- 坚持不懈：面对激烈的竞争，尤其是在面临困境或危急的时候，能够顽强坚持，不轻言放弃。
- 抵御诱惑：有较高的职业道德素养和坚定的品格，能够在各种利益诱惑下做好自己。

任务实现——完善自律行为规范

良好的自律行为规范不仅是个人角色转化的关键桥梁，更是塑造核心竞争力的底层支撑。通过系统化的自我约束与行为管理，我们能够建立职业责任感，提高时间管理能力，培养道德底线意识，有助于在复杂职场环境中抵御利益诱惑、规避失信风险。请根据自身情况在表7-3中完善自己的自律行为规范。

表7-3 自律行为规范

项目	具体行为规范
核心原则	确立正确的人生观、价值观和职业理想，以社会贡献为荣，抵制拜金主义和享乐主义
健康生活管理	规律作息，均衡饮食，定期运动，避免熬夜和沉迷网络
职业态度培养	
职业操守与道德	
目标与计划管理	

续表

项目	具体行为规范
习惯养成与自我约束	
榜样学习与实践结合	
内省与慎独	
责任意识强化	
自我管理与示范作用	
抗压与坚持能力	
抵御诱惑的品格修养	

动手演练——寻找身边的职业行为自律榜样

请在自己的生活圈、学习圈或工作圈中寻找一个适合作为职业行为自律榜样的人，说明他（她）有哪些值得学习的地方，自己应当如何以他（她）为榜样提升职业行为自律素养，将内容填到下方横线上。

_____

_____

能力拓展

随着人工智能的不断发展，特别是 AIGC 的不断普及，我们享受了 AIGC 带来的创作便利。与此同时，我们也应当遵守基本的职业道德，这样才能让 AIGC 真正成为我们的得力助手。

- 诚信与责任：正视 AIGC 生成的内容，学会辨别其正确性。以新闻行业为例，某新闻机构在使用 AIGC 工具辅助报道时，因算法偏见导致一篇报道中的关键数据出现错误，引发公众的广泛质疑和不满。这一事件不仅损害了新闻机构的公信力，也凸显出我们在使用 AIGC 时确保内容真实性方面的重要责任。换句话说，无论是主动还是被动，在使用 AIGC 时，我们都要以诚信为基准，具备强烈的责任心，并时刻保持警惕，避免出现制造和传播虚假信息、侵犯他人权益等行为。
- 尊重隐私与数据安全保护：在处理用户数据时，我们也应严格遵循相关法律法规，确保数据的合法收集、使用和保护。据统计，近年来数据泄露导致的用户隐私被侵犯的事件频发。因此，我们在使用 AIGC 时必须加强数据安全保护，采用先进的加密技术和安全措施，防止数据泄露、被篡改或滥用，确保用户的隐私安全。
- 具备专业素养和持续学习的精神：随着人工智能技术的不断发展和行业标准的不断更新，我们应当不断学习和掌握新的技术动态和行业标准，如学习深度学习、自然语言处理等前沿技术，以及掌握数据保护、版权法等相关法律法规，持续提升专业素养。
- 倡导和践行科技向善的理念：我们应关注技术对社会的影响，努力推动技术的正面应用（如利用 AIGC 工具辅助医疗诊断、提高教育效率），以及积极参与行业自律和社会公益活动等，为社会的进步和发展贡献力量。同时，我们也要勇于揭露和抵制技术滥用等不当行为，维护行业的良好形象和声誉。

课后练习

一、填空题

1. 信息素养这一概念最早被提出是在_____年。

2. 职业理念的作用主要体现在_____、感受到工作带来的快乐、使我们在职场上不断进步等方面。

二、选择题

1. 信息素养最核心的组成部分是（　　　）。

    A. 信息意识　　　　　　B. 信息知识　　　　C. 信息能力　　　　　D. 信息道德

2. 下列关于职业理念的说法中不正确的是（　　　）。

    A. 职业理念应当合时宜　　　　　　　　B. 职业理念应当是适时的

    C. 职业理念必须符合企业管理的目标　　D. 职业理念应当符合个人的要求与目标